Ouvrages parus
aux Éditions **Decoopman**
Collection « ***Vapeur*** »

- *La machine à vapeur* - Edouard Sauvage
- *Distribution de la vapeur dans les machines* - Adolphe Spineux
- *Catéchisme des chauffeurs* - Collectif
- *Distribution de la vapeur* - Marcel Castelnau
- *Les machines à vapeur* - Jean-Paul Delaby
- *Gouvernails à vapeur Farcot* - Joseph Farcot
- *Les locomobiles* - Louis Figuier
- *L'A.B.C. du Chauffeur* - Henri Mathieu
- *Tiroirs et distributeurs de vapeur* - Albert Madamet
- *Histoire de la machine à vapeur* - R.H. Thurston
- *La Vapeur* - Amédée Guillemin

Olivier Lacaux
Jean Castanier

Éditions Decoopman
Ferrières - 30440 Saint-Laurent-le-Minier
Tel : +33 (0) 4.67.73.90.95
web : www.decoopman.com
e.mail : editions@decoopman.com

I.S.B.N. : 978-2-36965-169-7
Dépot légal : 4e trimestre 2023

Pierre Dubarry de Lassalle

Le Clos Serpollet

27 ans d'Histoire
à travers les brevets industriels

Voiture légère à vapeur Serpollet, 2 places, conduite par M. Serpollet.

La vapeur. – Groupe de M. Chapus au Palais des Machines
Livre d'or de l'Exposition Universelle 1889, ed. Boulanger, tome I.

Remerciements

Ce livre est publié à titre posthume ; Pierre Dubarry de Lassalle, l'auteur de cet ouvrage, nous a quittés sans avoir eu le temps de relire son texte en entier, disposer les figures, choisir les illustrations et établir une bibliographie.

Nous, son épouse Geneviève, ses filles, Hélène et Anne, nous sommes efforcées de le faire à sa place. Si le lecteur averti décelait quelque erreur, qu'il ne nous en veuille pas.

Nous remercions pour leur soutien Guillaume Astier, Florence Ferrari, Claude Mainy pour ses précieux documents, Marc Blanchet président de Culoz patrimoine, ainsi que tous les membres de l'association pour l'intérêt constant témoigné à l'auteur. Nous remercions particulièrement Madame Albespy pour sa contribution ainsi que Madame Camus, arrière-petite-fille de Henri Serpollet, pour son aide considérable en mettant la correspondance des frères Henri et Léon Serpollet à la libre consultation de l'auteur.

Nous sommes reconnaissants à l'INPI (Institut National de la Propriété Industrielle) qui nous a fourni, avec beaucoup d'efficacité et de bonne volonté, les reproductions scannées des brevets Serpollet et à M. Bacquet, directeur du musée national de l'automobile de Mulhouse pour sa contribution à l'illustration de l'ouvrage.

Geneviève Dubarry de Lassalle

Pierre Dubarry de Lassalle
1929 – 2000

Ingénieur chimiste de formation, il exerçait la profession
de Conseil en propriété industrielle.
Il fut pendant près de 20 ans, président du plus ancien club
de modélisme de Paris : le « Model Yacht Club de Paris ».
Il était membre de « Culoz Patrimoine » et avait publié en 1983
Vaporismes, de la physique au modèle, édition Picador.

Préface

C'est dans la durée qu'il m'a été donné de comprendre qu'en Pierre Dubarry j'avais rencontré quelqu'un d'exceptionnel.

Exceptionnel au sens premier du terme.

Un homme fait de qualités trop souvent exclusives les unes des autres. Un poète scientifique, un musicien mécanicien, un sociable solitaire, un affable bourru, un bienveillant lucide, un exigeant simple, un conservateur ouvert, un affectif rationnel, un aventurier paisible, un passionné réservé, un humoriste sérieux, un intellectuel concret.

Je n'insisterai pas sur la rencontre de ce fervent jazzman avec Louis Armstrong, la tentation d'une carrière de trompettiste de jazz, passion partagée dès l'adolescence avec le goût marqué pour la mécanique, le modélisme, la vapeur, phénomène qui le fascinait.

Je vois dans ce livre comme l'aboutissement de la démarche de vie de Pierre Dubarry.

Au travers – peut-être sous le prétexte ? – de la science en ce qu'elle a de plus ouvert, l'expert en brevets industriels qu'il était devenu a croisé à distance le destin des frères Serpollet. Il a pour ainsi dire rencontré ces hommes de chair et d'humanité, de science et d'audace qui, par leurs travaux sur la vaporisation instantanée, ont écrit un épisode trop méconnu de l'histoire industrielle.

Aujourd'hui, qui sait que la voiture à vapeur fut un engin extrêmement performant, capable dès le 13 avril 1902 d'atteindre la vitesse de 120 km à l'heure ? Qui se souvient que les camions à vapeur se sont fabriqués jusqu'en 1935 ?

Mais Pierre Dubarry m'en voudrait de laisser croire au lecteur que son livre serait l'unique ouvrage sur Léon et Henri Serpollet. Au sein du cercle des fidèles admirateurs des Serpollet et des passionnés de vapeur, d'autres ont déjà honoré leur mémoire.

La singularité du « Clos Serpollet » tient au choix de l'auteur à retracer la vie des géniaux inventeurs sous l'angle exclusif des brevets déposés successivement sur une durée de 27 années.

En toute impartialité, Pierre Dubarry les a présentés et analysés avec clarté, rigueur et minutie ; le but était de retracer ainsi, de façon riche et vivante, toute la création continue de ceux qui furent, en leurs lieux et en leurs temps, d'authentiques – et donc d'admirables – « gentlemen mécaniciens ». Avec, de surcroît, un style poétique et délicat.

À qui recommander cette lecture ?

Le scientifique satisfera son exigence au travers du récit de ce livre.

L'amoureux de "vapeur vive" y trouvera son compte.

Quant à « l'honnête homme » du XXIe siècle, il sera curieux de mieux connaître les péripéties d'une extraordinaire aventure.

... Et le flâneur des livres, le badaud, se trouvera bien de la lecture de cet ouvrage dans lequel Pierre Dubarry a mis son cœur, son âme et sa science.

C'est-à-dire beaucoup.

Guillaume ASTIER

Avertissement

On a fait des frères Henri et Léon Serpollet des précurseurs de l'automobile. C'est vrai s'il s'agit de la mise en circulation du tricycle motorisé et plus généralement d'un véhicule léger à vapeur dont le chauffeur est aussi le conducteur, mais de nombreuses voitures aussi lourdes qu'éphémères avaient déjà été réalisées alors même que les frères Serpollet n'étaient pas encore nés.

En fait, la réussite du tricycle est elle-même un stade précurseur d'une œuvre Serpollet plus large, où les deux frères ont joué des rôles différents, parfois même antagonistes, sous la forme d'un long cheminement de création continue d'une trentaine d'années jalonnée de brevets d'invention qui en constituent les témoins.

C'est parmi eux que je me propose de vous accueillir en vue d'une nouvelle lecture de cette aventure, à considérer comme un tout sans chercher à redistribuer les mérites respectifs des deux frères.

À part le tout premier, ces brevets sont au nom de Léon Serpollet ou d'une société Serpollet où Léon était un membre prépondérant, même si Henri était en principe intéressé. Il m'arrivera donc souvent de citer Léon seul car, outre ses inventions propres, la lecture des brevets fait de lui le porte-parole le plus représentatif de l'ensemble de cette œuvre, en se plaçant bien au-delà des destins et de l'évolution des rapports entre les deux frères.

Le décor

De grandes inventions du siècle dernier ont contribué à faire la fortune d'entreprises dont certaines occupent toujours une place prépondérante de nos jours, grâce à la protection conférée par les brevets d'invention vis-à-vis de la concurrence, même si l'inventeur lui-même n'était pas toujours justement récompensé. C'est bien connu, d'autres inventions ont ruiné leurs auteurs en arrivant trop tôt dans des modes et des technologies retardataires. Et d'autres au contraire sont arrivées trop tard au milieu des germes d'une avancée technique souvent soutenue par de gros moyens financiers et d'autant plus irrésistibles.

On peut ranger l'œuvre des frères Serpollet dans cette dernière catégorie malgré son mérite dû à des efforts inlassables. Il n'en subsiste maintenant que des souvenirs, des reliques un peu disséminées et, peut-être, quelques images d'Épinal à vénérer, aussi erronées soient-elles. On se souvient de celle de Denis Papin méditant devant les soubresauts d'un couvercle de marmite, de l'enfant James Watt intrigué par la fumée

s'échappant du col de la théière, alors pourquoi pas Henri Serpollet regardant sa maman repasser à la pattemouille ? J'aimerais mieux une autre image, peut-être enjolivée mais plus proche de la réalité : Henri Serpollet penché sur sa cuisinière, emprisonnant une goutte d'eau sous une pièce d'un sou et observant la vapeur surgissant de tous côtés « comme les rayons du soleil », selon sa propre expression.

Aux dires d'un certain Louis Serpollet, ami de nos deux frères, ce nom étant d'ailleurs relativement répandu dans la région de Culoz, une scène approchante se serait déroulée « vers 1875 ». Toutefois, aux dires d'Henri Serpollet lui-même mais 30 ans après, c'était en 1878 après la naissance de son fils Auguste (en 76). Aucune importance d'ailleurs, c'est avant tout selon cette image qu'est réellement née l'invention de la vaporisation instantanée, la version 1875 semblant cependant la plus véridique.

En effet, dès 1876, l'idée est venue de développer cette expérience pour en faire un vrai générateur de vapeur et par la même occasion une « machine » complète.

Au sujet de cette machine, les récits et les souvenirs diffèrent d'ailleurs quelque peu. Pour certains, comme Louis Mallez, ami d'Henri, un tricycle en bois aurait été réalisé – les frères Serpollet n'étaient-ils pas menuisiers – avec une machine qu'ils auraient construite chez le forgeron Perroux de Culoz. Pour d'autres, c'est-à-dire les Serpollet eux-mêmes d'après leur correspondance, seulement deux et peut-être trois machines de table auraient été montées et se seraient traduites par des essais plus décourageants les uns que les autres. Il n'est pas dans mon propos de rétablir cet historique, seules la nature et la date des essais publics ainsi que les caractéristiques des dispositifs exhibés nous auraient intéressés, comme nous le verrons plus loin.

En 1879 seulement, après bien des vicissitudes matérielles, financières et même affectives, le dépôt d'une demande de brevet se matérialise, par l'intermédiaire de l'Ingénieur-Conseil D.A. Casalonga de Paris. Mais il a bien fallu trouver un commanditaire, en la personne de Louis Richard, retraité du PLM. C'est la raison pour laquelle le brevet a été délivré au nom des « Sieurs Serpollet (Léon), Serpollet (Henri) et Richard (Claudius) », ce dernier étant le fils de Louis, ami et contemporain de Léon.

- I -
Le brevet pionnier

Le tout premier brevet n° **133.362**, déposé le 25 octobre 1879, est la conclusion de ces événements locaux essentiellement Culoziens. Son titre, *Un système de production instantané de vapeur* résume un peu cette histoire et il annonce déjà un nouveau concept par opposition à la production de la vapeur simplement *accélérée* mise en œuvre avec des fortunes diverses depuis plusieurs années. Dès le préambule du texte, le trait caractéristique de l'invention consiste à *utiliser immédiatement l'expansion (de la vapeur) dans un cylindre de machine à vapeur sans même le secours d'une distribution spéciale pour l'admission.*

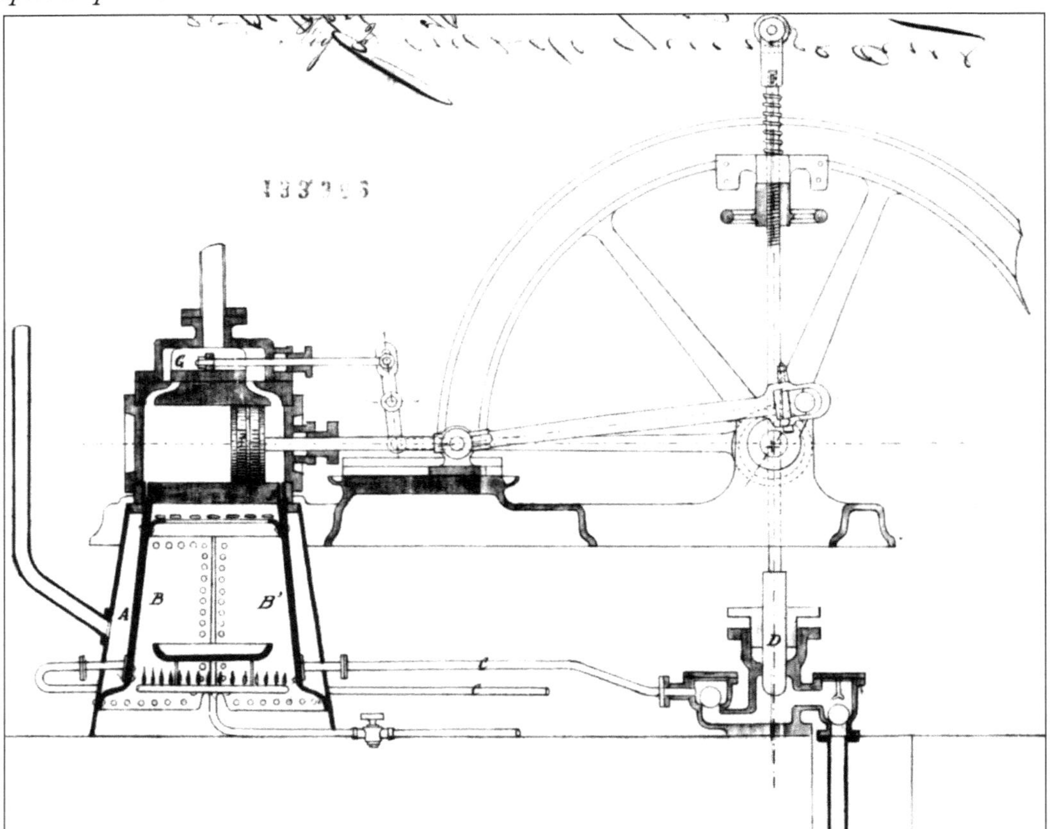

133.362 du 25/10/1879 - Système Serpollet de base.

Production instantanée, utilisation immédiate, admission sans distribution, voilà déjà un discours inhabituel pour l'époque. Plus loin, on trouve encore l'injection d'eau de manière brusque, un vide capillaire entre deux surfaces lisses chauffées et puis enfin le liquide épanoui et vaporisé *sans toutefois pouvoir prendre l'état sphéroïdal*. Ce simple membre de phrase du brevet fixe le départ de l'aventure du *système Serpollet*.

Pendant la période 1879-1907 qui va nous intéresser, les brevets français étaient soumis à une loi du 5 juillet 1844 selon laquelle, notamment, ils devaient comporter *une description suffisante pour l'exécution de l'invention*, en indiquant *d'une manière complète et loyale les véritables moyens de l'inventeur*, et éventuellement des dessins, juste nécessaire pour l'intelligence de ladite description. Il en découle que l'analyse d'un brevet porte sur la seule description, et que les dessins ne constituent pas des plans d'exécution en eux-mêmes puisqu'ils ont un rôle presque accessoire.

Par ailleurs, l'intelligence de la description implique la primauté de l'idée sur la lettre – c'est ressorti de plus de cent ans de jurisprudence – et c'est pourquoi le membre de phrase relevé plus haut est d'une importance capitale pour situer et soupeser la portée du brevet mais aussi toute l'œuvre des Serpollet.

Enfin, la jurisprudence a très judicieusement défini les concepts de procédé, de dispositif, de moyen, de fonction, de résultat, de combinaison, autant de notions dont nous aurons à nous servir ultérieurement pour une intelligence accélérée, sinon instantanée, des brevets suivants.

Dans ce contexte, pour revenir sur ce premier brevet, on relève d'emblée une petite ambiguïté entre le «système de production» du titre et, deux lignes plus bas dans le préambule, un *mode particulier de production*. Pour simplifier et pour établir une sorte de règle, nous lirons donc un *procédé de production* pour le mode, qui est une séquence de phases opératoires, et un *dispositif de production* pour le système, qui est un agencement d'organes matériels coopérant en vue de mettre en œuvre le procédé.

Celui-ci est très clairement explicité dans le cours de la description, en l'extrayant des passages relatifs à l'agencement matériel. En se servant des mots mêmes du texte, on peut le ramener aux opérations suivantes :

— on effectue une injection brusque de la quantité de liquide nécessaire au remplissage en vapeur de chaque cylindrée ;
— on forme une feuille mince de ce liquide que l'on vaporise de manière subite sans qu'il puisse prendre l'état sphéroïdal ;
— on utilise la vapeur formée instantanément, au fur et à mesure de sa formation, directement dans un cylindre de machine à vapeur.

Heureusement, ce procédé n'est pas défini de façon aussi squelettique dans le brevet, car il est associé à la description du dispositif, dont deux formes de réalisation sont d'ailleurs proposées. Les éléments essentiels de ce dispositif sont remarquablement simples :

— une pompe à plongeur commandée par une came solidaire de l'arbre moteur, dont le profil définit une injection soit brusque de ladite pompe ;
— un *producteur* relié à la sortie de la pompe et constitué de deux surfaces ou plaques lisses entre lesquelles existe un espace capillaire de l'ordre de 1/10e de millimètre, chauffé par des gaz chauds d'un foyer ou d'un brûleur à gaz de houille ;
— un cylindre de machine à vapeur relié directement à la sortie du producteur, sans le secours d'une distribution spéciale d'admission ;

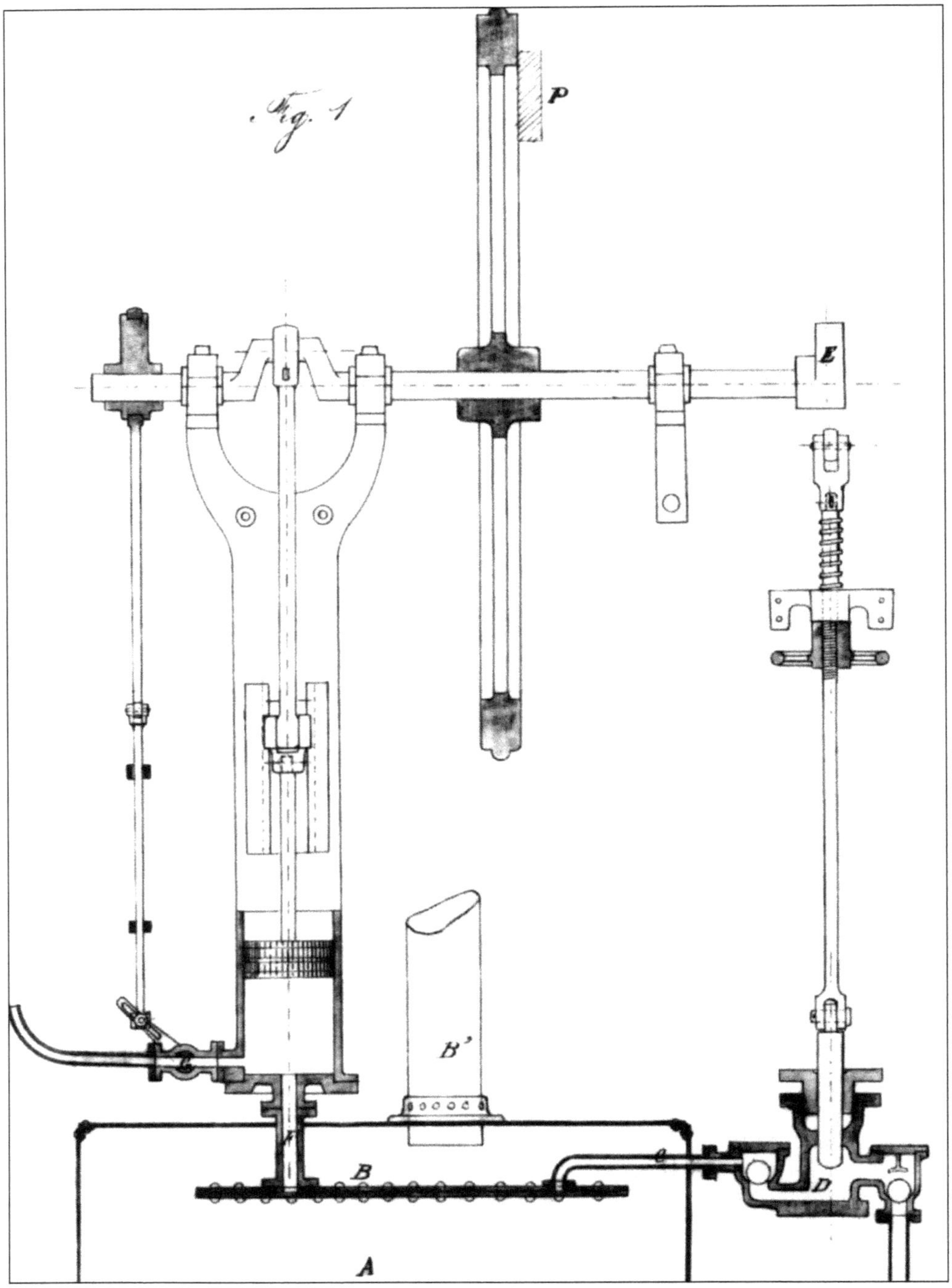

133.362 du 25/10/1879 – Système Serpollet de base.

— un organe d'émission pour l'échappement de la vapeur, commandé par came ou excentrique.

Le brevet ne se limite pas à une pompe et un producteur tous deux à simple effet, mais prévoit un doublement de ces organes si l'on veut réaliser un cylindre de machine à double effet. De même, il prévoit un réglage de la course du plongeur, puisque c'est la pompe qui est en même temps l'organe de distribution. En outre, il mentionne et représente, pour le producteur, des plaques planes rivées ou soudées, ou bien deux cônes

emboîtés l'un dans l'autre presque *à blocs*, l'essentiel étant l'espace capillaire entre les surfaces disposées en regard l'une de l'autre.

C'est la machine telle que décrite au brevet, donc il faut s'y tenir. En réalité ce n'est peut-être pas celle qu'Henri avait pensée à l'origine qui, d'après Louis Mallez, comportait un second cylindre affecté à la pompe. Elle n'a sans doute pas fonctionné, la version officialisée par le brevet résultant apparemment d'interventions d'Henri, de Léon, du mécanicien Fornet et de Claudius Richard : autant ne pas chercher plus loin.

Les frères Serpollet ont donc réalisé des petites machines de table basées sur le principe des plaques planes et en ont fait de multiples démonstrations avant et après le brevet. Mais, sans vouloir anticiper, on sait qu'ils n'ont jamais pu dépasser le stade de la maquette ou des *petites forces* avec ce système, ce qui peut-être leur a permis, après des tracas inouïs, de passer à des conceptions et des réalisations infiniment plus efficaces. En effet, le vrai départ du système Serpollet a réussi grâce à l'abandon pur et simple des plaques au profit du tube venu bien plus tard et qui, pourtant, était déjà entrevu dans ce brevet : *Une autre manière de former le producteur consiste à former un serpentin avec deux tubes aplatis disposés l'un au-dessus de l'autre et formant autant de spires qu'il convient.*

C'est peut-être un peu obscur mais chaque mot comptant dans la description et le moyen décrit étant protégé dans la mesure où il est nouveau, l'idée des spires de tube aplati qui a fait la gloire du système était déjà couverte bien que le serpentin fût connu en soi. Avec le recul et un peu de littérature ultérieure, il apparaît que, dans l'esprit des inventeurs, les deux tubes seraient en fait enfilés l'un dans l'autre et formeraient l'espace capillaire entre eux, le tout étant laminé et enroulé en spires tandis que *l'écartement des faces est maintenu par de petits rivets disséminés.*

L'apport technique

Au 25 octobre 1879 l'enseignement apporté par ce brevet résidait dans l'ensemble indissociable producteur-pompe-moteur, chacun de ces éléments coopérant avec les deux autres auxquels il est spécialement adapté. Il s'agit bien là d'une combinaison de moyens au sens des brevets, dont ce producteur instantané révolutionnaire en soi, constitué de deux surfaces chauffées et séparées par un espace capillaire de $\frac{1}{10}$ mm environ afin que l'eau injectée ne puisse pas prendre l'état sphéroïdal, car tout est là.

Sans obligatoirement savoir son nom, tout le monde connaît le phénomène de caléfaction et l'a expérimenté, en faisant rouler quelques gouttes d'eau sur une cuisinière à dessus de fonte bien chauffé. En toute rigueur le terme sphéroïdal s'applique à un corps solide, mais passons, dès lors qu'il s'agit de globules d'eau.

Le phénomène avait été étudié en particulier par le chimiste Pierre-Hippolyte Boutigny, qui tirait d'ailleurs de ses recherches des théories peut-être un peu trop universelles basées sur la répulsion entre surfaces soumises à certaines conditions physico-chimiques. Pour nous, le grand mérite de ce chercheur est d'avoir procédé à des travaux sur la caléfaction dans le cadre des explosions de chaudières et d'avoir aussi publié des articles de physique amusante sur le sujet, venus à la connaissance d'Henri qui, de son côté, multipliait les expériences. Car tout ce qui pouvait commodément former de la vapeur l'intéressait en vue d'alimenter un moteur d'atelier dont il rêvait.

Dans une chaudière d'un volume considérable, l'eau mouille la paroi pour s'échauffer graduellement dans sa masse et entrer en ébullition à la pression de service désirée,

après un temps plus ou moins long : en somme beaucoup d'eau pour peu de vapeur. À l'opposé, l'eau d'un globule en caléfaction roulant sur son matelas de vapeur ne mouille plus une paroi portée à 200° C. Elle en est isolée et reçoit moins de chaleur, elle s'évapore lentement à une température très inférieure. Par contre, le globule disparaît brusquement en vapeur dans sa totalité s'il arrive à mouiller ladite paroi, ce qui amène sa très faible masse d'eau à s'étaler et à être portée pratiquement à la température de cette paroi : cette fois, beaucoup de vapeur avec très peu d'eau.

Or c'est à ce moment précis qu'est intervenue l'intuition géniale d'Henri : « C'est bien simple, il faut écraser le globule ».

Prenant le problème à l'envers, il eut la hardiesse de former en quelque sorte des globules tout écrasés, ne pouvant pas prendre l'état sphéroïdal avec le strict minimum d'eau qui se vaporisait brusquement, et il pouvait donc engendrer et utiliser la vapeur juste nécessaire au besoin immédiat, c'est-à-dire à chaque cylindre.

Envoyer cette vapeur dans un cylindre et agencer les différents organes convenables – et connus en soi – n'était par contre qu'une question de matières premières et de dextérité tout à fait abordable pour Henri, dont on n'a jamais assez rapporté l'avidité de connaissances alliée à la capacité de réflexion et à l'habileté.

Certes, le moteur du système de base peut tourner. Mais le Vaporiste, dont l'un des réflexes est d'examiner le mécanisme de distribution, va tout de suite s'apercevoir de l'absence d'un organe d'admission autre que la pompe à débit ajustable malgré la présence d'un mécanisme d'échappement et va critiquer l'impossibilité de régler le point de coupure ou la détente. Le même Vaporiste va aussi se demander comment le moteur peut démarrer et trouvera vite que le moteur nécessite une pompe à main pour la première impulsion ou bien plus simplement qu'il faut le lancer par son volant afin d'actionner la pompe d'injection. Il va en outre chercher vainement un moyen de graissage interne. De surcroît, il va trouver un inconvénient plus grave encore et ce reproche avait été déjà émis à l'époque par Dufresne, un ingénieur proche d'Henri Serpollet : la pompe d'injection, c'est-à-dire le moteur, va devoir fournir une énergie loin d'être négligeable pour former *la poussière d'eau* nécessaire et cette énergie va venir en déduction du travail disponible sur l'arbre car, après tout, un moteur est fait pour entraîner une machine et non pour tourner à vide.

Autant de raisons pour considérer le dispositif représenté au brevet comme une maquette sans avenir industriel. Pourtant ces petites lacunes n'amoindrissent en rien la portée du brevet qui décrit bien *de manière complète et loyale les véritables moyens de l'inventeur*. D'ailleurs un brevet était toujours délivré S.G.D.G, c'est-à-dire Sans Garantie Du Gouvernement quant à la réalité, la nouveauté ou le mérite d'une invention et, même, quant à la fidélité ou l'exactitude de la description, que l'homme de l'art pouvait comprendre et rectifier sans avoir lui-même à faire œuvre d'invention.

Car à l'époque, le Vaporiste attendait une invention qui vint l'affranchir dans la mesure du possible de la chaudière, de son encombrement, de son poids, de ses accessoires et aussi de son danger. C'est précisément ce qu'apportait l'invention d'Henri Serpollet pour aider l'artisan, en supprimant cette chaudière contraignante pour la remplacer par un organe léger, compact, peu encombrant, et en outre inexplosible, comme Léon ne s'en est aperçu que plus tard pour en faire un argument de vente. À vrai dire, les ingrédients du véhicule léger et pratique étaient là eux aussi et les deux frères n'ont pas pris conscience tout de suite des possibilités de développement qui se présentaient

dans ce domaine. Car cette fois ce n'était plus le Vaporiste qui attendait, c'était l'usager potentiel, quelque peu rebuté à cette époque devant d'imposantes voitures à 10 ou 15 places pesant des tonnes et défonçant les chemins, ou bien devant de petits chariots où la chaudière prenait la place de deux personnes.

L'état des lieux

À la date de dépôt de ce premier brevet, quel était précisément l'état de la technique, tout au moins le plus proche touchant aux chaudières et autres générateurs à vaporisation accélérée ? En effet, depuis plus de cinquante ans, il se déposait tout de même d'innombrables brevets pour des installations de moteurs à vapeur, des chaudières et autres organes. Quelques inventeurs sont passés très près de ce que nous venons de voir, mais aucun n'a explicitement prévu la combinaison de ce premier brevet Serpollet.

En particulier, une Société Portal a pris un brevet dit *d'importation* en date du 25 janvier 1828, sous l'empire de la loi antérieure du 7 janvier 1791, qui prévoyait le dépôt et l'expédition en France de brevets étrangers en vigueur dans le but de créer de l'industrie dans le pays.

La *Machine à vapeur à haute pression dans laquelle, au lieu de chaudières, on emploie nombre de tubes très résistants, en fer forgé* etc. ; selon ce titre, c'était peut-être très proche du futur système Serpollet mais il est difficile de vérifier si le type des *tubes très résistants* présentait la structure nécessaire à la vaporisation instantanée.

Bien que ce terme de vaporisation instantanée soit devenu de nos jours étroitement lié au nom de Serpollet, on le retrouve avec tout son concept dans un brevet Julien Belleville n° **10.366** du 28 août 1850 pour un *appareil générateur inexplosible à vaporisation instantanée*. Et le déposant précise bien :

> « Ce générateur a l'important avantage d'être inexplosible par l'absence de tout réservoir, la vapeur ne se produisant qu'à mesure des besoins du travail, dans les tubes de petit diamètre ».

Ces tubes sont agencés en différentes formes de sections droites ou de serpentins et une pompe y injecte de l'eau. En outre, un tirage complémentaire est assuré par un jet de vapeur au moment *des besoins du travail*. Cependant, malgré six additions déposées à ce brevet jusqu'en 1854, puis d'autres brevets ultérieurs, il n'est nulle part fait allusion à l'état sphéroïdal, Belleville ne s'étant intéressé qu'à l'aspect inexplosible de son dispositif.

En tout état de cause ce brevet ne s'est approché que partiellement des moyens de la combinaison Serpollet mais il entre par la grande porte dans l'État de la Technique, près de trente ans avant les événements culoziens ayant présidé à l'œuvre à laquelle nous nous intéressons.

Un brevet Pascal n° **18.283** du 12 janvier 1854, addition à un premier brevet de 1852, décrit une machine-moteur, *à combustion comprimée* dans laquelle le fluide moteur est le mélange air/gaz chauds/vapeur sous pression, principe très intéressant en soi et qui a donné lieu à de nombreux projets vers la fin du XIXe siècle, mais que je cite seulement dans la mesure où, en ce qui nous concerne, la disposition donne pour résultat *de créer instantanément à chaque coup de piston la quantité de vapeur d'eau nécessaire...* avec une paroi extérieure du foyer qui *touche pour ainsi dire celle de l'enveloppe de l'appareil ou du moins laisse entre deux le plus petit espace possible* pour l'eau injectée. Il n'était pas explicitement prévu d'empêcher la caléfaction puisque cette disposition était seulement

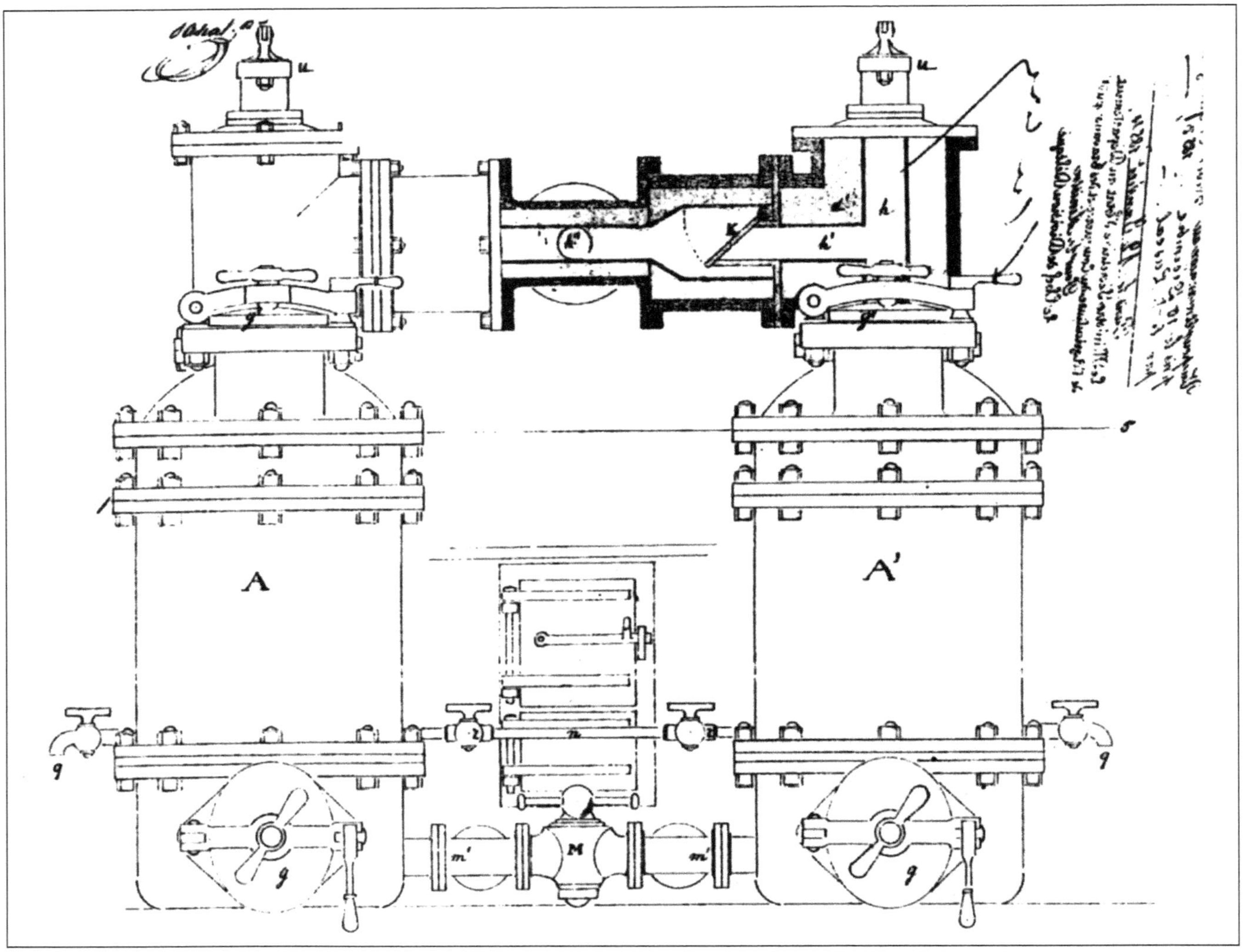

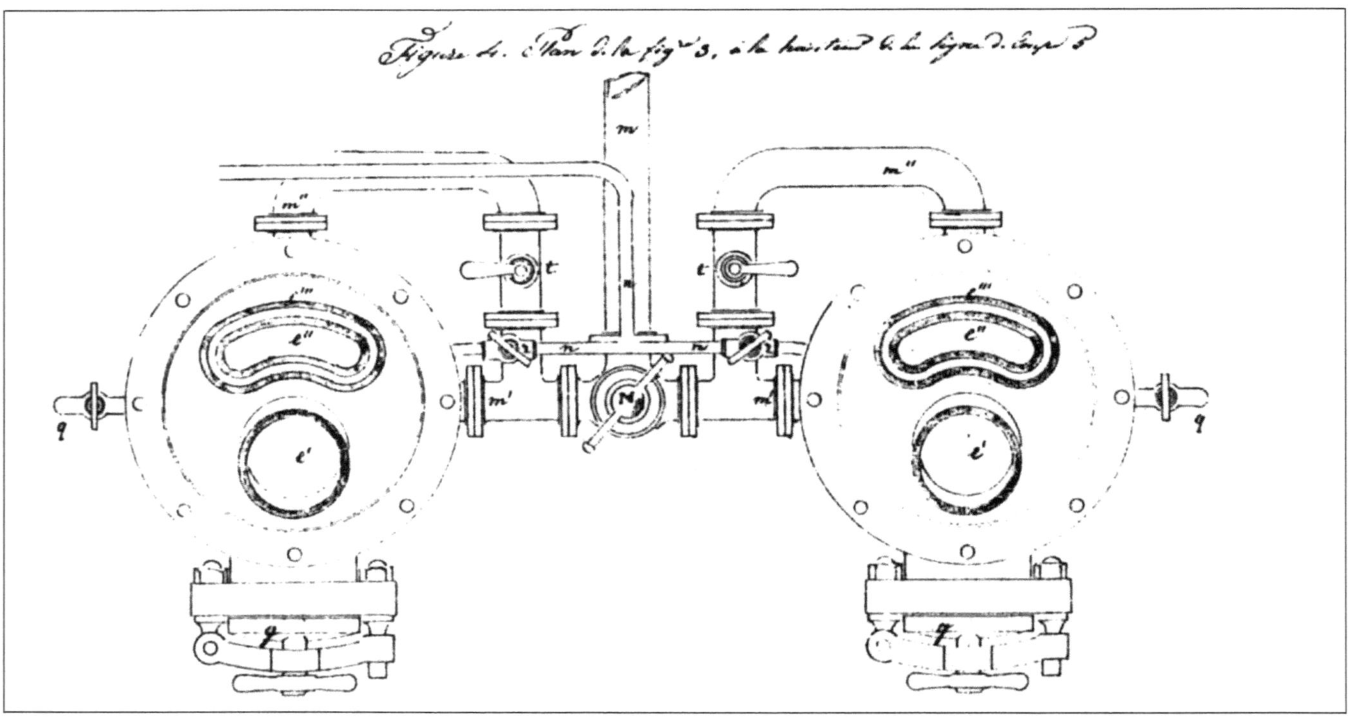

N° 18283 – Le système pascal de 1854.

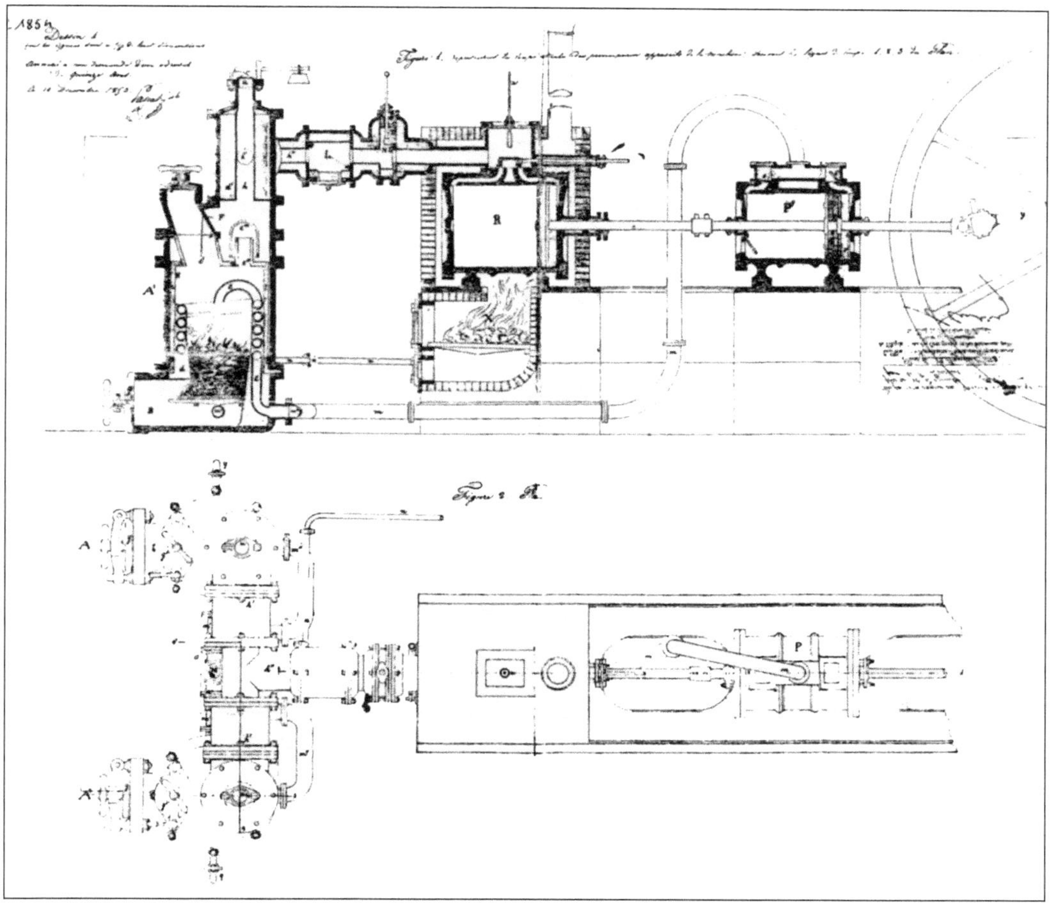

N° 18283 – Le système pascal de 1854.

censée réchauffer l'eau alimentaire, qui se vaporisait un peu plus loin dans les gaz chauds, mais *le plus petit espace possible* y fait incontestablement penser.

Un brevet Pierre Joseph Ravel n° **82.263** du 2 septembre 1868 illustre, déjà, le désir de résoudre le problème de la voiture particulière. Son titre est d'ailleurs suffisamment éloquent : *Un générateur à vapeur chauffé par des huiles minérales, appliqué à la locomotion à vapeur sur les routes ordinaires et à tous autres usages industriels.* On ne peut pas dire mieux et, effectivement, il comprend une description très complète et du générateur et de la voiture elle-même, un tricycle à deux places, avec l'exposé des calculs afférents. Le générateur est constitué par un serpentin vertical alimenté par le bas en eau préchauffée entre les parois d'une enveloppe double le recouvrant comme une cloche, la vapeur étant recueillie dans un réservoir recouvrant à son tour tout l'ensemble. Pas de souci de caléfaction mais une compacité remarquable qui aurait dû donner satisfaction.

Malheureusement, le brûleur à *huile minérale* est à mèches de coton au lieu de becs et ne pouvait manifestement pas fournir la chaleur nécessaire à cet appareil évaporatoire pourtant très élaboré, sans compter que le tirage ne devait pas être efficace malgré le serpentin prévu avec des spires serrées *formant muraille* afin d'assurer un effet de cheminée. La voiture elle-même est très élaborée et préfigure des tricycles venus vingt ans après, sans démériter.

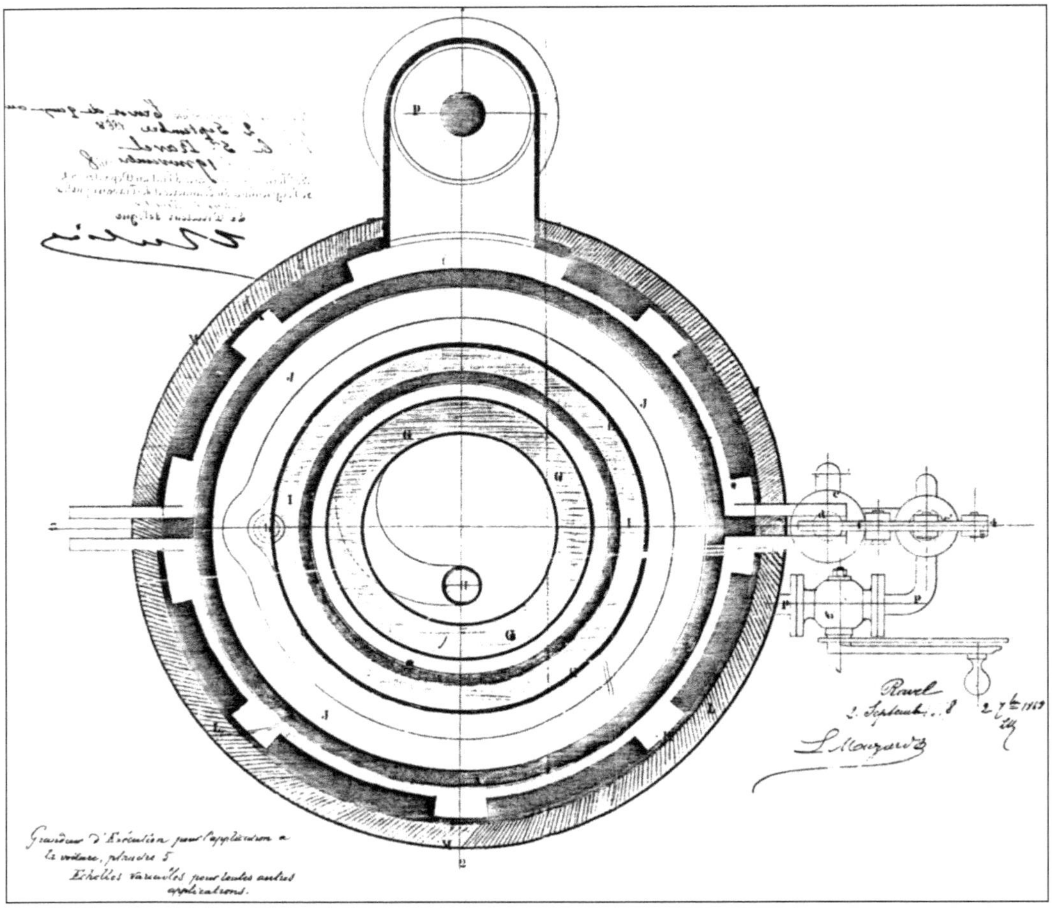

N° 82263 – Le générateur Ravel de 1868.

Son générateur est sous la forme d'un cylindre de 30 cm de diamètre sur 40 cm de hauteur, placé à l'avant du conducteur sans le gêner, celui-ci bénéficiant d'un siège à deux places suspendu par ressort à lames. La traction est assurée par deux cylindres oscillants à prise directe sur l'essieu arrière, mais sans suspension, activant chacun une pompe à eau. Outre ces raffinements, le brûleur comporte un réglage automatique du débit de combustible et d'air en fonction de l'allure, elle-même affichée sur un cadran. De ce fait, *le voyageur a tout sous les yeux et sous la main: niveau d'eau, manomètre, robinet de prise de vapeur, régulateur de dépense de pétrole, levier du frein, levier de direction.*

Le projet est donc fort bien pensé, à tel point que Ravel expose des calculs allant du travail fourni par les roues motrices à la consommation d'eau, en passant par la surface de chauffe et l'effort en charge.

Dans un Certificat d'Addition du 24 Août 1869 à ce brevet - nous examinerons ultérieurement le régime particulier de ce genre de titre de propriété industrielle - Ravel supprime cependant le serpentin intérieur qui devait probablement lui causer des soucis d'entartrage et de difficulté d'accès et préfère un serpentin extérieur dans le circuit d'évacuation des gaz de combustion pour mieux échauffer l'eau d'alimentation.

Dans son ensemble, le brevet Ravel constitue pratiquement un mémoire technique et presque un cahier des charges. En ce sens ce document d'art antérieur nous est précieux, mais en ce qui concerne en particulier les calculs, un brevet n'était nullement tenu

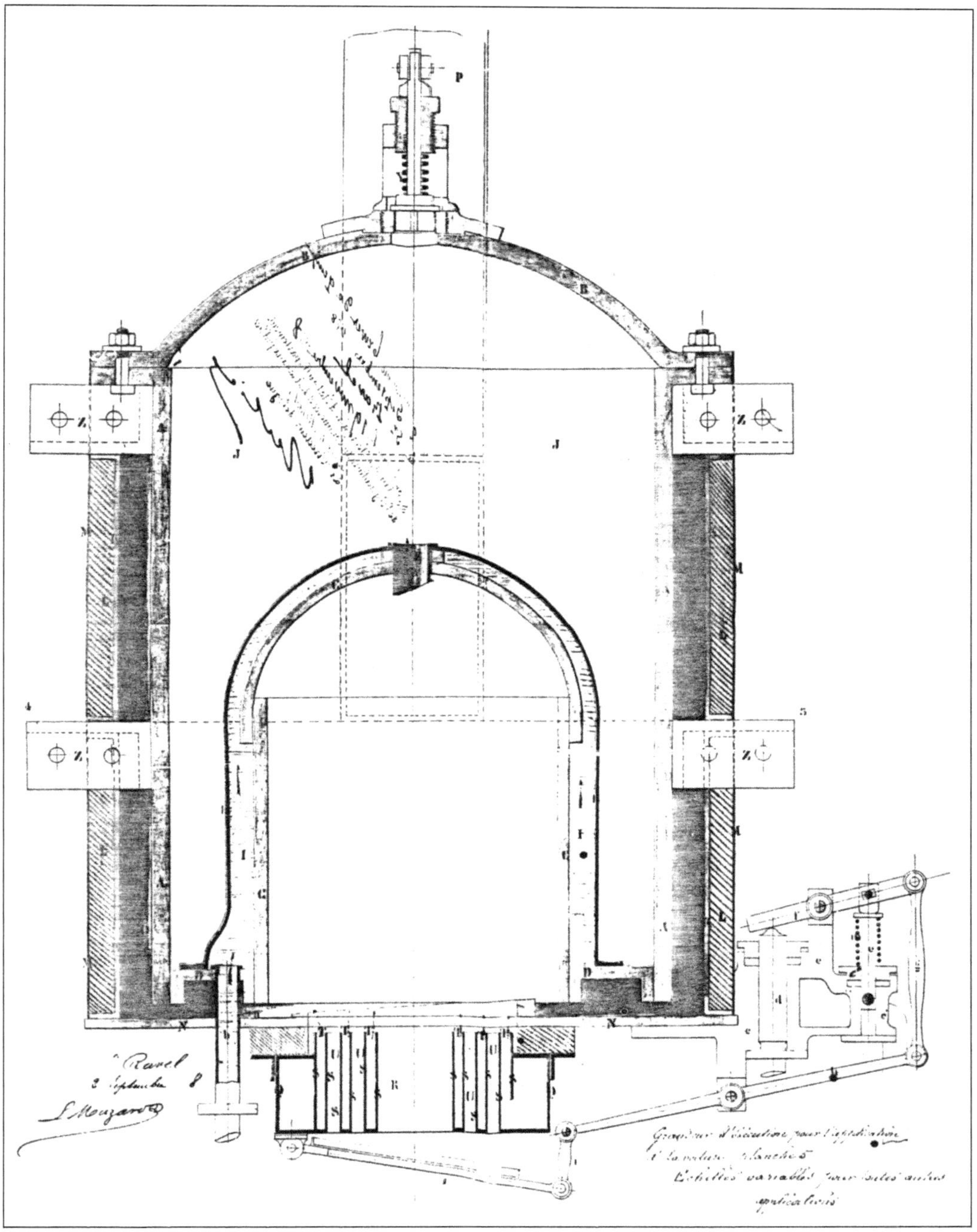

N° 82263 – Le générateur Ravel de 1868.

d'exposer une théorie ou d'expliquer les raisons du fonctionnement d'un dispositif. Une *invention* pouvait fort bien être fortuite ou surprenante, tout en étant parfaitement brevetable dans la mesure où elle procurait un résultat par des moyens nouveaux.

Soulignons pour l'Histoire que les essais de Ravel ont été ruinés par la guerre de 1870 puis abandonnés, alors que Ravel a ultérieurement étudié et pris des brevets pour des moteurs oscillants à gaz. Il a aussi engendré en 1875 son fils Maurice qui, lui, s'est fait connaître dans un tout autre domaine et dont on parle encore.

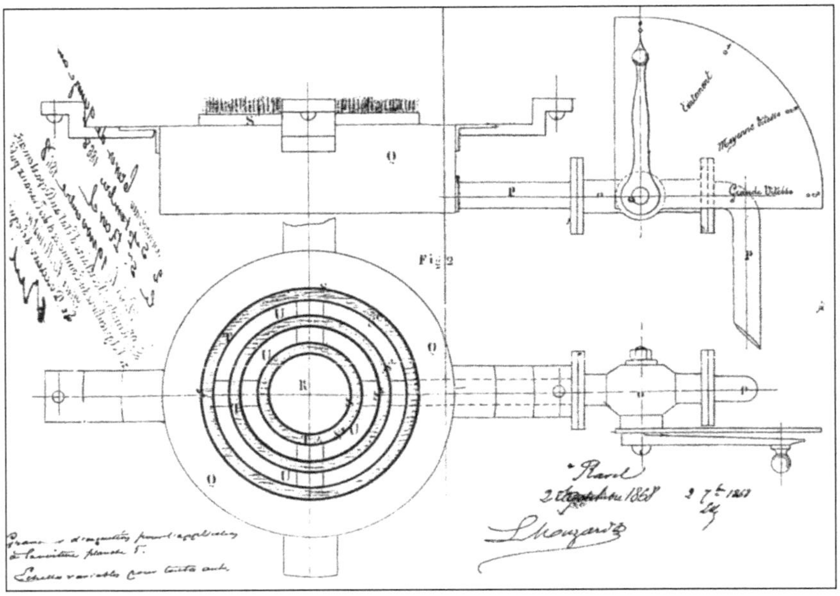

N° 82263 - Le générateur Ravel de 1868.

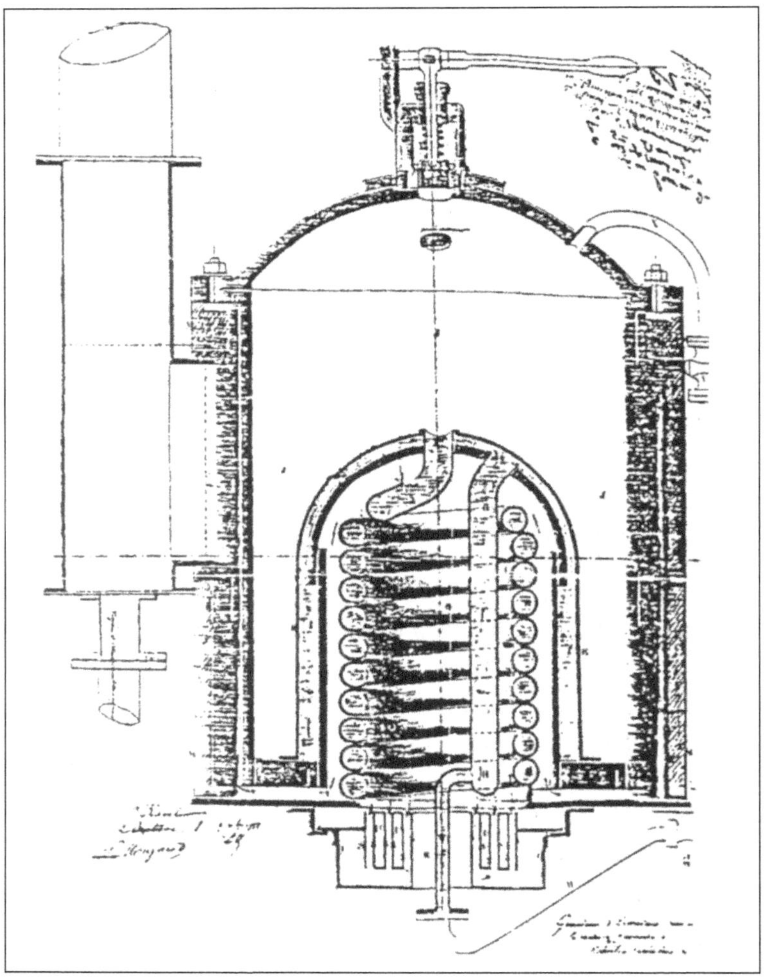

N° 82263 - Le générateur Ravel de 1868.

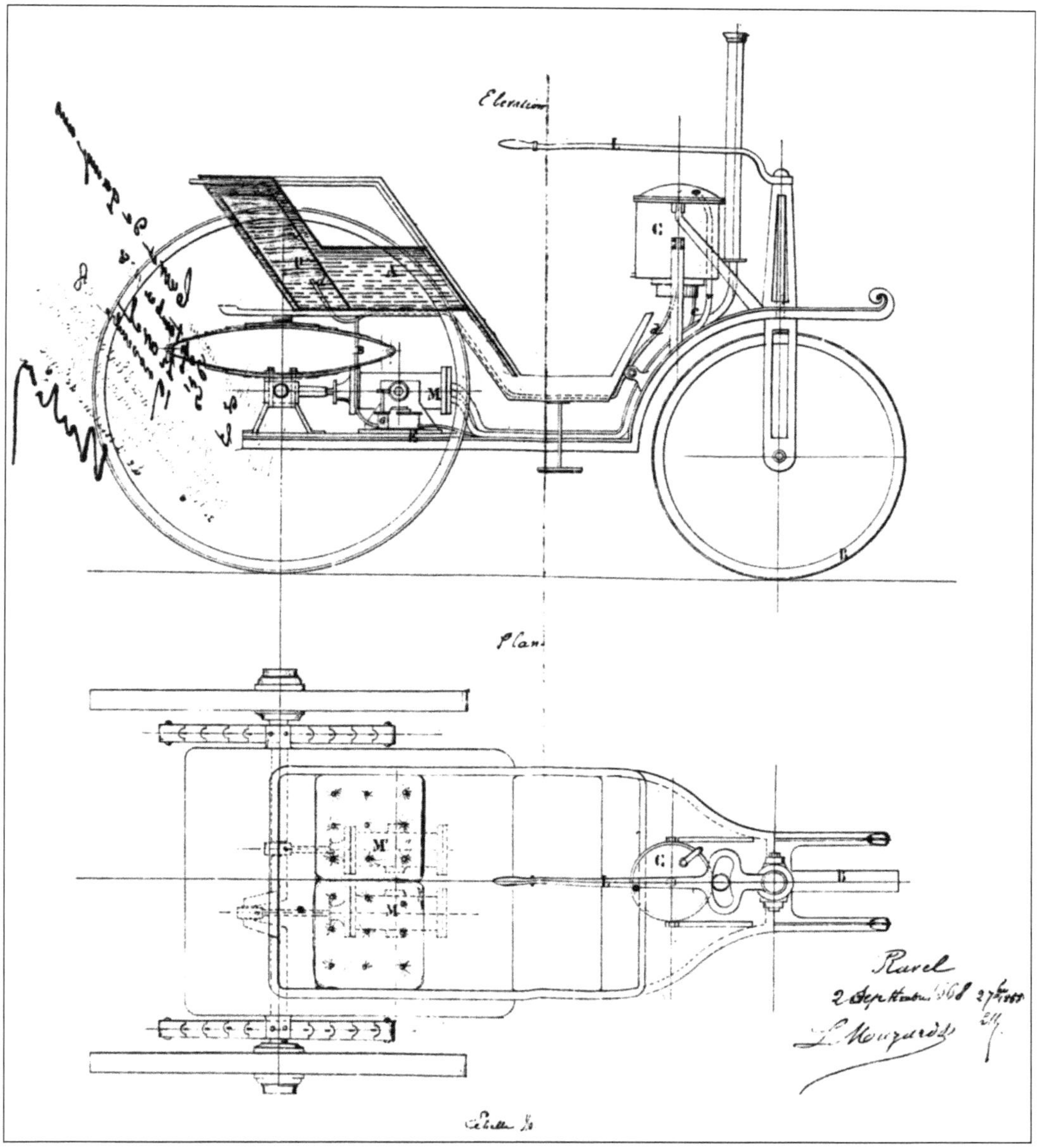

Le projet de voiture Ravel - Septembre 1868.

Ce brevet Ravel ne constitue finalement pas une antériorité pertinente, mais sa richesse illustre exceptionnellement l'état de la technique en 1879 et valait bien que l'on s'y attarde.

Enfin, un brevet Montupet n° **121.917** du 3 janvier 1878, à la manière de Belleville, est tout simplement intitulé *Système de générateur à vaporisation instantanée*. Ce terme, devenu lié à l'œuvre des frères Serpollet, apparaît donc à nouveau, cette fois à peine un an avant leur brevet.

Qui plus est, ce générateur est formé d'une pluralité de tubes emboîtés *laissant un petit espace entre eux pour le liquide à vaporiser*, mais *le petit espac*e en question est de l'ordre de 10 mm et la caléfaction pouvait s'y exercer tout à son aise.

En fait, ce générateur était surtout prévu pour la distillation ou pour le chauffage par la vapeur d'autres appareils.

Finalement, il semble que le terme *vaporisation instantanée* utilisé dans l'art antérieur, signifiait si *rapide* ou *accélérée* qu'elle paraissait pratiquement instantanée. Ce même terme au sens où l'entendaient les Serpollet impliquait essentiellement l'obstacle à l'état sphéroïdal, dont ne s'étaient pas préoccupés leurs prédécesseurs.

En matière de vapeur à la fin du XIXe siècle, l'Angleterre a évidemment produit de nombreuses inventions dont des systèmes d'évaporation rapide. Le précurseur le plus cité - et que certains ont même voulu opposer à Serpollet - est Goldworthy Gurney. Il a en effet réalisé des fiacres automobiles, dans les années 1820, avec un générateur formé de tubes à circulation d'eau présentant une grande surface de chauffe, et muni en outre d'une certaine réserve d'eau et de vapeur. Cet arrangement représente peut-être la matérialisation du concept du *nombre de tubes très résistants* mais il ne s'occupait pas de la caléfaction, tout en étant indéniablement en avance sur son temps.

Il faut également citer Walter Hancock qui, vers 1832, avait conçu un agencement de tubes verticaux ou de plaques en parallèle, destiné à augmenter la surface de chauffe et donc la rapidité de l'évaporation, aidée en cela par des parois minces pour un meilleur transfert de chaleur.

On a rapporté que la pression dans ces agencements pouvait être de l'ordre de 7 bars, ce qui n'est pas rien, mais l'on a aussi rendu compte de fuites incontrôlables et de la destruction des tubes par le feu, par la pression ou par la corrosion : ce n'était pas encore techniquement viable. Pourtant, Hancock a fait rouler dans les années 1870 en Angleterre des services (presque) réguliers de diligences de transport qui ont eu leur renommée, au moins historique.

Validité et tunnel

Il ne semble pas que le premier brevet Serpollet ait été invoqué dans une affaire de contrefaçon où sa validité aurait été mise en question. Peut-être existait-il d'autres antériorités plus pertinentes mais cela semble douteux car, malgré la révélation d'éléments séparés, comme les tubes, emboîtés ou non, les plaques, les petits espaces, aucun document unique n'enseignait antérieurement fin 1879 l'intégralité de la combinaison des moyens Serpollet, *agencés de la même façon en vue de concourir au même résultat*, selon les termes consacrés par la jurisprudence.

Il vient malgré tout un doute, totalement invérifiable d'ailleurs, en même temps qu'un certain soulagement puisqu'il ne s'est apparemment rien passé. En effet, Henri Serpollet, peut-être à cause de l'impétuosité de Léon, avait montré son invention fin 1878 et même avant, si son tricycle n'est pas une légende. L'idée d'une quelconque boîte noire n'a pas dû l'effleurer malgré sa discrétion, et il n'avait pas pu se cacher pour réaliser sa machine, démontrant ainsi la structure et le fonctionnement de son système. Le Droit n'étant pas la Morale, il avait de ce seul fait divulgué publiquement son invention antérieurement au dépôt. Le 5 janvier 1880, le brevet était normalement délivré SGDG, mais si précisément un tiers intéressé avait pu établir des faits et une date certaine de divulgation devant un tribunal, le brevet aurait été déclaré nul pour défaut de nouveauté.

Heureusement, il n'en a rien été et l'aventure pouvait commencer.

Car tous les espoirs étaient permis, certes après quelques tâtonnements. Les brillantes démonstrations avaient déjà suscité suffisamment d'intérêt pour qu'un Acte

d'Association « Serpollet Frères et Richard » soit passé dès le 29 mars 1879 puis modifié le 16 Octobre après tractations de dernière heure pour l'exploitation du brevet, qui est venu sept mois plus tard.

Qu'importe, Léon Serpollet avait vingt ans (21 pour être plus précis), cinq générateurs étaient commandés, il lui restait à accomplir son service militaire qui, certes, retarderait ses recherches mais Henri s'en occuperait, tout se présentait donc sous les meilleurs auspices.

Et l'on sait qu'au contraire une période épouvantable d'échecs et de misère s'ouvrait pour quelques années, pour l'exploitation du brevet venu sept mois plus tard.

- II -

Premier départ

Premiers nuages

Malgré le travail acharné des deux frères, surtout Léon resté seul à Paris, les plaques, selon le brevet, ne donnaient toujours pas de développements encourageants sur le plan industriel. Il faut attendre en effet sept ans presque jour pour jour pour voir arriver le deuxième brevet Serpollet.

L'invention première était partie des plaques, ça fonctionnait en *petites forces*, il paraissait donc normal de passer à plus grande échelle. Et ce fut l'obstacle, car en réalité, à espace capillaire constant, la surface des plaques devait varier sensiblement comme le carré de l'alésage du cylindre et il devenait rapidement impossible d'extrapoler pour obtenir des puissances intéressantes.

En août 1882, *les parois se touchent* tandis qu'en septembre 1883, *les plaques sont boursouflées*. Tous les métaux et toutes les épaisseurs ont dû être essayés. On sait que les deux frères ont traversé des périodes de doute, jusqu'à envisager fin 1882 la suppression pure et simple des plaques : ils ont en effet pensé à réaliser l'injection directe au point mort haut dans un cylindre chauffé par des gaz chauds. Ils n'ont cependant pas retenu cette solution irréalisable à l'époque et ils étaient prêts à tout abandonner, au point de se tourner vers le moteur électrique. Leur idée maîtresse restait toujours de produire un moteur d'atelier d'un emploi facile pour l'artisan, notamment le menuisier dont ils connaissaient si bien les besoins, donc le moteur électrique, encore à mettre au point, paraissait tentant.

Certes ils voyaient juste mais, heureusement pour nous, ils n'ont pas lâché la vapeur.

Ainsi, en juin 1883, Léon s'oriente petit à petit, sans le savoir, vers son futur *tube contourné* en essayant de réaliser des plaques repliées et non plus planes, ce qui permettait d'augmenter enfin leur surface utile pour un encombrement non prohibitif et une résistance pas trop inquiétante.

Et pourtant, les choses en sont restées là pendant encore trois années de tâtonnements, de découragement et de déboires. Car, comble de malheur, à la suite d'un malentendu entre associés de la société Serpollet Frères et Cie créée le 26 janvier 1880, à laquelle s'était adjoint un certain Brunet, une annuité du brevet de 1879 n'a pas été payée et celui-ci est tombé dans le domaine public en 1882, alors que, déposé pour quinze ans, il pouvait être maintenu en vigueur par paiement régulier des annuités jusqu'au 25 octobre 1894.

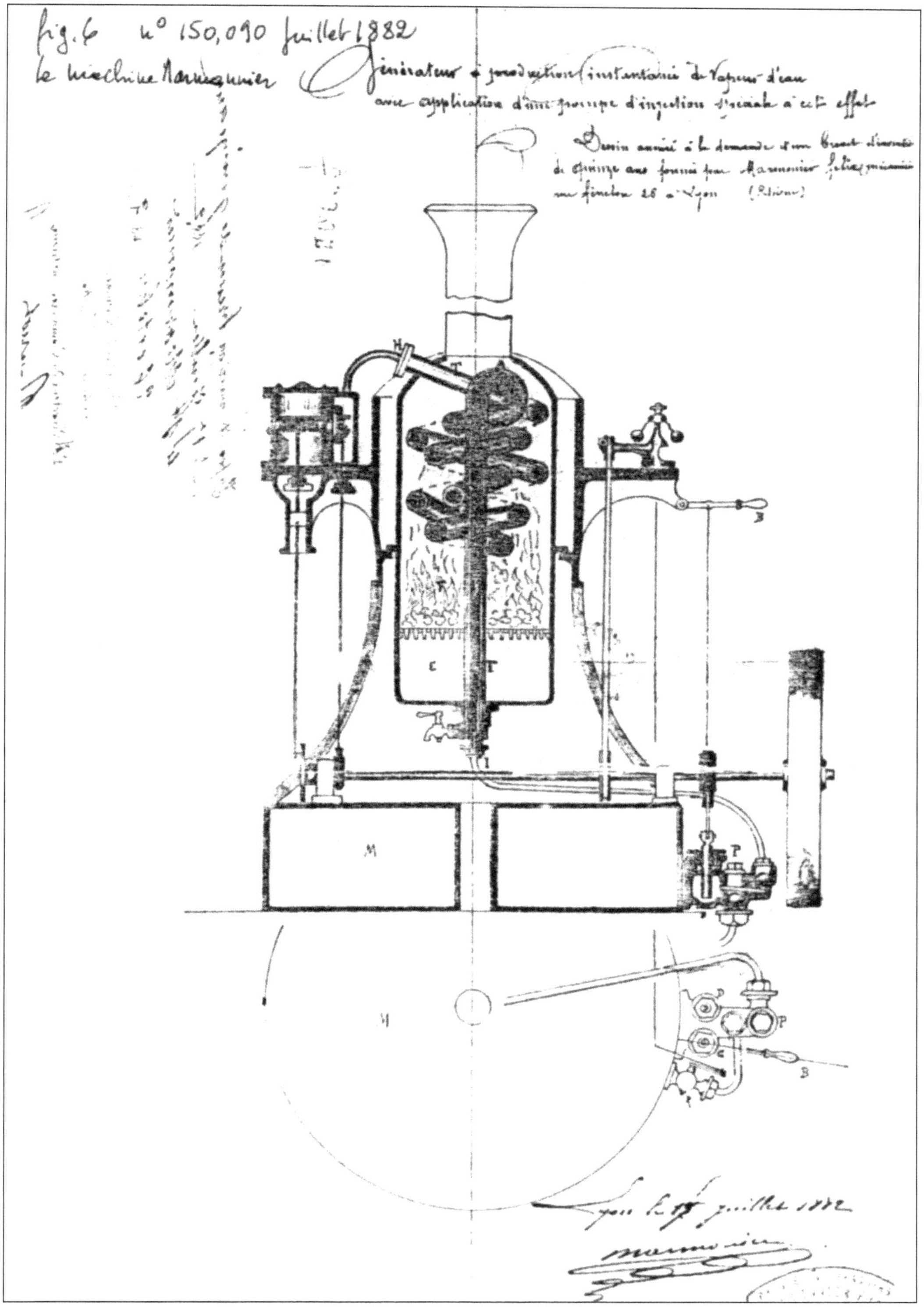

Brevet de Félix Marmonier n° 150.090 – 17 juillet 1882.

Certes, il avait été étendu à la Belgique, l'Allemagne, l'Italie et l'Autriche mais il ouvrait ainsi la libre exploitation sur le territoire français. De ce fait, en supposant même que les Serpollet soient arrivés à produire une machine intéressante selon les dispositions du brevet, tout concurrent aurait pu librement fabriquer et commercialiser la même machine en France. Dès lors, indépendamment d'avoir à calmer les associés, le problème des frères Serpollet devenait double : d'une part arriver à faire une machine puissante qui fonctionne et, d'autre part, y apporter des perfectionnements tels que ceux-ci puissent être protégés en faisant l'objet d'un nouveau brevet.

Or, de son côté, l'industriel lyonnais Félix Marmonier s'était lui aussi intéressé à la question et ses propres recherches se traduisirent par son brevet **n° 150.090** du 17 juillet 1882 pour *Un générateur à production instantanée de vapeur d'eau avec application d'une pompe d'injection spéciale à cet effet*. Marmonier avait sans doute lu le brevet de 1879 ou bien il avait eu vent des démonstrations des Serpollet, peut-être y avait-il assisté. Peut-être aussi savait-il que ce brevet venait de tomber dans le domaine public ? Toujours est-il qu'il reprend l'essentiel du procédé, désormais connu en soi et disponible, en utilisant les termes mêmes qui avaient cette si grande portée :

> « l'eau ayant été injectée..., le vide laissé pour son passage ne lui permettant pas sous l'action de la chaleur de prendre la forme sphéroïdale ; ... laissant entre eux le même espace capillaire ... »

ou encore :

> « ... ne laissant au passage de l'eau qu'un espace de 1/10 de millimètre environ ».

C'était d'ailleurs son droit, dans le cadre d'une *description complète et loyale des véritables moyens de l'inventeur*. Le procédé connu, les perfectionnements attendus portent par conséquent sur le dispositif, sous la forme d'une machine apparemment au point et fiable. Le générateur est formé par un tube enroulé en serpentin, dans lequel est insérée une tige laissant entre elle et le tube un espace capillaire et dont une fraction rectiligne *jusqu'au premier coude est mobile, rendant possible le dégagement des dépôts qui se produisent dans cette partie, la première en contact avec la flamme*.

Une autre forme de réalisation, indiquée au brevet, mais mal décrite, comprend un second tube recouvrant le premier avec le même espace capillaire, afin d'y faire circuler la vapeur formée pour la surchauffer et en même temps refroidir légèrement l'eau injectée si celle-ci est préalablement trop chauffée par la vapeur d'échappement du moteur. Quant à ce dernier, il paraît tout à fait conventionnel, à double effet avec distribution par tiroir plan commandé par le classique excentrique. La pompe d'injection, elle, n'a rien de *spécial* en elle-même, sauf qu'elle est double et l'un des deux plongeurs est commandé par un balancier qui reste à la portée de la main. C'est un deuxième piston indispensable pour la mise en marche ... « Enfin, l'extrémité supérieure du tube n'est pas remplie par la tige (...). Cette partie ainsi libre sert de magasin de vapeur ».

Il y a donc bien perfectionnement par rapport au brevet de 1879, en ce sens que le serpentin à espace capillaire est de structure nouvelle, paraît plus fiable que les plaques accolées et qu'une pompe de mise en marche est prévue. Par ailleurs, le magasin de vapeur constitue une réserve permettant d'éviter les à-coups et ne nécessite plus de pompe à injection brusque, jamais bonne mécaniquement.

Cet agencement autorise finalement une distribution classique sur le cylindre, mieux maîtrisée à son époque que le seul réglage de la pompe d'alimentation de 1879, encore que la pompe Marmonier soit à débit en principe réglable : de quoi rassurer le Vaporiste

le plus difficile. Celui-ci va tout de même objecter qu'une pompe ne fonctionnera pas valablement en eau chaude et qu'en tout état de cause agir sur le débit au moyen d'une vanne est inopérant en comparaison avec la variation de la course du plongeur, comme l'avait prévu le brevet de 1879. Là encore, il semble malgré tout qu'il s'agisse d'une petite machine domestique mais aussi que d'autres inconvénients pratiques soient survenus, car Marmonier a laissé tomber rapidement son brevet dans le domaine public – et même semble-t-il un tricycle qu'il avait construit – puis il avait tout abandonné avant 1886.

Sur le plan des brevets, il faut en tout cas retenir que Marmonier faisait désormais partie de l'art antérieur pour les dépôts à venir.

La montée du pétrole

Apparemment, cet épisode s'est déroulé à l'insu des frères Serpollet, qui poursuivaient donc leurs recherches. Les perfectionnements et la fiabilité de leur propre invention étaient leur sujet de préoccupation, pendant que d'autres perfectionnements dans le domaine du moteur à combustion interne commençaient à se manifester et auraient dû

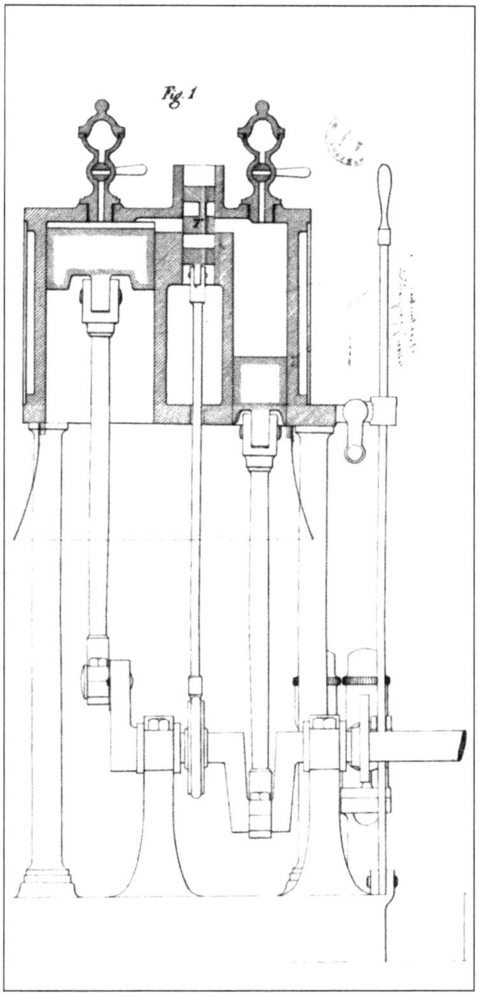

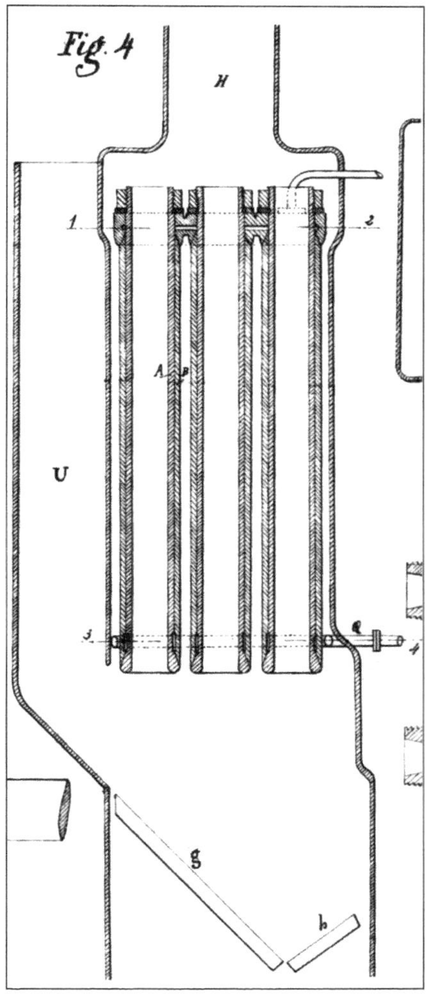

Brevet n° 179.334 du 19/10/1887.
Les tubes minces en U - octobre 1886 du générateur cylindrique perfectionné - sept 1887.

constituer un autre sujet de préoccupation, les germes de l'avancée technique prenant naissance inexorablement.

Depuis les années 1870, on assistait en effet à de nombreuses tentatives de perfectionnement du moteur à gaz Lenoir de 1860, et des différentes versions du moteur Otto relativement incontrôlable. Au milieu de bien des litiges et autres affaires de gros sous, de nouveaux noms devenus prestigieux se dégagent et s'avèrent incontournables,

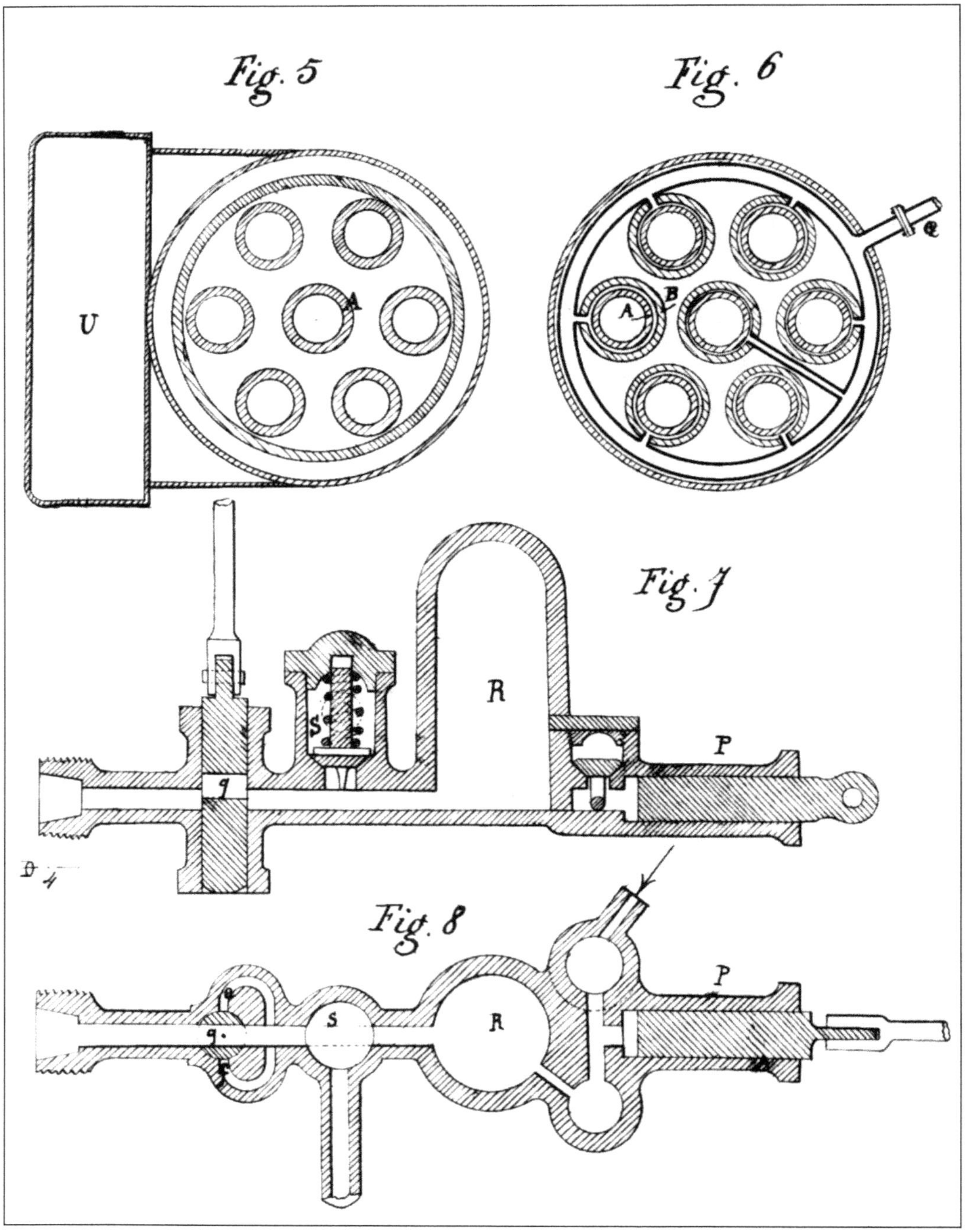

Brevet n° 179.334 - 19/10/1887.
Les éléments minces concentriques - octobre 1886

Fig. 3

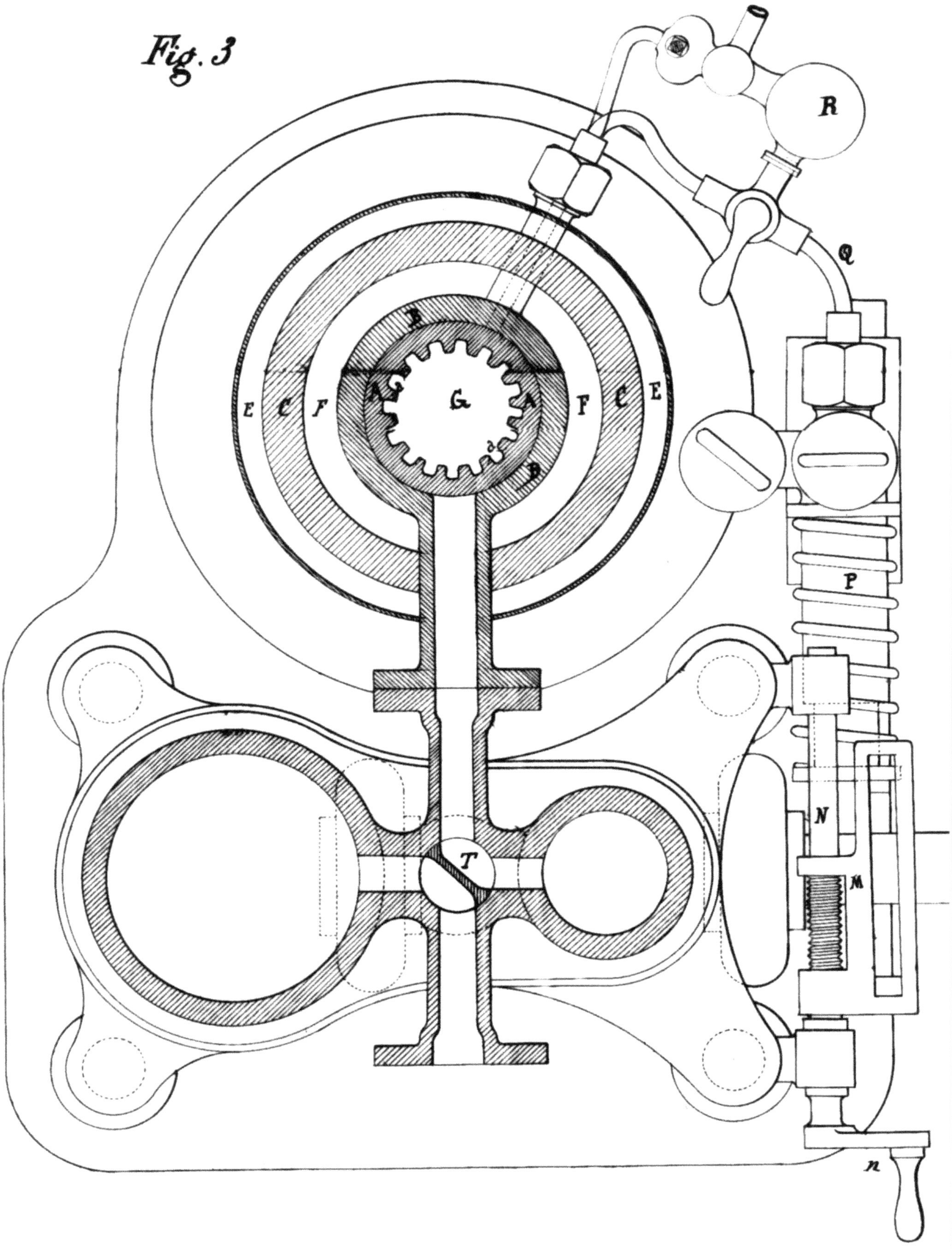

Brevet n° 179.334 - 19/10/1887.
Le générateur cylindrique perfectionné - sept 1887

de nombreux brevets sont déposés : Maybach, Daimler, Benz, Levassor, Forest, Panhard, pour ne citer que les plus connus, d'importantes firmes démarrent, les moyens financiers sont eux-mêmes considérables.

Ce sont bien ceux-là les vrais précurseurs de l'automobile – ou alors il importe de redéfinir ce terme – car leurs efforts se sont tout spécialement concentrés sur la recherche d'un moteur léger et simple d'emploi, essentiellement destiné à la voiture particulière. Eux aussi ont cependant souffert devant des problèmes techniques quasi insurmontables pour l'époque, comme la carburation et l'allumage qui ont donné lieu à des solutions souvent baroques et toujours malcommodes, sans parler de l'usure, du graissage, de l'étanchéité et du grippage des organes principaux du moteur, ce qui n'assurait pas une solide longévité aux réalisations.

En fait il s'est écoulé plus de trente ans pour passer du principe du 4-temps posé par Beau de Rochas dans son brevet fleuve de 1862, au bicylindre Maybach-Daimler de 1893 enfin fiable mais encore primitif qui a équipé les premières vraies automobiles. Les frères Serpollet ont donc assisté à cette évolution pendant la période des années 1880 où rien de décisif ne semblait se produire et ils ont donc maintenu leur confiance inébranlable dans leurs tentatives puisque, selon Léon, « rien ne détrônera la vapeur ».

Celle-ci avait d'ailleurs d'autres partisans et non des moindres, puisque l'équipe de Dion-bouton-Trépardoux qui fera parler d'elle, commence à se manifester avec des brevets dès 1883.

Fin du tunnel et fin des plaques

Alors que le moteur à pétrole commençait à balbutier, le système Serpollet restait en panne. Après de longues concertations avec Henri, Léon, avec une incroyable ténacité, a pourtant pu réaliser une nouvelle ma-

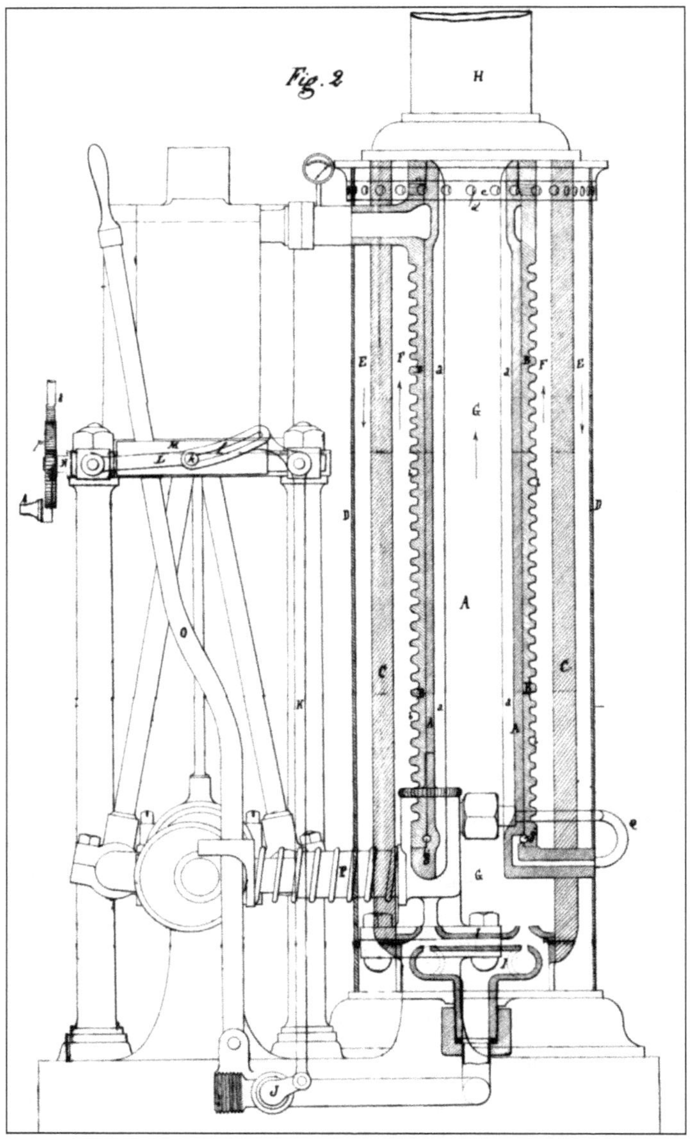

Brevet n° 179.334 - 19/10/1887.

chine fin 1884 et il a dû redoubler de prudence et multiplier les essais avant de réaliser une machine présentable et de décider du dépôt du deuxième brevet à son nom, en date du 29 octobre 1886.

Ce brevet **n° 179.334**, concerne modestement *des perfectionnements dans les machines à vapeur*. Il faut noter que selon la loi de 1844, le titre d'un brevet n'ayant aucune portée en soi devait, en principe, être aussi concis que possible et l'on observe effectivement de nombreux *perfectionnements* dans l'intitulé des brevets, ce qui permettait la brièveté souhaitée.

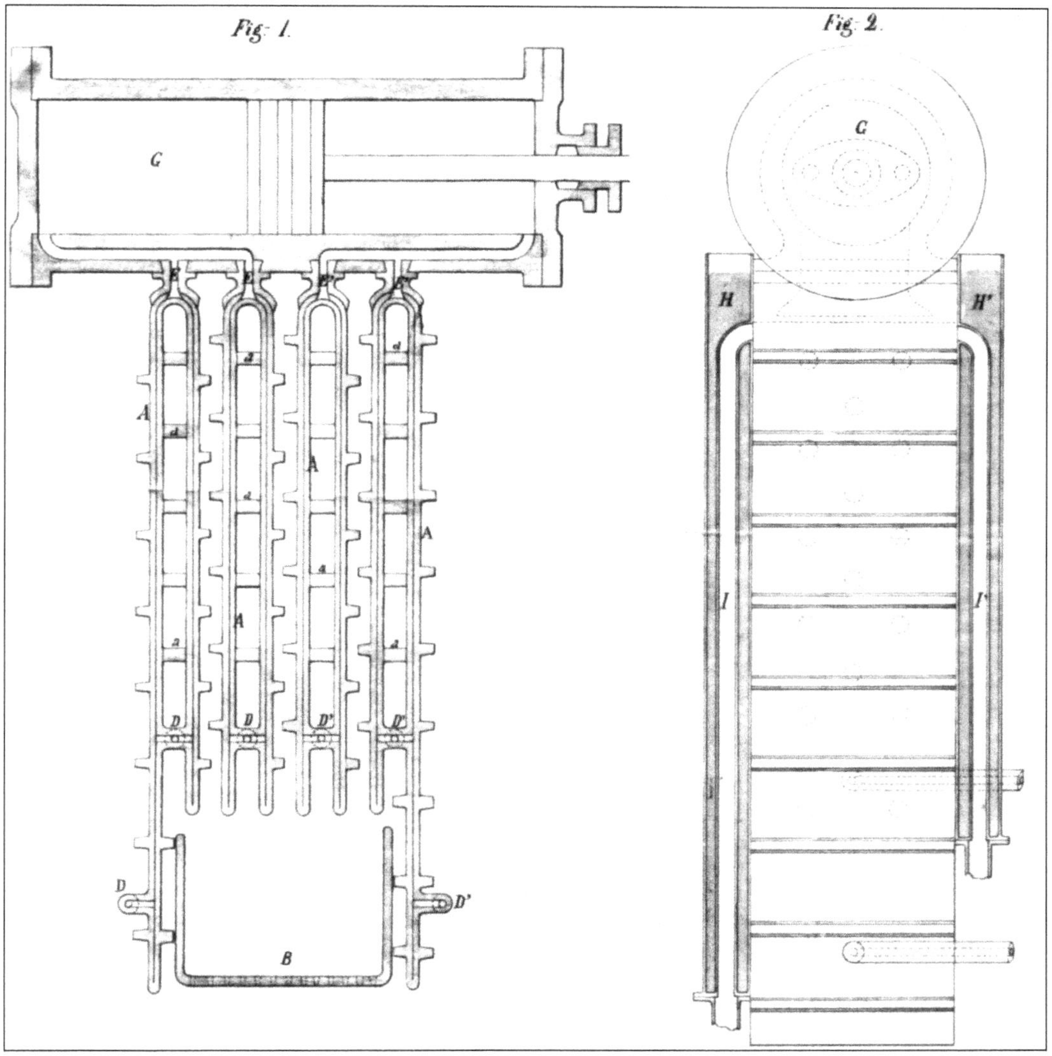

Brevet n° 179.334 - 19/10/1887.
Le premier générateur-spirale à parois épaisses - Mars 1888.

Mais ici, il s'agit bien de perfectionnements à la machine selon le brevet de 1879, étant entendu que le procédé de vaporisation instantanée était dès lors connu en soi. Comme dans le cas de Marmonier, les perfectionnements portent donc essentiellement sur le dispositif.

Tels que décrits, ils résument assez bien les solutions apportées aux défauts de la première machine, mais aussi les enseignements sur les plans théorique et pratique que Léon avait tirés des sept années précédentes.

L'essentiel de ce procédé est rigoureusement celui du brevet de 1879, à savoir l'injection brusque à chaque cylindrée, produisant instantanément la vapeur utilisable directement dans le cylindre, sans organe de distribution mécanique. C'est donc le générateur qui est modifié : l'espace capillaire n'est plus défini entre deux plaques mais il est formé plus simplement par les parois d'un *tube de cuivre aplati au laminoir* puis replié en U renversé recevant l'eau à sa partie inférieure et délivrant la vapeur au sommet, lui-même en liaison directe par une tubulure courte avec le haut d'un cylindre à double effet. Chaque tube constitue un élément d'un faisceau, les entrées et les sorties respectives étant montées en parallèle pour chaque extrémité du cylindre : la surface devient importante sous un moindre encombrement, *la pression pouvant aller jusqu'à vingt atmosphères et plus.*

On note donc une évolution certaine avec l'abandon des plaques planes épaisses rivetées – mais Léon appelle toujours son tube *les plaques* – et au contraire, l'adoption de parois *les plus minces possible* afin d'obtenir une température élevée et restituer rapidement aux plaques *le calorique absorbé par l'eau vaporisée.* On note les apports de l'enseignement théorique acquis pendant la sombre période qui a précédé, sauf une petite confusion entre calories et degrés, que l'homme de l'art peut se contenter de rectifier.

Les parois étant minces, le tube est renforcé par des nervures. Par ailleurs, tout en prévoyant une très haute température, la minceur permet un chauffage modéré, ce qui paraît bien le fait de nombreux essais destructifs conduits volontairement ou non par Léon pendant de longs mois. Il est par ailleurs intéressant de relever que dans la description du brevet, où sont dûment décomptées les ratures et autres corrections comme on le faisait à l'époque, les surfaces lisses sont chauffées *modérément* en remplacement du terme *au rouge.* Effectivement, d'un point de vue pratique, la brasure des raccords et sans doute des nervures, rapportés sur le tube en U, n'aurait sans doute pas tenu à une température voisine du rouge.

Dans une seconde forme de réalisation, l'évolution est encore plus nette en prévoyant des faisceaux concentriques et, bien que décrit succinctement, cet agencement prélude aux générateurs les plus intéressants à venir.

Le CA

A ce brevet **n°179.334** correspond un Certificat d'Addition déposé le 21 Septembre 1887, ce qui appelle tout d'abord plusieurs commentaires, aussi bien administratifs que techniques.

1. – Administrativement, le Certificat d'Addition (je vais l'appeler CA par la suite) revêt la même forme que le brevet principal auquel il se rattache dans les moyens même de l'invention et il permet d'*apporter des changements, perfectionnements ou additions* mais, s'il produit les mêmes effets que le brevet, ceux-ci prennent fin avec lui quelle que soit sa date de dépôt. Matériellement, il est tellement partie intégrante du brevet principal qu'il porte le même numéro, jusqu'en 1900 environ, ce qui ne facilite d'ailleurs pas les recherches. Pour la même raison, il ne nécessite pas de maintien en vigueur en soi par paiement d'annuités mais ne survit donc pas au brevet principal, sauf conditions et formalités particulières hors de notre propos. Le Certificat d'Addition a été très utilisé par les inventeurs isolés s'empressant de prendre date en déposant au plus

tôt une demande de brevet – éventuellement monnayable – afin de pouvoir montrer et mettre au point leur invention sans risque de divulgation préalable, quitte à déposer chaque fois aux moindres frais les perfectionnements successifs. En aucun cas cependant, le Certificat d'Addition ne pouvait être destiné à compenser un oubli dans les caractéristiques du brevet principal et à cet égard, sa rédaction entraînait parfois de véritables prouesses de style pour masquer le vrai but du dépôt qui, généralement, ne trompait cependant pas le spécialiste.

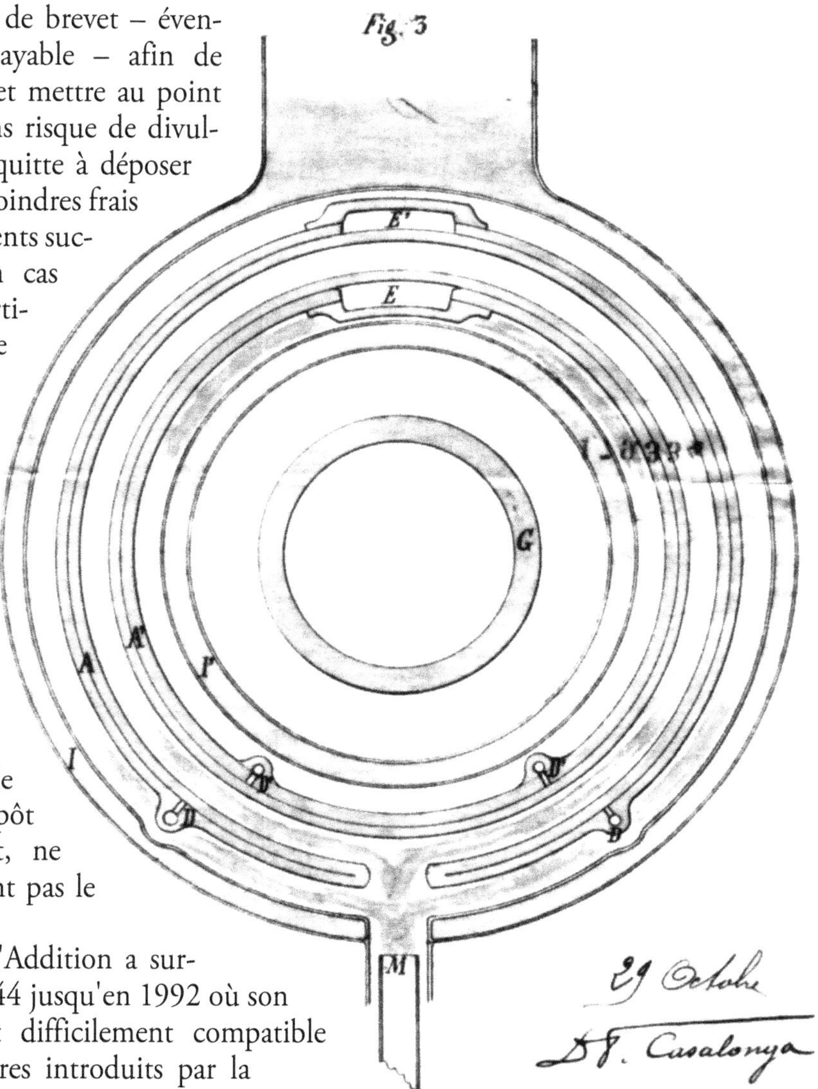

Brevet n° 179.334 - 19/10/1887.
Générateur à parois épaisses – Mars 1888.

Le Certificat d'Addition a survécu à la loi de 1844 jusqu'en 1992 où son existence devenait difficilement compatible avec certains critères introduits par la nouvelle loi de 1968 sur les brevets d'invention et l'harmonisation avec d'autres lois étrangères homologues.

2. – Techniquement, les *changements, perfectionnements ou additions* apportés à compter du 21 septembre 1887 par le Certificat d'Addition au brevet **n° 179.334** sont plus qu'une évolution, c'est un bouleversement.

Le procédé reste certes inchangé mais le dispositif est passé en moins d'un an du bricolage de génie transpirant le dénuement technologique absolu, au projet d'étude s'appuyant sur une solide possibilité de réalisation d'atelier.

- III -
Deuxième départ
Progrès technique

Maintenant, l'élément *vaporisateur* de base, qui peut être unique ou monté en faisceau, est essentiellement constitué d'un tube résistant muni d'ailettes ou de cannelures sur sa surface intérieure et dont la surface extérieure est *bien dressée au tour et finement rayée, dans un sens, de stries faites au papier d'émeri ou à la lime douce*, sur laquelle est ajusté un second tube métallique muni de cannelures extérieures et dont *la surface intérieure est finement striée par des rayures allant en sens contraire* de celles du premier tube. La superposition de ces rayures forme évidemment l'espace capillaire. Les ailettes ou cannelures sont destinées à renforcer la résistance des tubes, tout en augmentant la surface de chauffe, cette dernière pouvant être assurée par un brûleur à gaz, éventuellement commandé par un régulateur automatique centrifuge. Le moteur lui-même est du type Woolf, à double expansion, donné à titre d'exemple, ne comporte toujours pas d'organes mécaniques d'admission mais il peut être *de n'importe quel système et appliqué dans n'importe quel cas, pour voitures, bicycles, tricycles, bateaux etc.* Prémonition certaine, preuve que nos deux frères suivaient tout de même les tendances de l'époque puisqu'ils avaient même songé à la propulsion de dirigeables.

Dans l'agencement décrit, le Vaporiste va enfin trouver sa pompe de démarrage avec son levier à main, ainsi qu'un régulateur original agissant sur l'alimentation du vaporisateur en eau par une soupape de retour à la bâche, pouvant agir avec le régulateur de chauffage, et il reconnaîtra là un progrès indéniable. La machine est facilement démontable et sa conduite est en outre aidée par un thermomètre et un manomètre sur le circuit de vapeur, ce qui est un véritable raffinement. Le moteur Woolf illustré, à simple effet, de 22 et 40 mm d'alésage pour une hauteur d'ensemble inférieure à 30 cm avec le générateur, donne une machine très fiable, compacte et pratique pour la *petite force* recherchée, soit de ½ à 1 CV. Le Vaporiste calmé, c'est peut-être le mécanicien qui va trouver à redire et refusera certainement de se servir d'émeri sur un tour pour faire des *stries*, mais la réalisation est malgré tout vraiment professionnelle. Pas question toutefois de graissage du moteur, mais celui-ci est de n'importe quel système, donc connu en soi.

Par rapport aux dispositions du brevet de 1886, ce bond en avant ne tient pourtant pas du miracle et résulte plus simplement des moyens matériels mis à la disposition de Léon depuis à peine le 20 août 1887 – un mois lui a suffi – date de l'établissement de

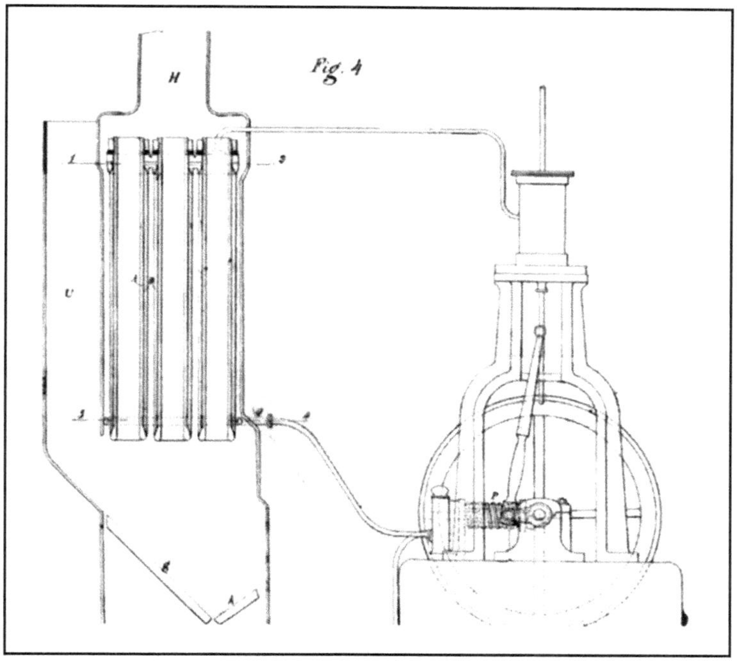

Brevet 185.985

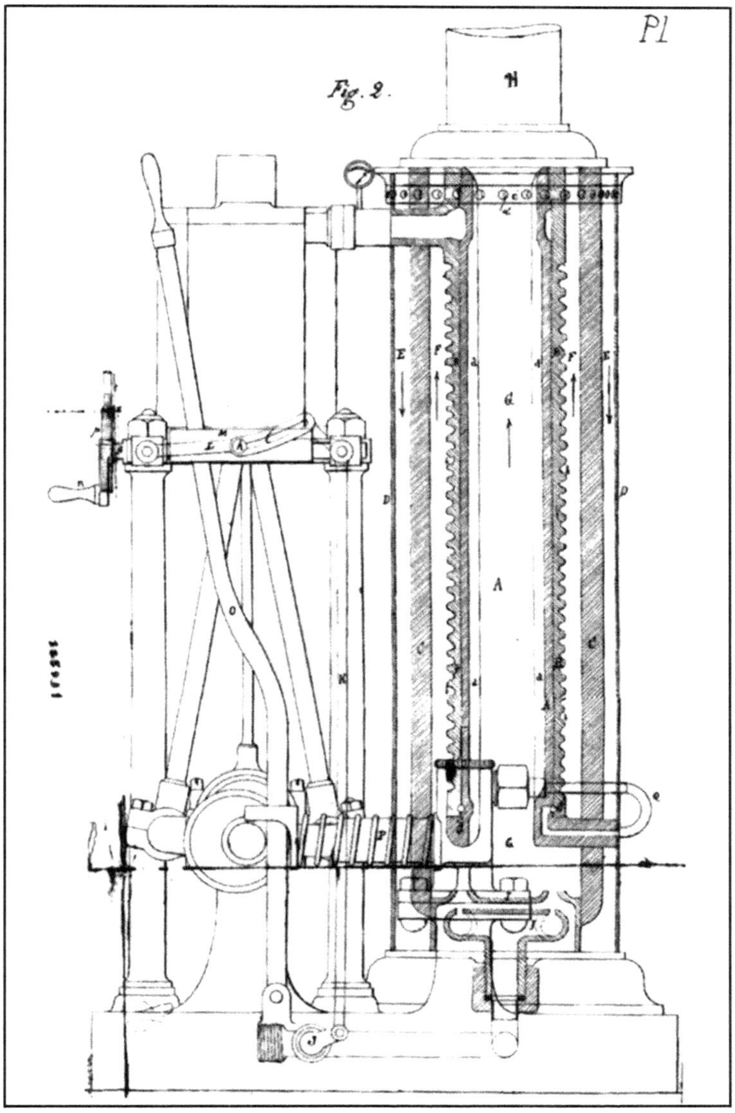

Brevet 185.985

la nouvelle *Société Serpollet et Cie* dont les ateliers s'installent chez Larsonneau, 27 rue des Cloys à Montmartre et qui se fait mieux connaître commercialement sous l'enseigne *Société des Moteurs Serpollet frères*. Les biographes ont su rapporter des faits et anecdotes attachés à cette installation mais pour nous, il est surtout bon de retenir à quel point la création s'accommode volontiers d'un certain confort matériel !

À cette occasion, les idées et les options ont dû fourmiller chez Léon Serpollet car ce même 21 septembre 1887, date de dépôt du Certificat d'Addition en question, il dépose un nouveau brevet **n° 185.985**, pour *Perfectionnement dans la production et l'application aux moteurs de la vaporisation instantanée de l'eau.*

Or, ce brevet peut étonner en première analyse, car il est pratiquement identique, mot pour mot, au contenu du dit Certificat d'Addition. On pourrait alors se demander la raison de cette *double brevetabilité* répréhensible, tendant à protéger la même invention par deux titres distincts, dont l'un finit toujours d'ailleurs par annuler l'autre. En l'occurrence l'explication me paraît toutefois simple et justifiée, si l'on se replace dans l'enthousiasme inventif de Léon disposant enfin rue des Cloys de vrais moyens de fabrication. Il a dû s'apercevoir que le générateur bricolé du brevet de 1886 n'était toujours pas satisfaisant, avec ses pauvres tubes aplatis en U alors que celui de l'Addition promettait des développements intéressants.

Dans ces conditions, en attendant de procéder aux mises au point nécessaires, il a dû vouloir prendre la précaution de déposer un brevet indépendant dans l'optique d'Additions futures, quitte à choisir ultérieurement et à abandonner, s'il le fallait, le brevet précédent, donc son Certificat d'Addition, ou mieux, à retirer ce dernier avant délivrance. Les pièces de dépôt et l'état de paiement des annuités n'existent plus, mais il y a tout lieu de penser que le brevet de ce 21 septembre 1887 a été déposé avant le Certificat d'Addition, à quelques minutes près car l'heure était enregistrée, de façon que, même si les deux titres coexistaient un jour, le CA cesserait de produire ses effets mais n'antérioriserait pas le brevet indépendant. Le Certificat d'Addition n'a cependant pas été retiré puisqu'il a été délivré, mais Léon avait tout de même vu juste car quelques mois après, en 1888, il déposait un CA à son brevet indépendant, plus deux autres brevets et un CA.

N'avait-il pas écrit à Henri le 28 juillet 1888 : « J'ai un système que j'ai essayé et qui tuera les plaques » ?

Il était effectivement passé des plaques épaisses au tube mince aplati, puis aux tubes résistants superposés avec ajustage précis et il ne s'est pas arrêté là.

Le vrai départ

Le 27 mars 1888 il déposait donc un premier Certificat d'Addition au brevet **n° 185.985** du 21 septembre 1887, dont le contenu paraît si simple qu'on pourrait se demander pourquoi il n'a pas commencé par-là : ce titre consacre en effet le vrai départ du Système Serpollet.

> « On voit que l'organe essentiel, le générateur de vapeur, est formé par un tube en acier à parois épaisses, aplati de manière qu'il n'existe entre les parois qu'un espace capillaire, et contourné en spirale, de manière à offrir au centre un petit évidement où vient aboutir le tube de décharge de vapeur, et à la circonférence un autre évidement où vient se souder le tube d'injection d'eau ».

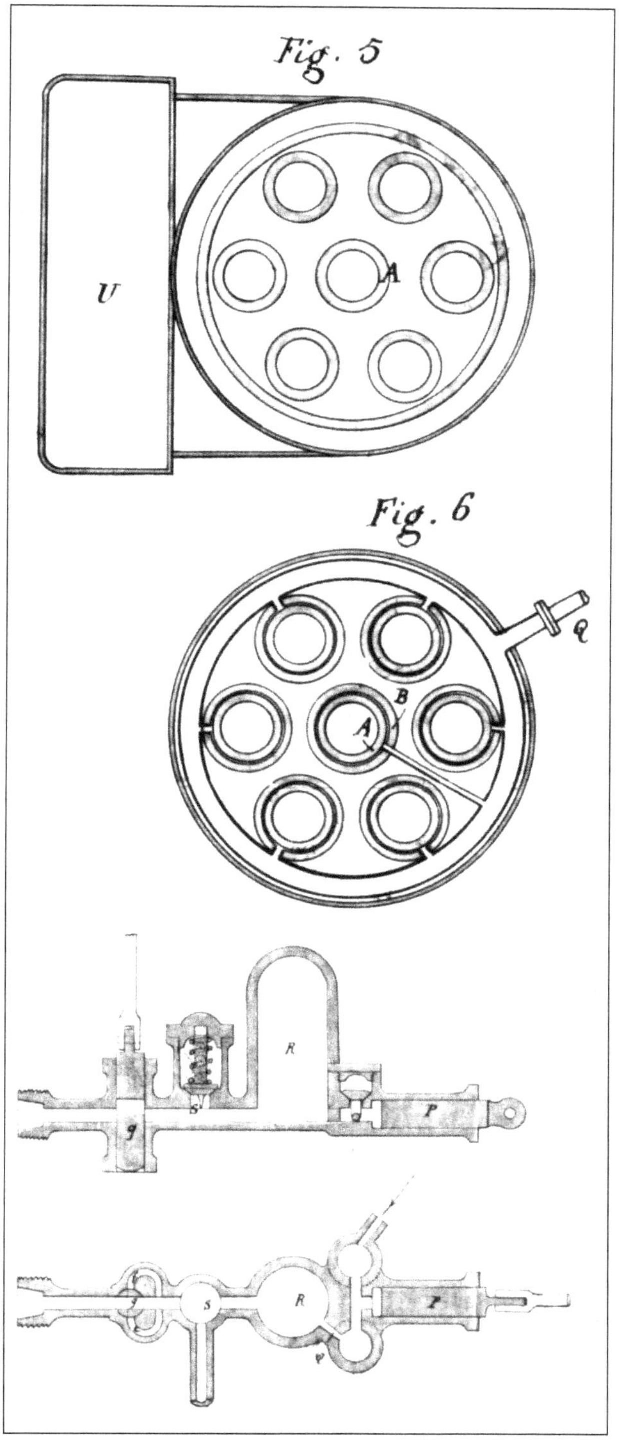

Brevet n° 185.985.

Ces quelques lignes tirées *in extenso* de la description, suffisent à enseigner de manière claire *les véritables moyens de l'inventeur* qui seront appliqués sur les appareils Serpollet pendant plusieurs années. Ce type de générateur donne lieu à la production de machines fixes pour pompes, petits ateliers, éclairage électrique domestique mais aussi pour yoles et – encore à titre de jeu – pour tricycles, dont le premier modèle à usage personnel mis au point est essayé le 7 avril 1888, non sans en avoir été apprécié par un jeune passager depuis longtemps dévoré d'envie d'y monter et du nom de … Louis Renault..

Le générateur de base consiste donc en au moins une spirale enroulée à plat au-dessus du foyer, maintenue en forme à chaud par des entretoises, *les gaz de la combustion, après avoir envahi les spires du générateur, s'échappant par un carneau latéral.*

Ainsi on notera que le tube d'acier est, d'une part, à paroi épaisse et, d'autre part, aplati de manière à former l'espace capillaire : visiblement, c'est ainsi la synthèse entre les plaques planes épaisses de 1879 et le tube mince aplat de 1886. Ce sera un premier succès, même si le Vaporiste va se demander comment maintenir l'intégrité de l'espace capillaire avec la dilatation et les dépôts.

Il existe un second CA au brevet **n° 185.985**, déposé le 19 juillet 1888, mais avant d'en parler, je préfère suivre le mieux possible l'ordre chronologique de la création continue. Nous restons donc encore au 27 mars 1888, où est déposé le brevet **n° 189.632** pour *Un nouveau mode de pulvérisation, de division ou de gazéification des liquides.*

Sur le plan de la propriété industrielle, si le CA de ce jour-là est particulièrement inspiré, le brevet du même jour n'était pas indispensable : selon ce brevet, le dispositif est destiné à vaporiser des liquides, notamment combustibles tels qu'éther, alcool, hydrocarbures divers, dans le but de les brûler ou de *produire d'autres opérations industrielles, chimiques ou physiques*. En réalité, Léon devait déjà penser à un brûleur efficace et plus commode que les foyers au coke ou alors à un ancêtre du carburateur de moteur à pétrole, mais il ne semble pas avoir donné une suite immédiate à ce dispositif.

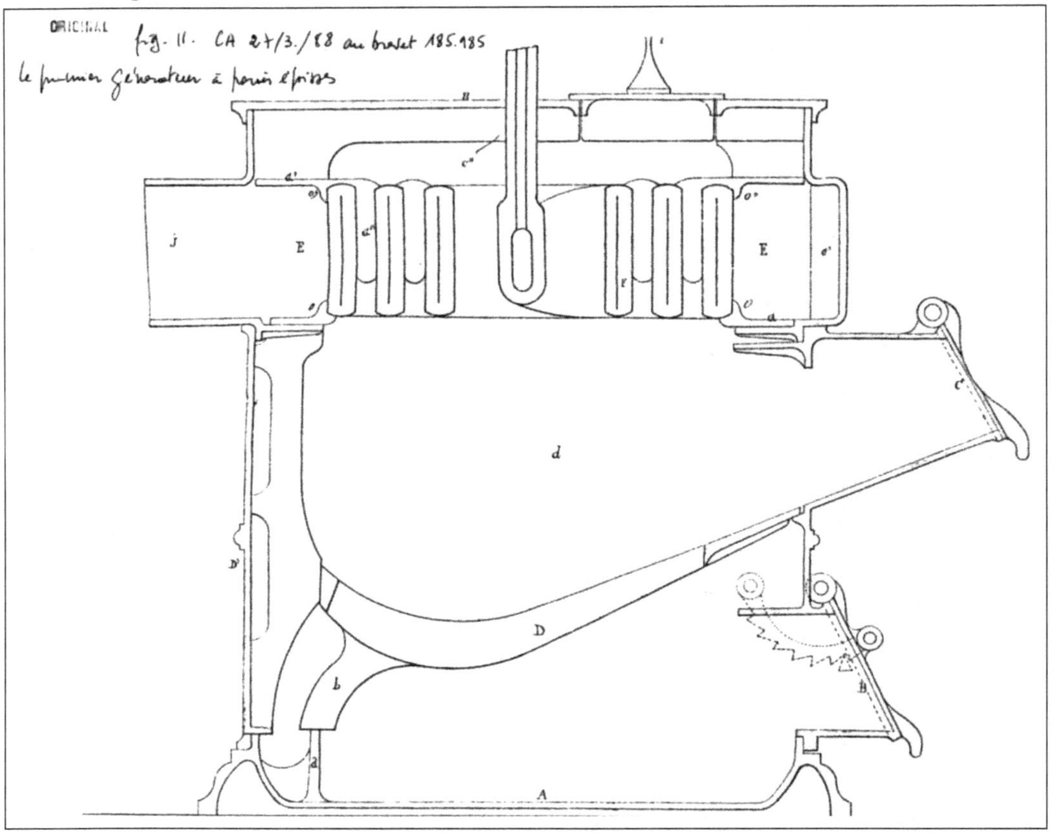

CA du 27/03/1888 au brevet 185.985.
Le premier générateur à parois épaisses.

Pourtant, dans son enthousiasme, Léon espérait que la haute température serait capable de dissocier l'eau en ses constituants, ce qui aurait pu conduire au moteur *à eau*, si cette dissociation était économiquement possible.

En tout état de cause, ce brevet **n° 189.632** n'apporte rien par rapport au CA du même jour : le dispositif est rigoureusement le même, seule la nature du liquide traité étant différente. Même structure de spirale de tube épais aplati ménageant un espace capillaire intérieur, même fonction d'empêcher la formation de l'état sphéroïdal du liquide injecté, même résultat final de fournir instantanément la vapeur dudit liquide : le brevet n'apporte aucun élément de nouveauté brevetable, son concept se traduisant par un simple emploi nouveau du dispositif déjà protégé en soi.

Le dispositif à paroi épaisse est par contre perfectionné valablement dans un second Certificat d'Addition du 19 juillet 1888 où, en particulier, les variations de tubes droits sous l'effet de la dilatation sont prises en considération.

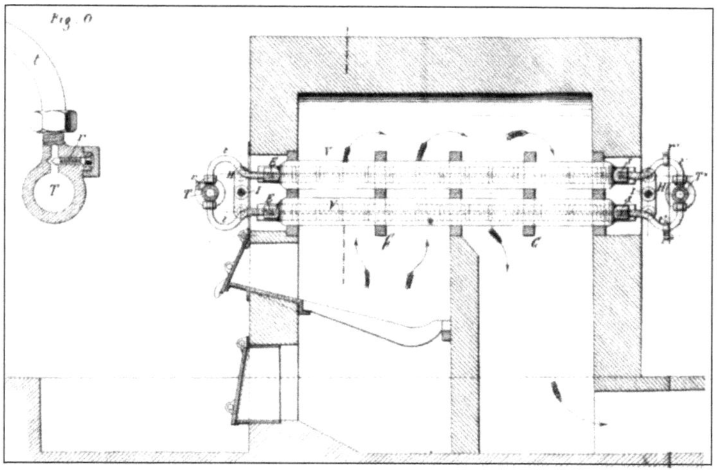

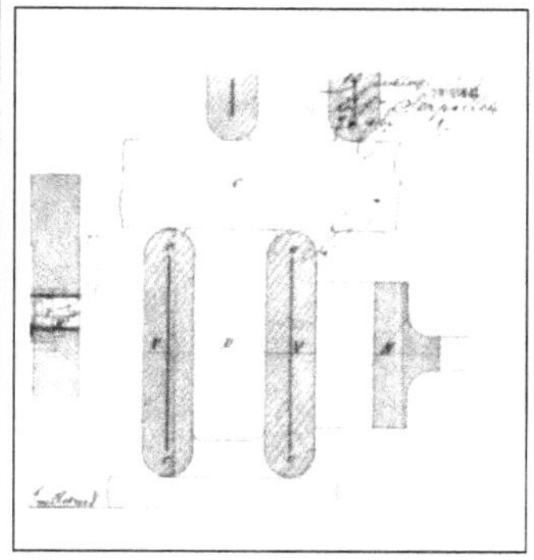

2e CA du 19 juillet 1888.
Générateur batterie avec cols-de-cygne et régulateurs extérieurs - juillet 1888.

La description en arrive d'ailleurs à jouer un peu sur les mots *espace capillaire* à froid et *demi-capillaire* à chaud. Heureusement, le Vaporiste sachant par les titres antérieurs que capillaire veut dire environ 1/10 de millimètre, va trouver que l'espace *peut s'élever à un ou deux millimètres, même un peu plus* pour devenir demi-capillaire mais *il suffit que le globule qui tend à se former à l'état sphéroïdal en raison de la température ne puisse pas rouler et soit aplati, laminé et transformé en vapeur.* Connaissant l'eau de l'époque et ses capacités d'entartrage et de colmatage, le Vaporiste va se satisfaire également d'un autre agencement du dispositif où les tubes droits en batterie sont reliés entre eux extérieurement au foyer par des cols-de-cygne pouvant compenser la dilatation, eux-mêmes munis d'une soupape de sûreté, de robinets de décharge et de robinets d'essais de vaporisation.

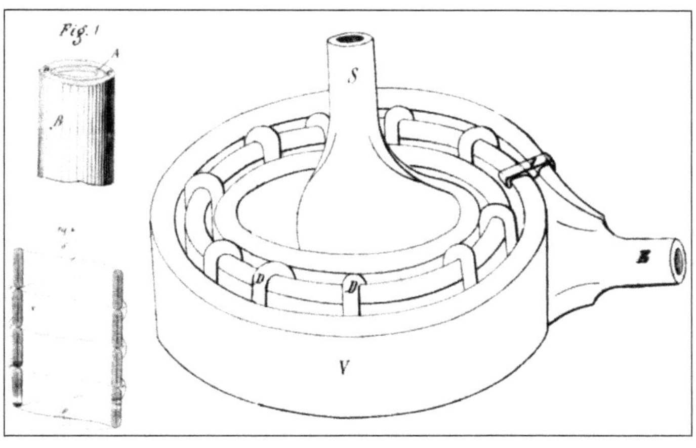

2e CA du 19 juillet 1888 et ses régulateurs.
Générateur batterie avec ses régulateurs - juillet 1888.

Inutile de préciser qu'un tel agencement de générateur est essentiellement destiné à une installation fixe et que nous sommes encore loin des signes précurseurs de l'Automobile. L'installation est fixe à ce point qu'une suggestion est donnée d'inclure une spirale épaisse dans le foyer en fonte d'un calorifère domestique pour disposer ainsi d'une alimentation en vapeur d'une machine d'éclairage tout en se servant normalement du chauffage...

Ce serait presque de la science-fiction mais, plus matériellement, on relève dans ce titre certaines précisions intéressantes — et donc protégées puisqu'elles sont explicitées dans la description. Il est tout d'abord bien spécifié que les tubes d*oivent avoir une*

épaisseur très grande, de beaucoup supérieure à celle qui est nécessaire pour résister à la pression intérieure exercée par la vapeur, car c'est dans cette épaisseur exagérée que je trouve la masse (à l'époque, on avait le droit de parler à la première personne dans un brevet, qui pouvait presque s'assimiler à une thèse) qui constitue le volant de chaleur nécessaire pour parer aux variations momentanées du feu, la vaporisation devant répondre par ailleurs aux exigences variables du moteur. En outre, la longueur du tube parcourue par l'eau injectée est très inférieure à celle parcourue par la vapeur. De ce fait, cette dernière est convenablement séchée — voire surchauffée — et tout besoin momentané en eau supplémentaire sera immédiatement transformé en vapeur grâce à cette longueur de tube évaporateur encore disponible. C'était simple, il suffisait d'y penser.

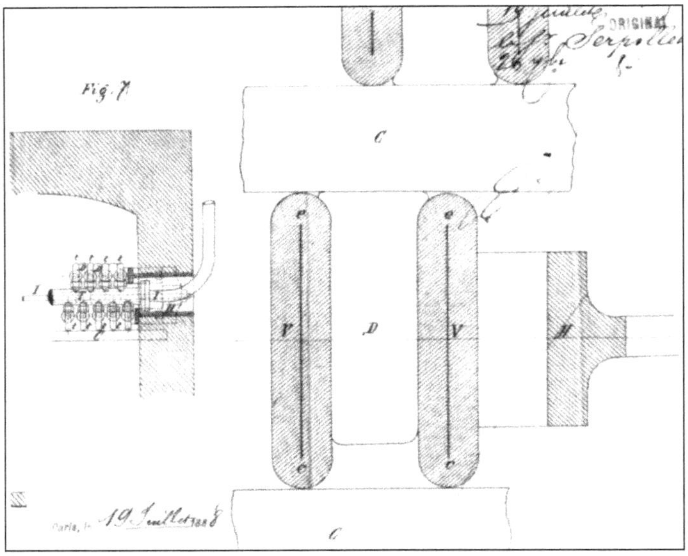

2e CA du 19 juillet 1888 et ses régulateurs.

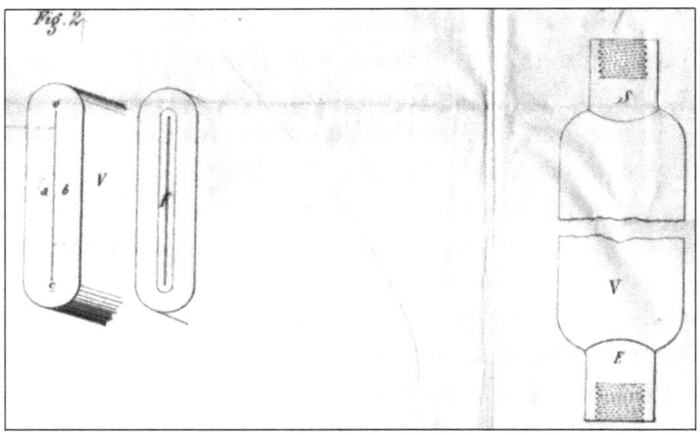

Brevet n° 189.632.

Pour la première fois, le générateur est mentionné comme étant *sans danger*, d'explosion s'entend. Et effectivement, le 24 octobre 1888 est délivrée une autorisation au générateur Serpollet de ne pas comporter d'appareil de sécurité. Mais un brevet Panhard et Levassor **n° 185.382** du 18 août 1887 avait déjà mentionné un générateur *inexplosible*, très bien conçu d'ailleurs en tant que perfectionnement à la chaudière du type Field à tube-godets verticaux, *pendentifs*. Au fait, cette firme nouvellement créée en 1886 pensait encore vapeur.

L'ordre chronologique impose de rester encore en ce 19 juillet 1888, où Léon dépose un CA au brevet **n° 189.632** du 27 mars de la même année. Le calendrier de tous ces dépôts est un peu filandreux mais l'élément fondamental est l'apparition de la spirale épaisse. Sur le plan de la propriété industrielle, par contre, et déposés à quelques jours d'intervalles, plusieurs titres au contenu identique viennent semer un certain trouble dans leur lecture après plus d'un siècle.

Le cas s'était déjà présenté et j'avais pu trouver des raisons valables à ce que l'on aurait pu prendre pour de la double brevetabilité. Cette fois, les circonstances ne sont

sans doute plus les mêmes et des dépôts en double semblent devoir s'expliquer par la prise de quelques précautions de la part de Léon : en 1888, la société devient en effet prospère grâce aux dernières productions du Système Serpollet, avec leurs nombreuses applications y compris la propulsion de yoles — sur la Marne pour commencer. La société va s'agrandir et Léon envisage peut-être de se réserver des brevets pour son compte personnel, d'où les dépôts en double au cas où la société déciderait d'en abandonner certains.

La *Société des Générateurs à Vaporisation instantanée* (Système Serpollet) est créée le 6 novembre 1888 et elle subit vraisemblablement une crise de croissance car bientôt certaines dissensions s'élèvent au sein de la direction et des précautions s'imposent probablement. L'un des associés menace de retirer ses fonds, et même de faire déposer de nouveaux brevets par une tierce personne : en ce qui nous concerne, la politique des brevets en est quelque peu modifiée à partir de cette époque. En particulier, si la veine inventive n'est pas tarie, les dépôts sont désormais effectués au nom de la société, ce qui occulte un peu les traces de l'œuvre propre de Léon Serpollet. On ne m'enlèvera cependant pas de l'idée que celui-ci passait plus de temps dans l'atelier de la rue des Cloys qu'en son bureau du siège Avenue de l'Opéra.

D'autres singularités dans les brevets apparaissent pendant la période 1888-1890, sans doute un peu litigieuse, mais dont il ne m'appartient nullement d'examiner ici les raisons. Déjà, James Watt n'avait-il pas décidé de ne plus rien inventer pendant les dix ou vingt dernières années de sa vie, afin d'éviter les complications et les chicanes de procédure relatives au régime des brevets ?

Au nom de la Société

Le premier brevet de la nouvelle série **n° 194.759** en date du 13 décembre 1888 au nom de la société, porte sur des *Perfectionnements dans les générateurs à vaporisation instantanée à tubes concentriques.*

À tubes concentriques : voilà un aspect que mentionnait déjà le brevet de 1879, et que Léon avait à peine effleuré dans les titres suivants, notamment les deux derniers. En pleine réussite du générateur à spirale de tube épais, il paraît curieux de revenir sur une forme de réalisation n'ayant abouti à aucune exploitation pratique. Peut-être s'agissait-il là d'une nouvelle précaution destinée à bloquer une éventuelle fabrication concurrente ?

Quoi qu'il en soit, ce brevet prévoit un tube à paroi épaisse dans lequel est ajusté un second tube plus mince dont la surface externe est munie de nervures longitudinales ou en hélice de hauteur correspondant à l'espace capillaire et qui sont en fait destinées à maintenir constant cet espace en dépit des déformations possibles dues à la dilatation. Il s'agit là d'un perfectionnement au brevet **n° 185.985** du 29 septembre 1887 avec ses tubes munis de stries mais il n'est même pas cité. Par contre, le préambule de la description mentionne plus explicitement comme art antérieur *un fort tube cylindrique extérieur dans lequel entre une tige pleine ne laissant sur son pourtour qu'un espace libre de quelques dixièmes de millimètres...* : on reconnaît immédiatement le brevet Marmonier **n° 150.090** du 17 juillet 1882 et l'on pourrait se demander qui a réellement rédigé le projet.

Plus de cent ans après, la raison de cette rupture dans le cours logique de la pensée inventive ne s'explique pas aisément, d'autant plus que le brevet ne semble pas avoir été maintenu en vigueur. Une fois de plus, on peut penser à la précaution de combler

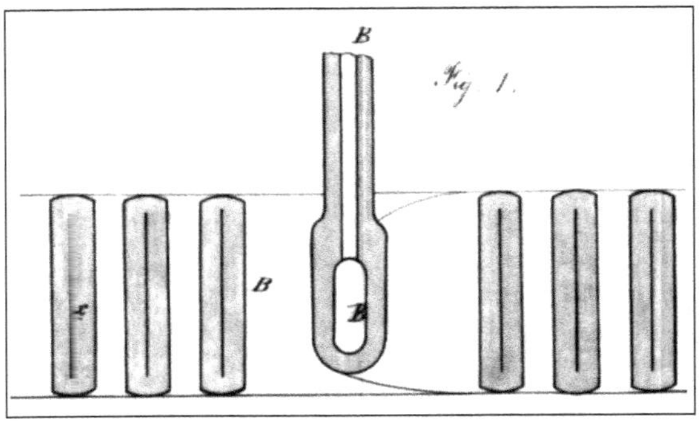

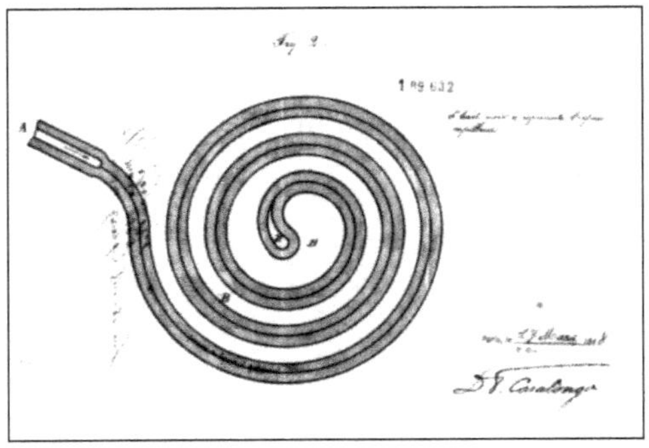

Brevet n° 189.632.

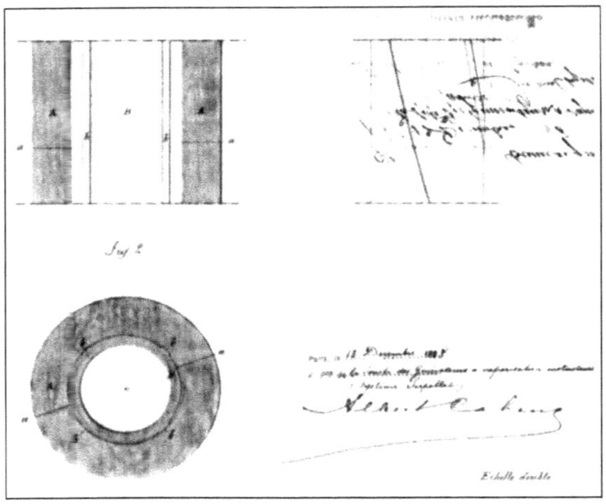

Brevet n° 194.759.

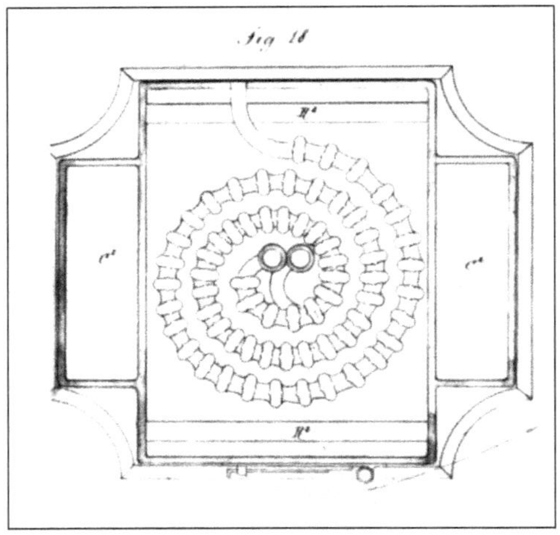

Brevet n° 196.718.

des lacunes pour éviter d'y voir s'y précipiter la concurrence, ou bien à une invention de perfectionnement d'un collaborateur zélé ? Plus immédiatement, on remarque une différence de style de rédaction par rapport aux brevets précédents, à mettre pour l'instant sur le compte d'un changement de Conseil en brevets, mandataire de la Déposante, qui sévira encore.

Plus riche et touffu est le brevet suivant, **n° 196.718** du 14 mars 1889 pour *un système perfectionné de générateur à vaporisation instantanée*, mais aussi d'appréciation plus délicate. Globalement, ce brevet couvre un développement et des variantes de la spirale de tube épais avec adjonction d'organes annexes, révélant essentiellement un souci de mise au point et d'améliorations en vue d'une bonne utilisation pratique.

Ce brevet prend explicitement en considération les trois brevets précédents, les plus intéressants, dont il veut couvrir des perfectionnements. On peut d'ailleurs critiquer au passage le manque de rigueur du rédacteur, du fait que la Déposante, personne morale, est censée mentionner *nos* précédents brevets, alors que ceux-ci, je le rappelle, étaient pris au nom de Léon Serpollet, personne physique. Passons.

La spirale de tube épais se retrouve ici déclinée dans plusieurs versions qui, en soi, n'amèneraient pas grand-chose sur le plan inventif si elles n'entraient pas en combinaison avec, d'une part, un régulateur automatique de la course de la pompe d'alimentation et, d'autre part, un distributeur en principe automatique destiné à l'alimentation successive en eau sous pression de chacun des tubes en spirale du générateur. Ainsi il est restitué

cycliquement au tube épais constituant le volant de chaleur *le calorique* consommé par la vaporisation de l'eau de l'injection immédiatement précédente. C'est effectivement un perfectionnement brevetable car le moyen rajouté à la combinaison présente une fonction propre amenant un résultat nouveau.

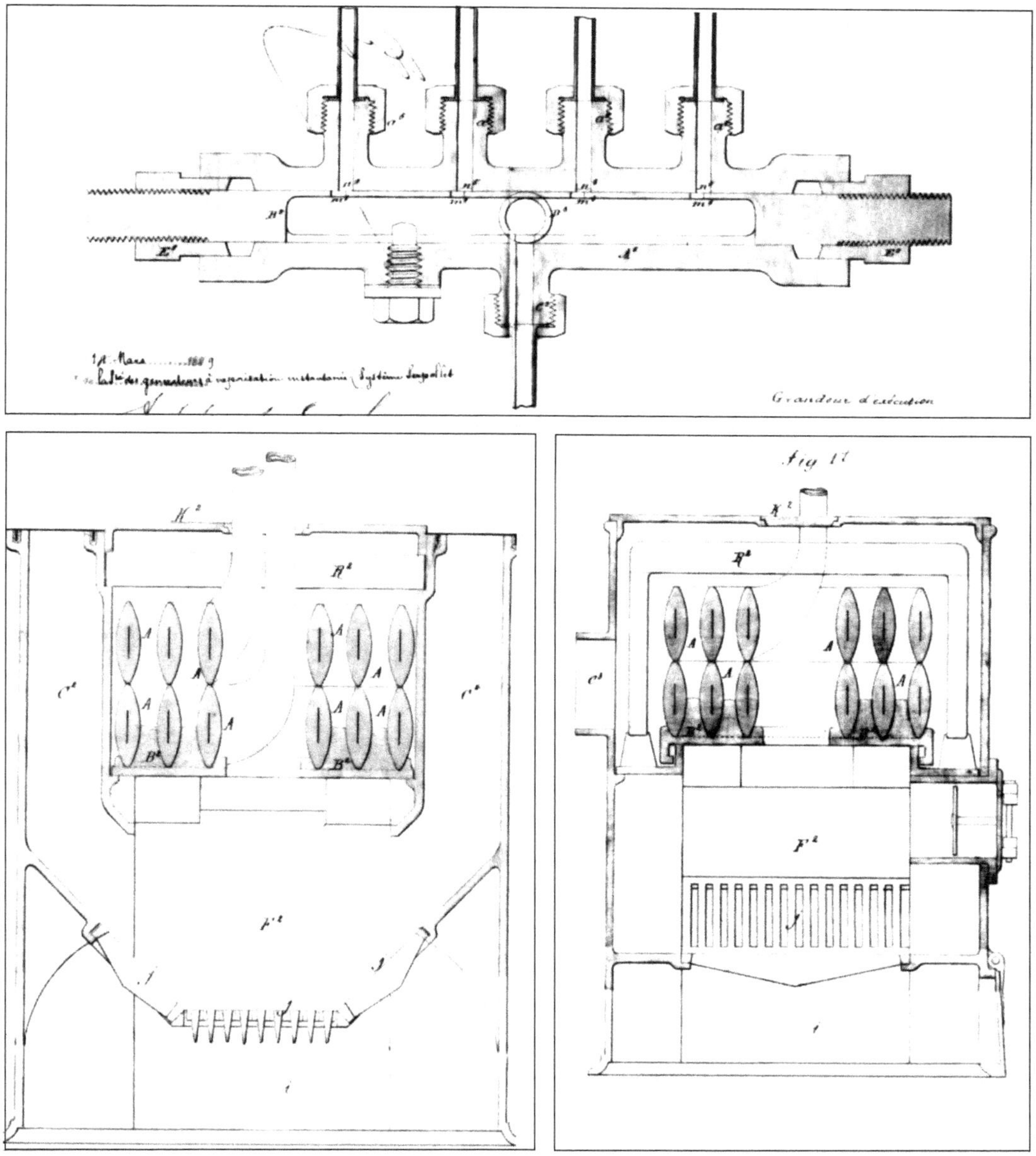

Brevet n° 196.718.

C'est aussi une amélioration sur le plan pratique mais on voit mal sa complexité appliquée à un véhicule dont le régime est essentiellement irrégulier bien que la description précise : «par exemple sur les voitures à vapeur ou les canots à vapeur, ces tubes fonctionnent alternativement au moyen d'un robinet; l'eau d'alimentation sera dirigée alternativement dans l'un ou l'autre ou dans les uns ou les autres». La manœuvre en permanence d'un tel robinet étant impensable, même sur une machine fixe, le brevet prévoit un distributeur automatique, sorte de valve rotative ou de disque commandant l'ouverture des soupapes d'admission, entre la pompe et le générateur. Et pourtant

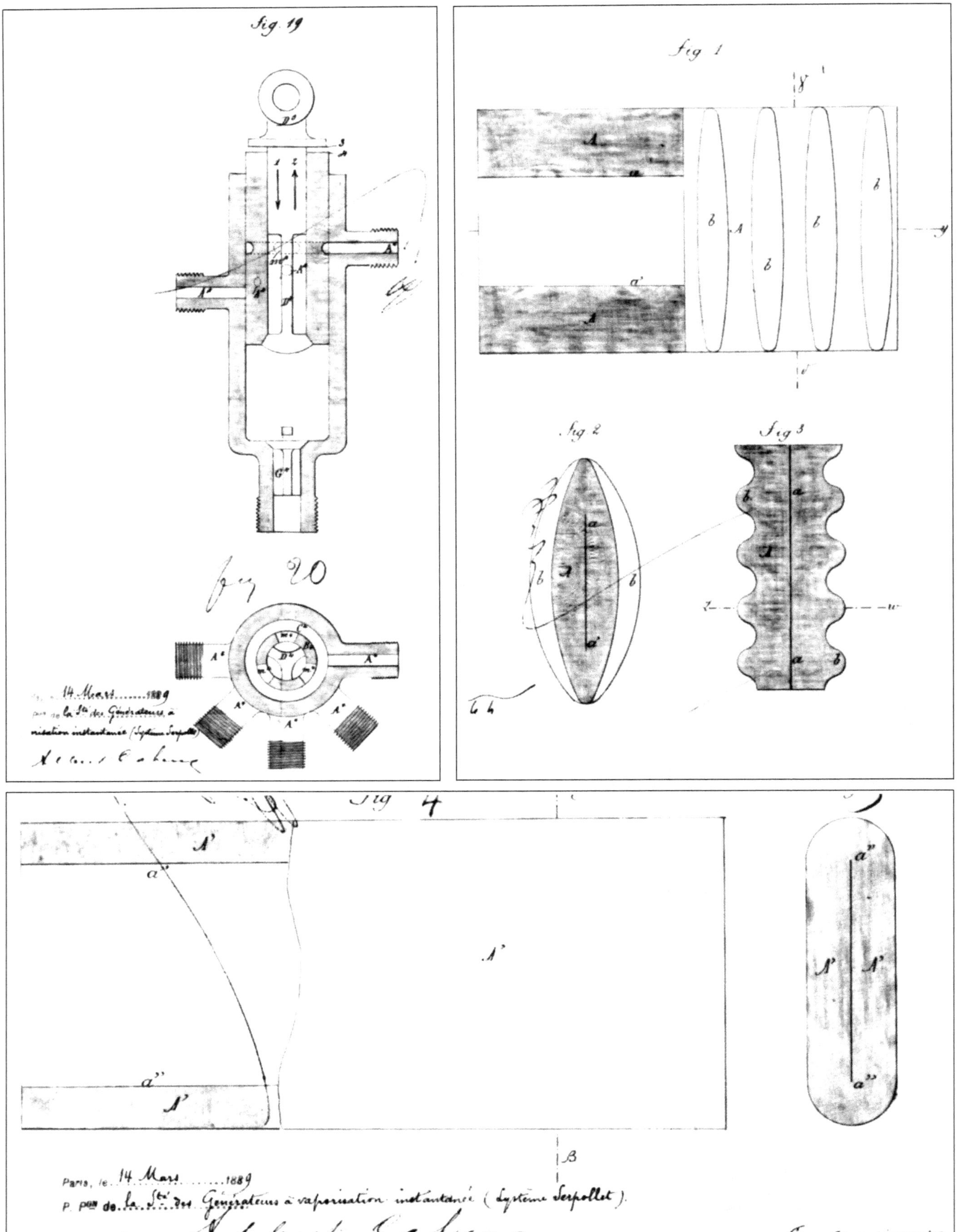

Brevet n° 196.718.

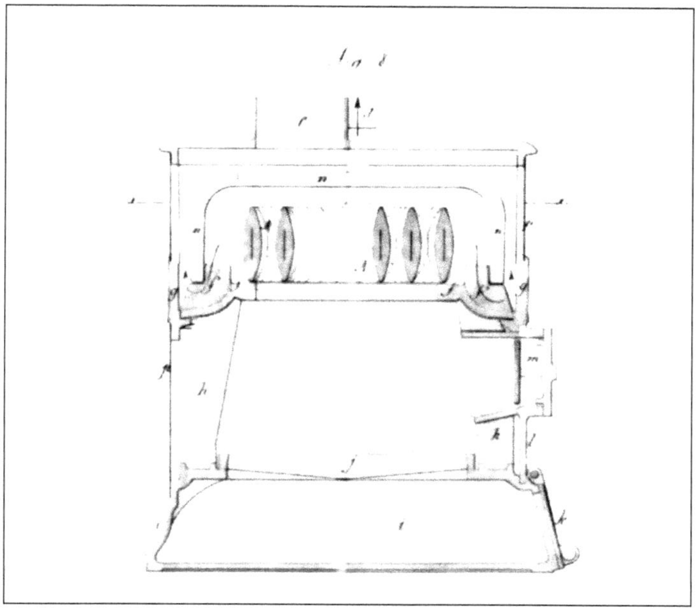

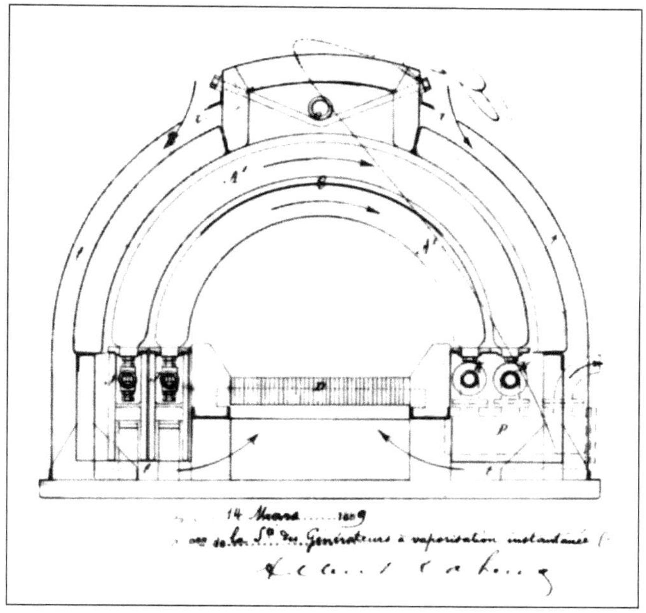

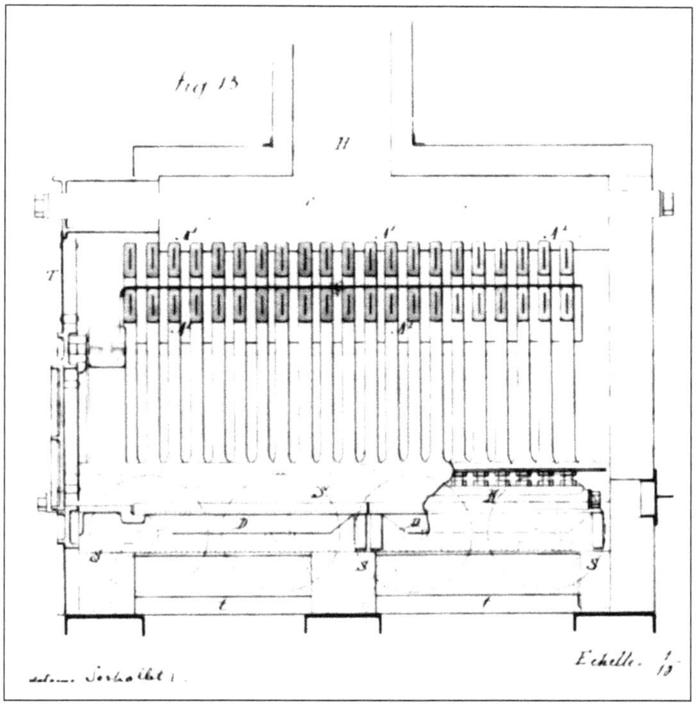

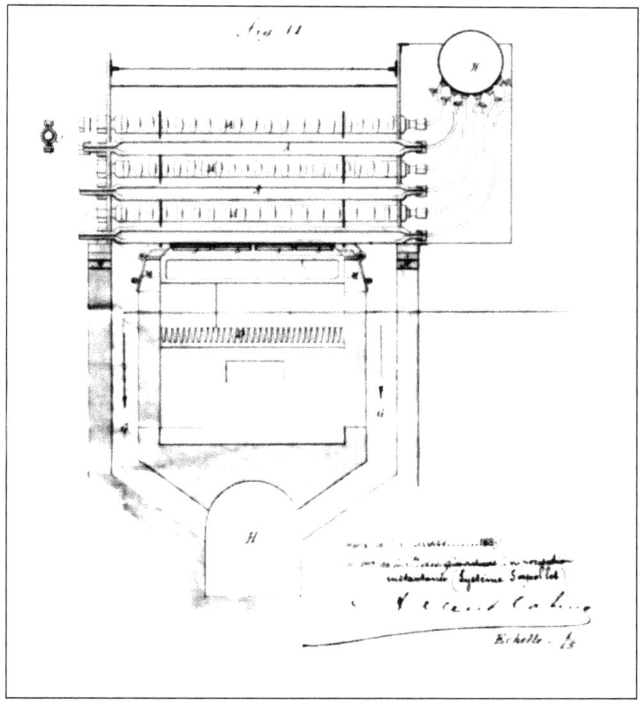

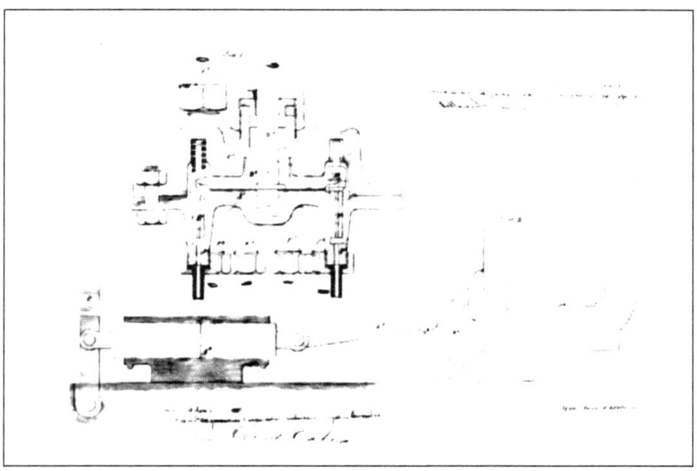

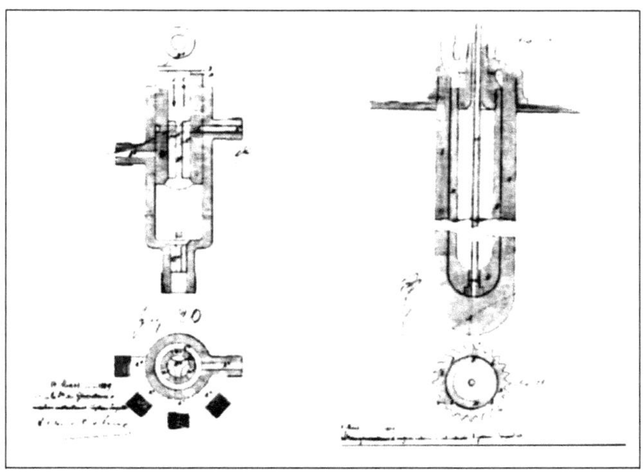

Brevet n° 196.718.

l'invention mentionne plus sagement *un générateur domestique à alimentation continue de combustible pouvant servir, en même temps que la production de vapeur actionnant un moteur, au chauffage des appartements comme un simple poêle, à la cuisson des aliments, à la production d'eau chaude, pour les besoins domestiques, en un mot pour tous les usages d'un fourneau ordinaire.*

Je veux bien. Nous sommes à l'époque de la mention de luxe *Eau et Gaz à tous les étages* portée fièrement par de nombreuses façades — dont beaucoup subsistent — mais une habitation comportant tous ces raffinements n'a sans doute jamais été réellement pensée. Quant au distributeur, à vrai dire surtout intéressant sur le papier lui aussi, il est tout simplement supprimé dans un CA du 18 mai 1889, à peine trois mois après le brevet principal, suppression présentée comme un perfectionnement majeur. L'esprit restant cependant à la régulation de la vaporisation, automatique ou avec un robinet, le générateur selon ce CA comporte plusieurs spires superposées *en tension*, c'est-à-dire en série et c'est le chauffage ou le courant des gaz chauds qui est modifiable par un jeu de registres et de carneaux : apparemment, rien de bien décisif sur le plan industriel.

Et pourtant, c'est l'application de ces dispositions qui conduit en 1889 au premier brevet Serpollet pour un véhicule léger, le premier tricycle officiel. En fait, Léon s'était déjà promené publiquement dès 1887 ou 1888 en tricycle, mais sous une forme rustique ne pouvant porter atteinte à la nouveauté de l'invention brevetée.

Le tricycle

Lorsqu'on se précipite sur les dessins de ce brevet **n° 198.630** du 30 mai 1889 pour *des perfectionnements dans les véhicules à vapeur*, on est d'abord un peu déçu d'y trouver un tricycle apparemment très ordinaire : il rappelle celui du brevet Ravel de 1868 déjà cité et semble s'écarter très peu des tricycles de Dion ou Mérelles circulant depuis 1887. Même ce précieux chroniqueur qu'était Pierre Souvestre s'est pour une fois laissé abuser, en écrivant que ce véhicule ressemblait *à un poêle cloué sur une caisse*.

En réalité, même si la description ne correspond pas réellement au tricycle tel qu'il a été réalisé — les rares photographies et les gravures en témoignent — les dispositions prévues au brevet sont remarquables et elles apparaissent comme contenant des éléments précurseurs — et décisifs — des voitures à venir.

Tout d'abord, le générateur à spirales ne posant aucun problème de surveillance, Serpollet le place à l'arrière, *le chauffeur* lui tournant le dos, devenant essentiellement un *conducteur*. Et pour le chauffage, le charbon alimente de lui-même le foyer pendant une durée raisonnable, en glissant sur un conduit incliné sur sollicitation des soubresauts imposés par la route. Jusqu'à maintenant au contraire, on se gardait bien de ne pas avoir la chaudière et ses accessoires sous les yeux, ne serait-ce que pour l'alimenter en charbon, lui-même puisé dans une réserve placée à portée du chauffeur.

Le générateur forme un groupe compact comprenant en outre le réservoir d'eau et le moteur, supporté par les roues arrière dont l'une est motrice. Une position de repos prolongé est prévue sur ce générateur, sous la forme d'une sorte de cheminée annexe dans laquelle, par ouverture d'un volet, on établit un *faux courant de gaz* en dérivation par rapport au foyer afin de couper le tirage et faire circuler de l'air froid.

À l'inverse, *la cheminée est disposée en forme télescopique; sa longueur peut être doublée ou triplée au moment de l'allumage pour augmenter le tirage.* À vrai dire, cette disposition

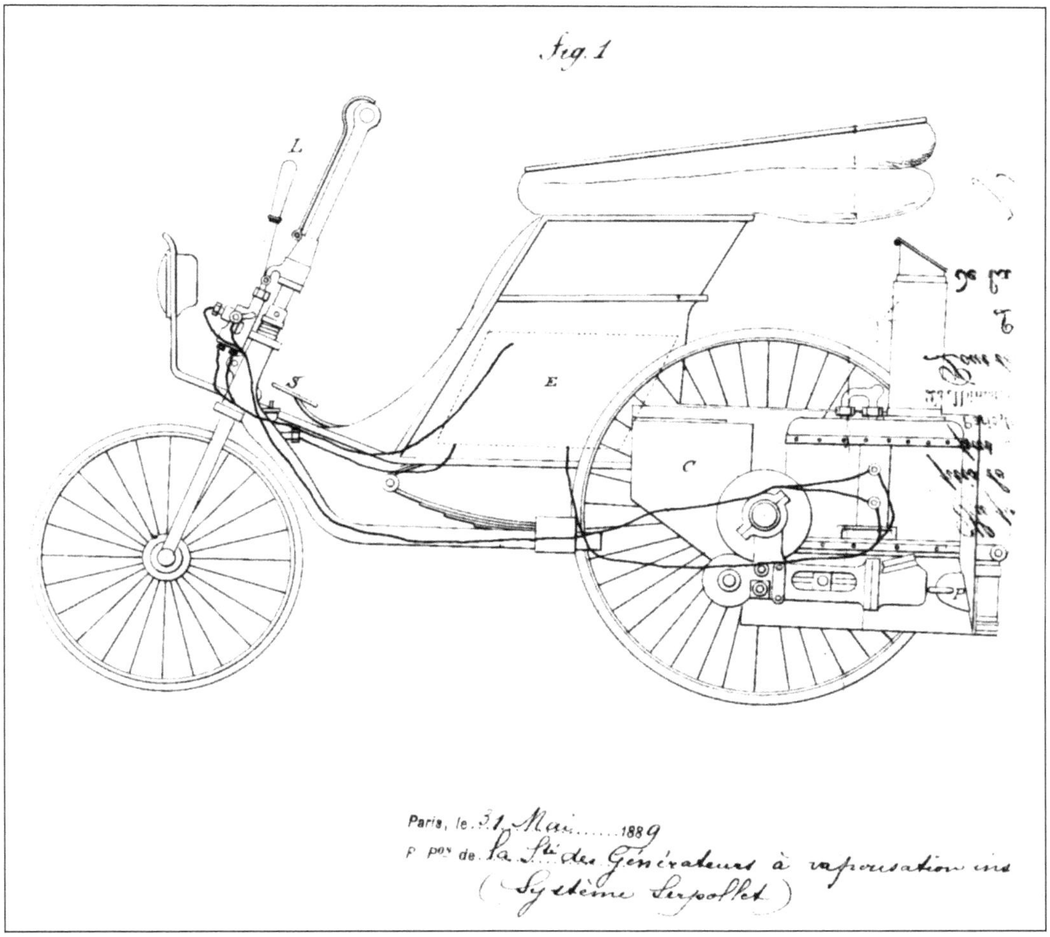

Le tricycle Serpollet breveté - Mai 89
Brevet n° 198.630.

ne semble pas avoir été appliquée matériellement, mais certains véhicules étaient effectivement munis d'un tuyau amovible destiné à cet usage. Malgré tout, saluons au passage ce raffinement technique, même s'il reste sur le papier.

Sûreté et bloc soupape

Le circuit d'alimentation comporte *la soupape de sécurité exigée par la décision ministérielle spéciale du 24 octobre 1883 concernant nos générateurs*. Techniquement, il ne se trouve là rien d'anormal. Mais historiquement cette mention est inattendue et elle prête à confusion car, précisément, une décision ministérielle du 24 octobre 1888 - et non 1883 - autorisait l'absence d'appareils de sécurité sur les générateurs à vaporisation instantanée, à la suite de vérifications officielles opérées dans les ateliers de la rue des Cloys le 3 juillet de la même année. Au risque de me répéter, je limite mes considérations historiques à la création continue révélée par les brevets et je ne chercherai pas à rétablir les faits, mais je doute tout de même que Léon, obligatoirement au courant, s'il avait réellement participé à l'élaboration matérielle du texte du brevet, ait pu laisser subsister cette source de confusion. J'aurai encore l'occasion de le signaler, le changement de

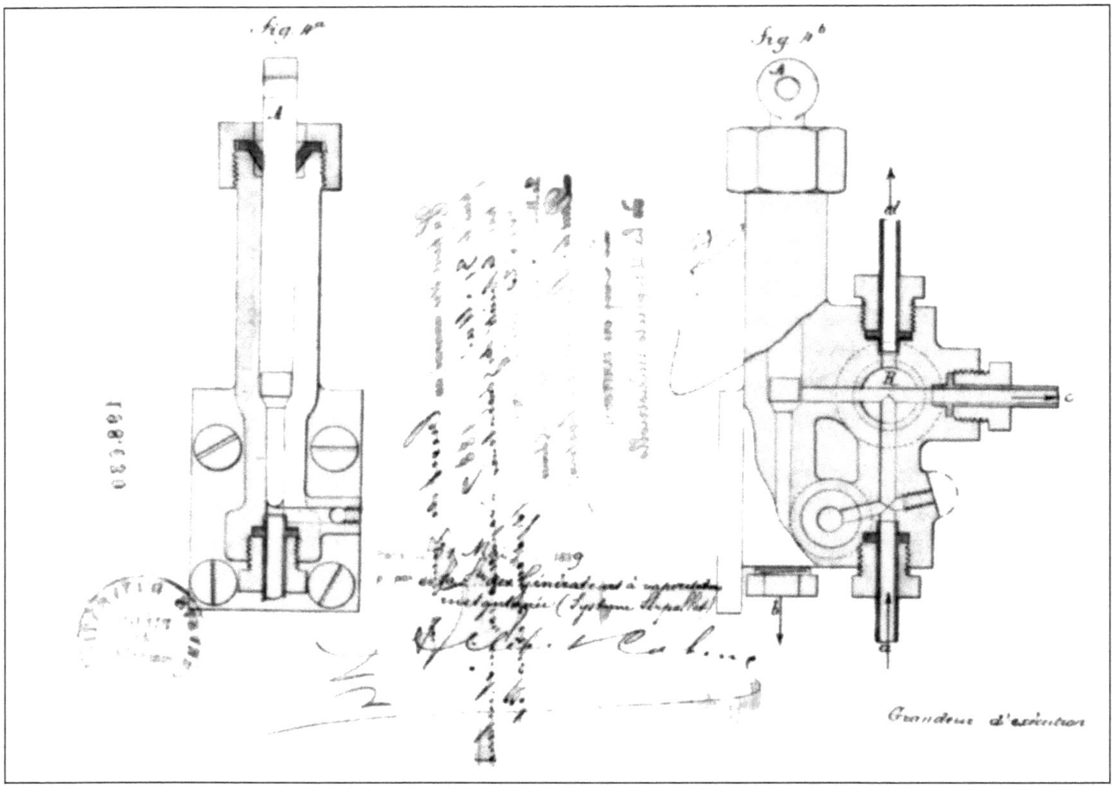

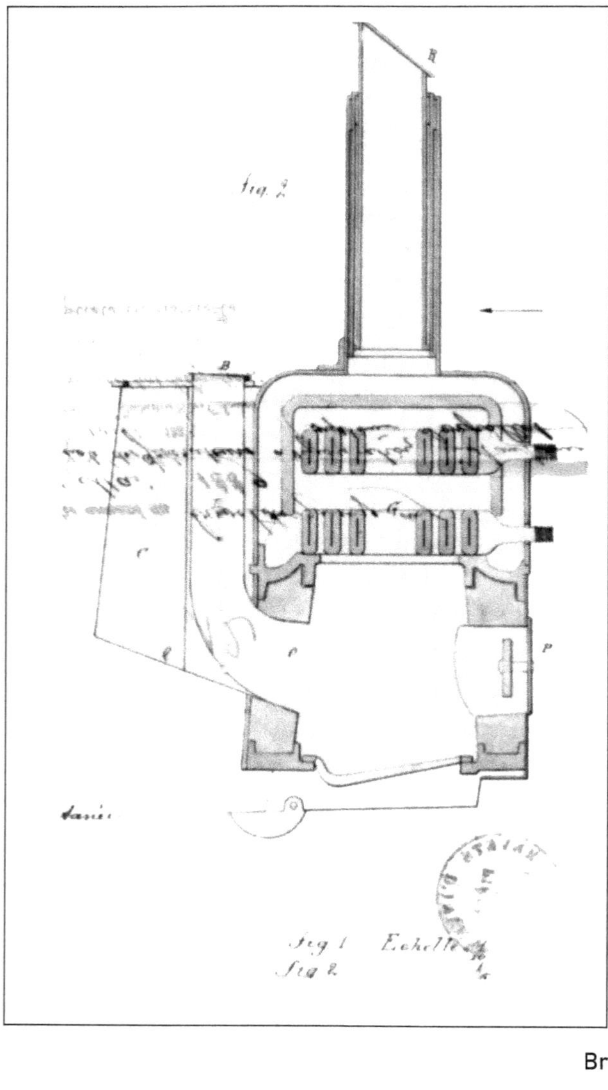

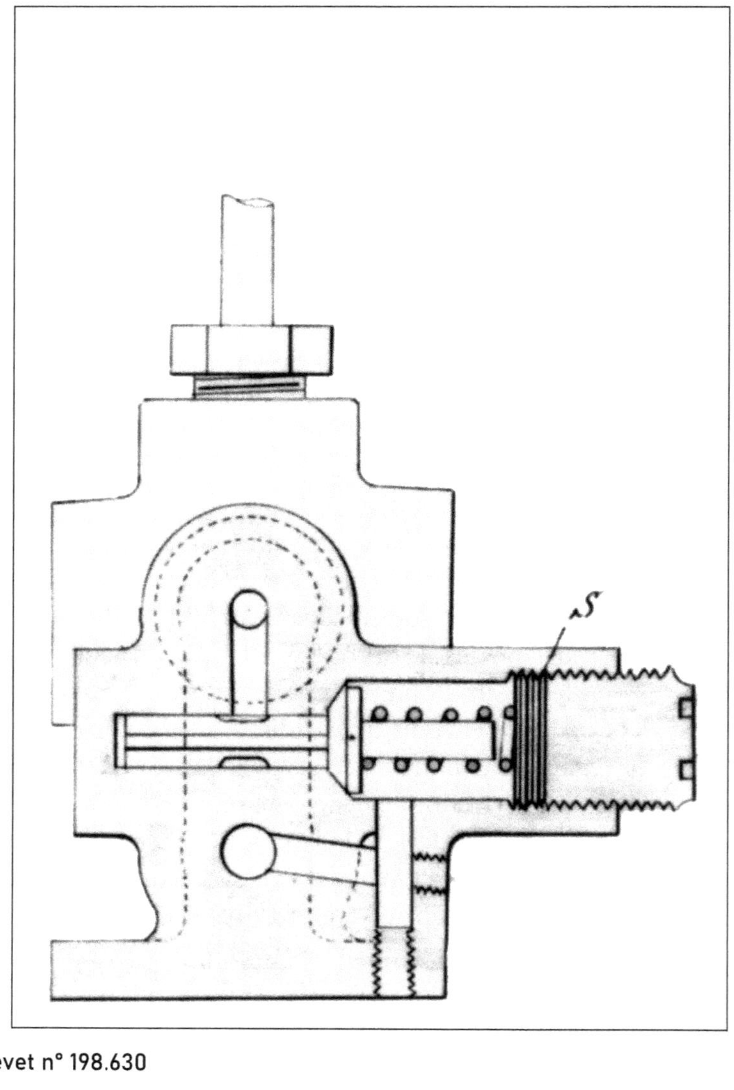

Brevet n° 198.630

mandataire, avec le changement de déposant, a entraîné, disons, quelques causes de surprise.

On retrouve malgré tout la griffe de Léon Serpollet avec cette fameuse soupape, car elle fait partie d'un bloc très original en liaison avec le *gouvernail* et comprenant en outre le régulateur de vitesse et le robinet répartiteur entre les spires du générateur *si l'on ne fonctionne pas en tension, comme nous l'avons expliqué dans notre addition du 18 mai 1889*. Ce bloc gère essentiellement le circuit d'eau car c'est celui-ci qui définit la puissance et ses variations :

1. La soupape, tarée pour la pression maximale à ne pas dépasser, renvoie à la bâche tout excès d'eau qui pourrait contribuer à engendrer dans le générateur une pression trop importante pour la sécurité. Depuis Denis Papin la soupape était disposée sur le circuit de vapeur, celle-ci a l'originalité d'être placée sur le circuit d'eau et certainement pas par hasard : l'eau en excès se trouve ainsi récupérée dans la bâche, ce qui économise la quantité d'eau disponible à bord du véhicule ;
2. Rien à dire sur le robinet à trois voies, destiné au choix d'une ou des spirales du générateur. Il semble malcommode, sans plus, mais encore fallait-il y penser ;
3. Quant au régulateur, disposé sur le bloc, c'est un *by-pass* à débit réglable par le conducteur, n'envoyant au générateur que la quantité d'eau suffisante, le reste du refoulement de la pompe étant renvoyé à la bâche. Il s'agit là d'une solution élégante au problème du débit d'une pompe dont la course n'est pas variable.

Mais la création ne s'arrête pas là, car la commande de cet organe fait partie intégrante du *gouvernail*, en forme de guidon : sa tige est normalement mobile en rotation horizontale pour l'orientation de la roue mais le guidon proprement dit est aussi mobile en rotation verticale, entraînant une bielle de commande d'une aiguille de réglage de la sortie du by-pass. Or cette bielle s'élève ou s'abaisse suivant les besoins sous l'effet de la rotation du guidon : en d'autres termes, nous trouvons là une sorte de *poignée tournante*, ce qui permet au conducteur, affranchi de sa chaudière, de se consacrer au pilotage à l'aide d'une seule main s'il veut. À vrai dire, le principe de base de cet agencement de commande était déjà enseigné en soi depuis 28 ans par le vélocipède Michaux, que ce génial inventeur de la pédale avait appliqué à l'actionnement d'un frein sur la roue arrière. Dans son domaine, le Vaporiste retrouve de son côté ce dispositif sur la première *motocyclette* connue, celle de Sylvester Roper en 1868 aux États-Unis, où de surcroît le guidon tournant agissait dans un sens sur le frein et, dans l'autre sens, sur la vanne d'admission de vapeur sans toutefois impliquer une commande plus complexe.

Subsidiairement, le brevet décrit aussi l'ancêtre du moyeu à flasque très en vogue sur les vélos de course des années 50 (1950) et destiné à diminuer les efforts de cisaillement des rayons de la roue. En fait, Léon serait parti d'un tricycle à pédales de l'époque et le dessin du brevet représente trois roues à rayons, mais en réalité il a monté des roues arrière en bois, plus solides, et n'a appliqué son moyeu que sur la roue avant. Bien sûr, le confort de ce véhicule laisse certainement à désirer et, aussi bien le confort que les perfectionnements aux organes mécaniques demandent à être développés, mais les germes essentiels de la notoriété Serpollet sont nés. Qui pourrait encore soutenir qu'il s'agit d'un simple poêle cloué sur une caisse ?

Le Vaporiste s'était tu depuis un certain temps. En tournant autour de ce véhicule, il va retrouver avec satisfaction une pompe de mise en marche avec son levier à main,

il va émettre quelques doutes sur la facilité d'allumage du foyer avec la manipulation des tuyaux amovibles, puis il va surtout trouver un moteur. C'est certainement normal sur un engin motorisé, mais le texte du brevet n'en fait aucunement mention et sa représentation schématique permet de penser à un cylindre fixe horizontal d'un type classique.

D'un type classique, donc avec une distribution classique, donc avec un mécanisme d'admission : le procédé Serpollet de 1879 a évolué, tous les efforts depuis maintenant 10 ans ont tendu à perfectionner et affiner le générateur en soi, passé des plaques épaisses aux tubes minces puis aux spirales de tube épais, tandis que le concept de l'injection brusque et de la vaporisation à chaque cylindrée est abandonné. Non seulement la technique se décante et gagne en efficience, mais encore le vrai système Serpollet fait son apparition. Rien qu'en cela, ce brevet de 1889 est prépondérant.

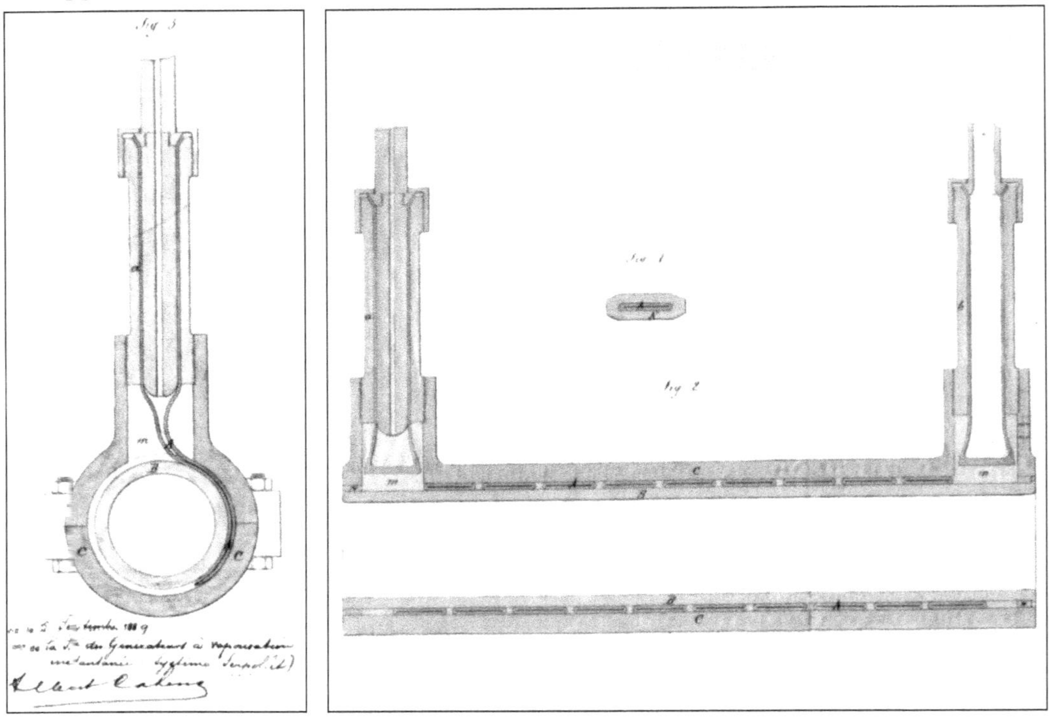

Brevet n° 200.591

Et pourtant, la société de la rue des Cloys ne se consacre toujours pas réellement aux véhicules routiers, bien que Léon Serpollet collabore avec Armand Peugeot pour lancer une version plus raffinée du tricycle, bicylindre, avec une boîte à deux rapports, plus quelques ressorts et une capote encore visible en bon état au musée National des Techniques à Paris. Mais on sait que Peugeot étudie en même temps les propositions de moteur à pétrole auxquelles il adhérera sous peu, Gottlieb Daimler étant passé par là et la collaboration avec Serpollet prendra fin dès 1891.

Peut-être tous les principes posés sont-ils cependant jugés suffisants pour se contenter de la réalisation par l'usine de la Buire de véhicules Serpollet à trois ou quatre roues, de deux à dix places. D'un autre côté, peut-être le générateur demanderait-il encore des améliorations et l'idée de l'appliquer sérieusement aux véhicules légers ne paraît-elle toujours pas justifiée ? Peut-être aussi, en cette période de relative mésentente vécue par

Photo Fondation Berliet

la société, la production reste-t-elle prudemment dirigée sur les valeurs sûres des machines fixes, commercialisables après le succès de l'Exposition de 1889, au détriment de recherches encore jugées futuristes ou utopiques ?

C'était l'affaire laissée aux *pétroliers* de se lancer avec des roues cerclées de fer sur les chemins défoncés, sans un vrai moteur dont on peut encore se demander comment ils arrivaient à le faire démarrer, noyé, sans réel allumage ni carburateur. Pourquoi donc se mêler de partager leurs difficultés alors que le Système assurait de bons débouchés ? Après tout, l'histoire pouvait basculer d'un côté ou de l'autre, il fallait choisir.

Activité parallèle

Le cas Bethmont

Outre ce choix lourd de conséquences, une autre raison à cette prudence pourrait se trouver dans le contexte de la gestion même du portefeuille-brevets de la société : il apparaît en effet, dès le 6 août 1889, une série de brevets au nom d'un certain Daniel Bethmont, dont les objets sont visiblement décalqués sur les réalisations Serpollet. On ne peut s'empêcher de repenser aux dissensions de la Direction et à la menace d'un associé d'exercer une concurrence en faisant déposer des brevets par une tierce personne, en l'occurrence son gendre, comme en témoigne une correspondance de Léon à Henri du 9 septembre 1889. Dès lors, les vraies innovations n'auraient-elles filtré que très parcimonieusement pour éviter les fuites ?

Une fois de plus, il ne m'appartient pas de juger mais il me paraît pour le moins surprenant qu'une série de dix brevets en un an au nom d'un tiers traite exactement de problèmes techniques internes à la société, sans provenir d'une façon ou d'une autre de cette dernière. Incidemment, que dire du rôle du Conseil en brevets de Bethmont, qui est le même que celui de la société Serpollet ? Tout en respectant le secret professionnel, un Conseil a toujours le moyen de faire comprendre à un client qu'il ne peut se charger d'une affaire pour cause de conflit d'intérêts, ou bien qu'il existe un art antérieur pertinent. Avait-il au moins prévenu qu'en tout état de cause l'exploitation de ces brevets, découlant des précédents sur les mêmes sujets aurait été soumise à l'autorisation

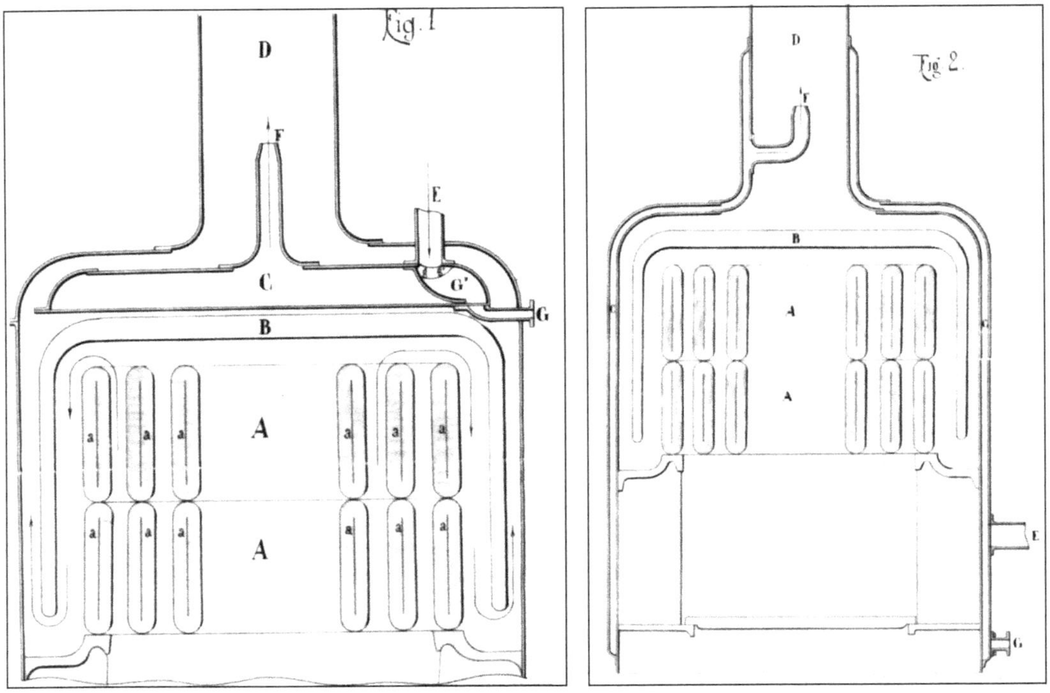

Brevet n° 204.639

de Serpollet ou de sa société ? Inutile de se perdre en conjectures, tenons-nous en aux documents : ils existent, ils sont publiés, ils portent une date certaine et un numéro, en un mot ils sont irréfutables.

À vrai dire, malgré le soin apporté à leur rédaction et à l'exécution des dessins, ils traitent de perfectionnements parfois bien pensés mais quasiment inutiles car déjà dépassés. Ces brevets ne méritent donc qu'une mention par souci d'objectivité, car ils s'avèrent en majeure partie étroitement dépendants des titres Serpollet qui les précèdent.

Ainsi, le **n° 200.049** du 6 août 1889 pour *un système perfectionné de construction des générateurs de vapeur, à vaporisation instantanée* reprend tous les cas de figure du développement du dispositif à deux tubes concentriques usinés du CA du 21 septembre 1887 au brevet **n° 179.334**, déjà cité. L'espace capillaire n'y est plus défini par des rayures mais par une hélice pratiquée sur le tube intérieur ou, selon un 1er CA du 3 septembre 1889, — il y en aura six au total en six mois — par un tube de cuivre aplati emprisonné et stabilisé en hélice entre ces deux tubes. Le rédacteur n'a pas eu la délicatesse de mentionner l'art antérieur Serpollet mais par contre il effleure une possibilité de générateur léger pour voiture ou tricycle, sans aller plus loin.

Pour l'instant donc, la Société Serpollet poursuit ses recherches et ses dépôts, avec le brevet suivant, **n° 200.591** du 5 septembre 1889, portant le même titre *Système perfectionné de construction des générateurs à vaporisation instantanée* (Système Serpollet) se cantonnant à un procédé de fabrication de tubes de générateur. Le problème à résoudre a dû se poser plus d'une fois, à savoir, celui de réaliser un tube épais aplati par laminage à chaud, sans que la paroi de l'espace capillaire ne s'oxyde et ne devienne rugueuse. La solution proposée ici est donc de réaliser une âme en tube mince, lisse, laminé à froid pour éviter l'oxydation, puis de *l'envelopper* d'un métal à bas prix, fer, acier, fonte de fer ou d'acier ou bien de bronze fondu ce qui, à vrai dire, n'est pas très

clairement expliqué. Cependant, avant toute opération de laminage «introduit dans le tube intérieur d'un corps (du papier par exemple) destiné à être expulsé ou supprimé ensuite, par combustion ou autrement et dont l'épaisseur est celle que doit avoir le vide». Ce procédé paraît tout à fait valable et il est même précisé que parmi les desiderata figure *la régularité mathématiquement obtenue de l'espace capillaire*. Cependant, outre que ce style n'est certainement pas du Léon Serpollet, on ne voit pas bien de surcroît ce que peuvent venir faire les mathématiques dans un laminage à froid avec cale d'épaisseur.

Suivant une variante, l'enveloppe du tube intérieur est en deux gouttières cylindriques fixées par des vis ou par des rivets. S'ensuit également la mise en place de l'ajutage conique de sortie, destiné notamment à expulser les impuretés de l'eau en même temps

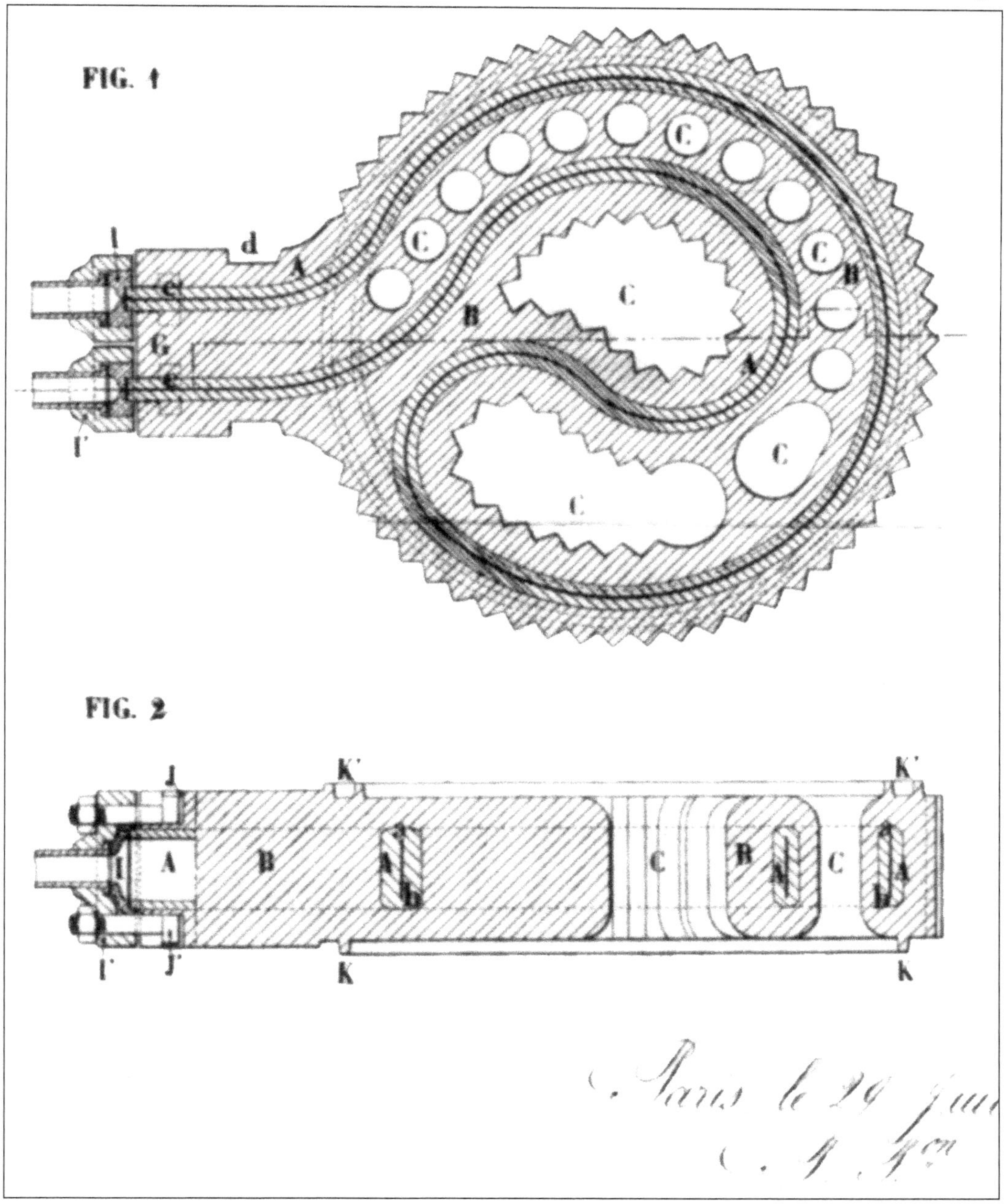

Brevet n° 206.540

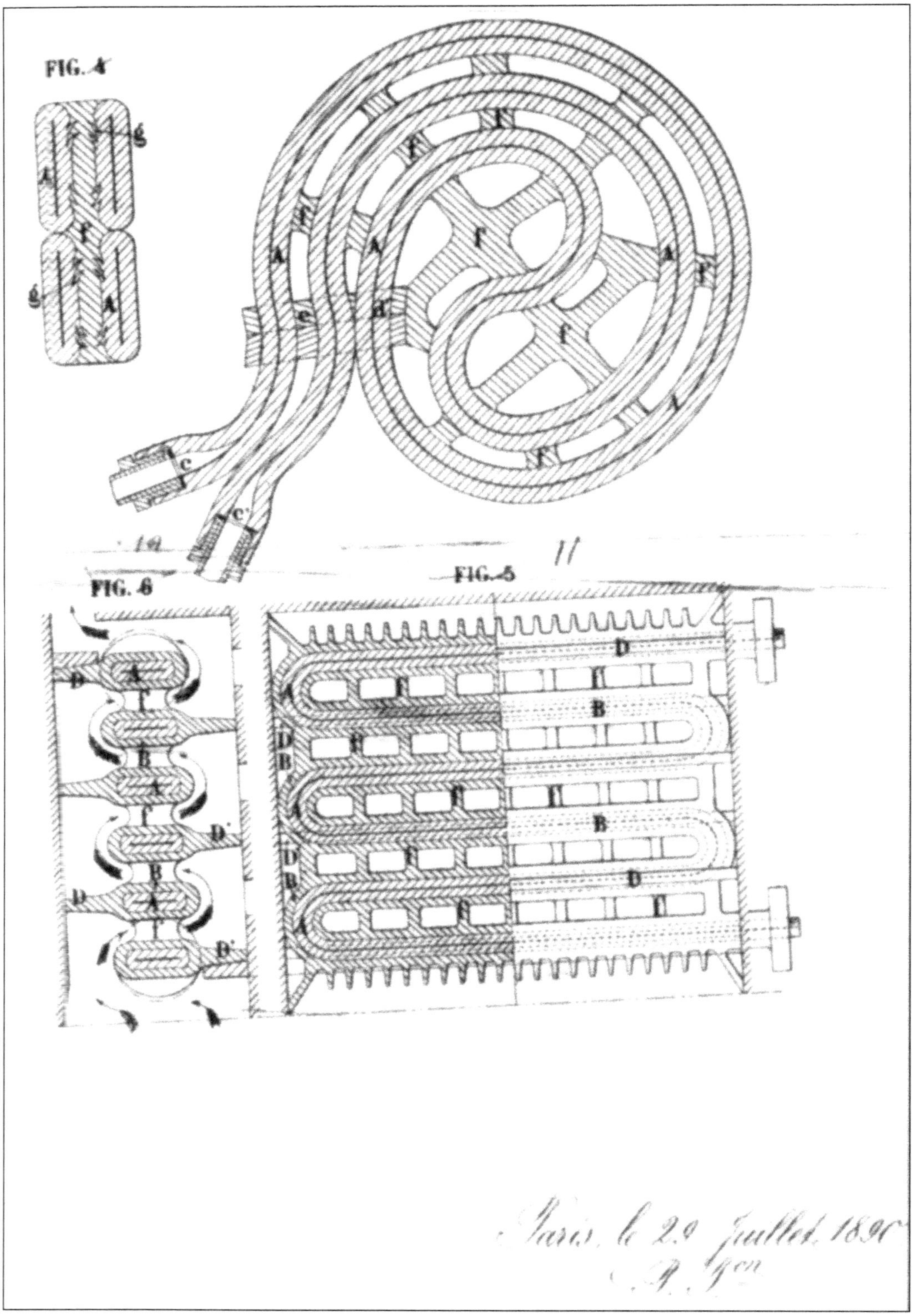

Brevet n° 206.540

FIG. 8

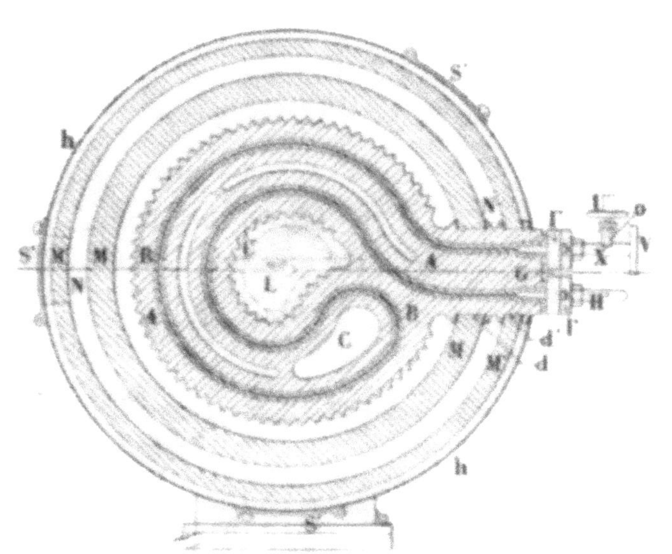

FIG. 7

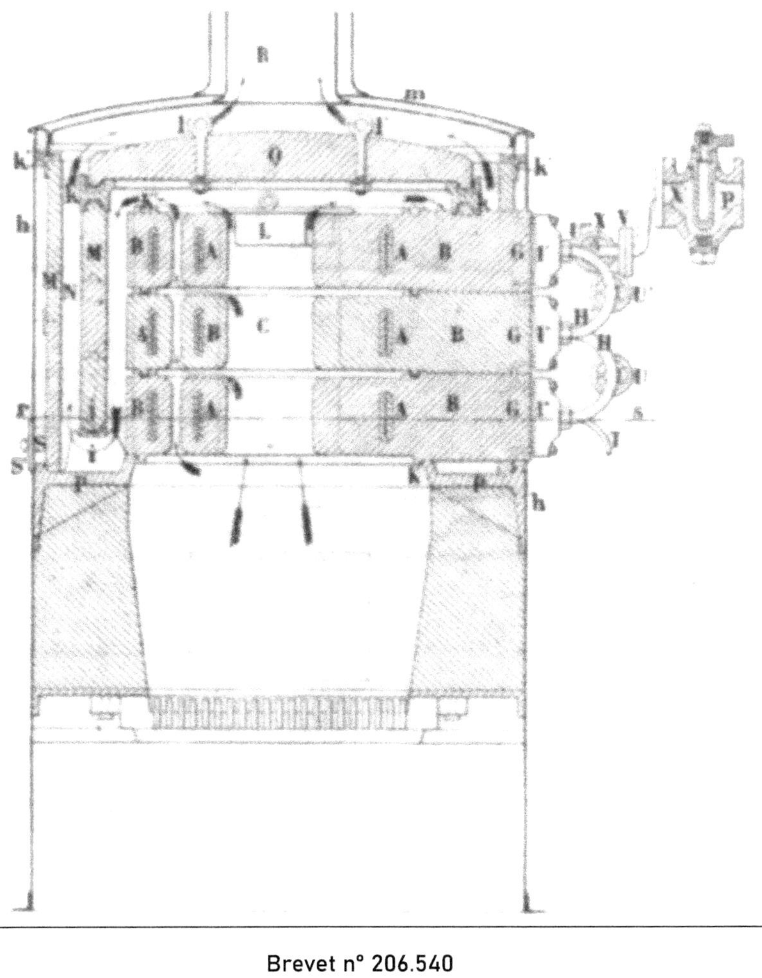

Brevet n° 206.540

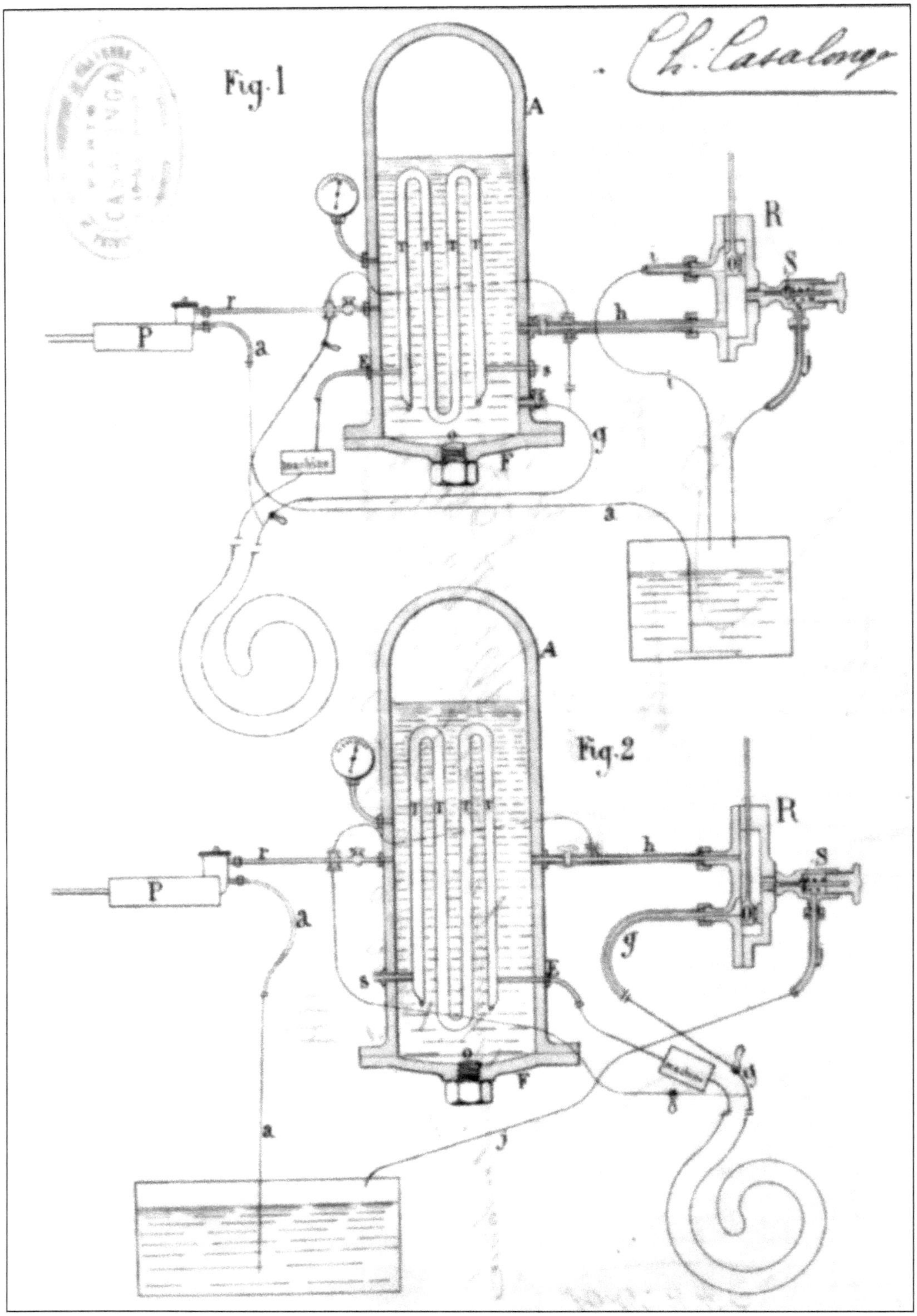

Brevet n° 206.540

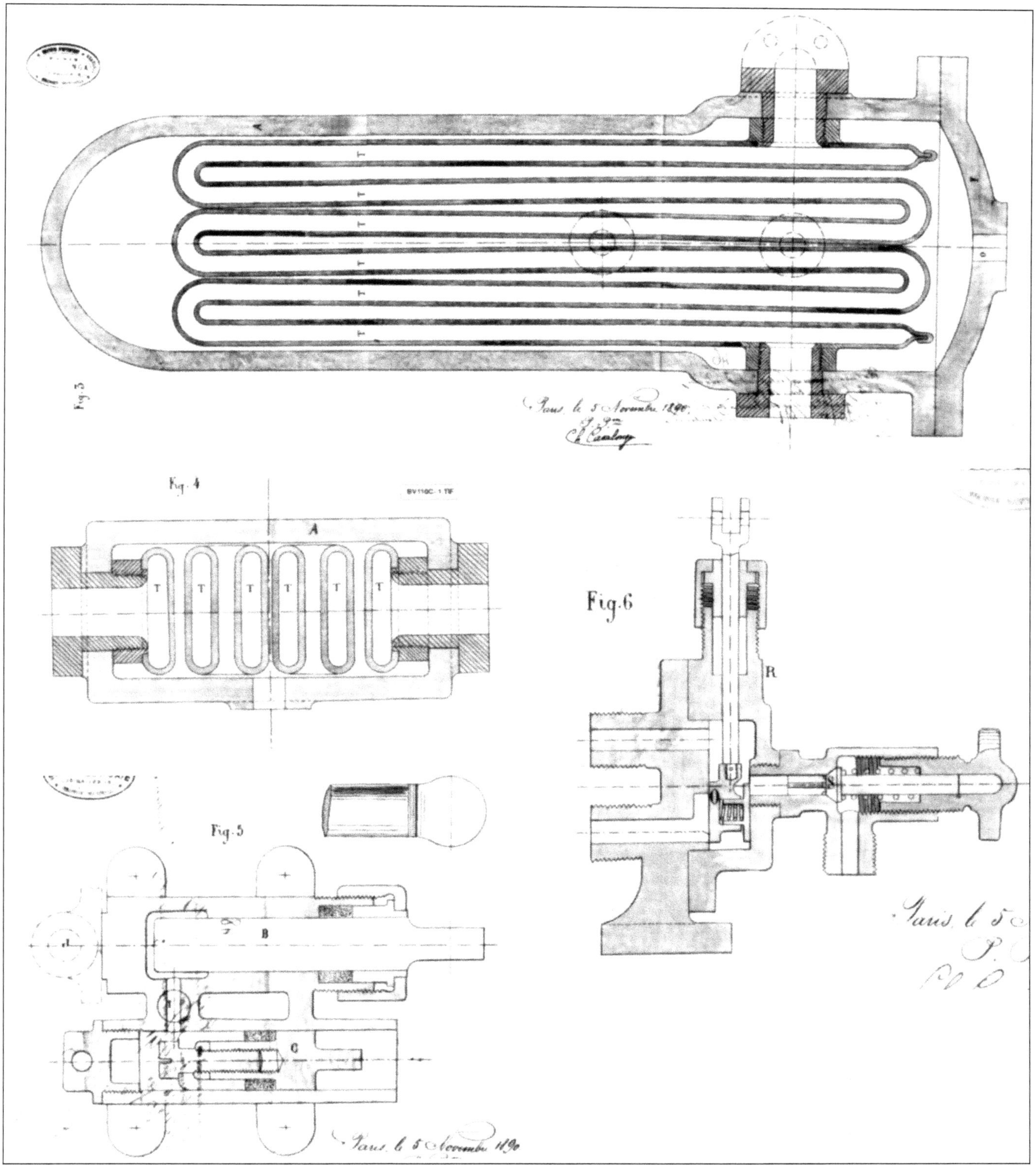

Diverses figures du CA du 5 octobre 1890
Brevet n° 206.540

que la vapeur. On retrouve souvent ce problème d'impuretés et de colmatage de l'espace capillaire qui, sincèrement, devait être un gros défaut de la vaporisation instantanée par ce système : il en viendra d'autres. En somme, ce brevet tend à résoudre un problème sans doute d'importance à son époque mais la complexité de son procédé de fabrication ne valait peut-être pas une exploitation suivie. Il semble d'ailleurs qu'il n'ait pas été maintenu en vigueur après la première année.

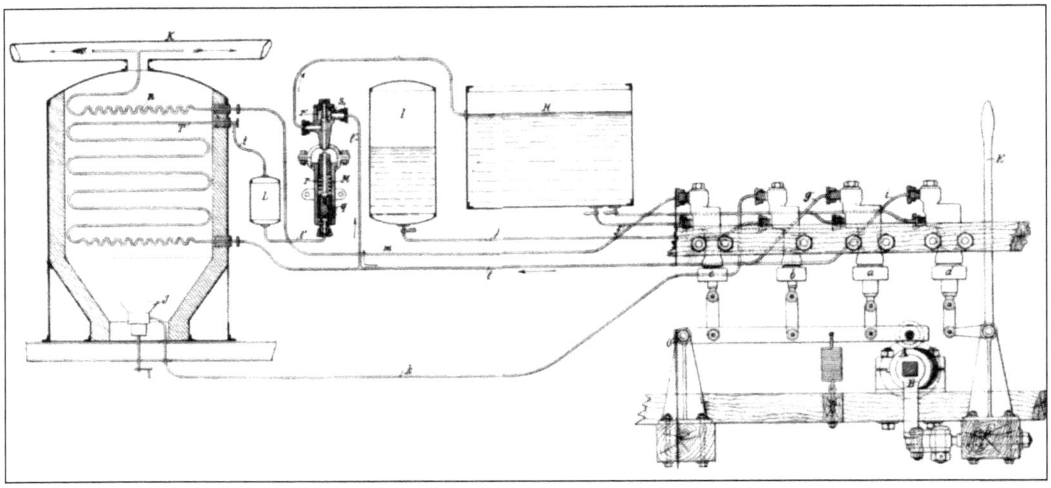

Brevet n° 206.540

C'est en fait Bethmont qui prend abondamment le relais avec tout d'abord trois dépôts en trois jours, soit les brevets **n° 200.914** et **n° 200.915** le 23 septembre et **n° 200.963** le 25 septembre 1889. Le premier est censé réguler l'eau d'alimentation, le deuxième alimente le tube générateur en eau prépulvérisée et le troisième revient aux plaques de 1879, mais l'espace capillaire y est déjà défini par l'une d'entre elles portant une rainure usinée suivant un trajet contourné, à la seule condition qu'il y ait *continuité entre l'entrée et la sortie*. On l'aurait deviné.

En outre, Bethmont dépose trois CA à son premier brevet **n° 200.049**, respectivement les 25 septembre, 13 décembre 1889 et 18 mars 1890. Dans le premier, un élément de générateur est démontable en ses deux tubes, les ajutages étant vissés. Dans le deuxième, un élément vertical pour *petites forces* est chauffé par un *brûleur au pétrole, à l'essence minérale, à l'huile, au gaz etc.*, avec une circulation rationnelle de l'air. Visiblement Bethmont ou son commanditaire cherche la miniaturisation. Dans le troisième, CA l'hélice du générateur est double et elle effectue un aller-retour de façon que les raccords de l'eau d'alimentation et de la vapeur se situent à la même extrémité de l'élément: encore de la compacité. Tous ces perfectionnements ne sont pas inintéressants mais ils ne semblent pas avoir été suivis de réalisations.

Tout de même, Léon doit se méfier d'une concurrence aussi bien intérieure qu'extérieure et il décide l'événement spectaculaire — on dirait maintenant médiatique — du voyage Paris-Lyon dont les narrations fracassantes ont certainement contribué à lui conférer le prestige en attendant la fortune.

Après l'épisode héroïque de ce voyage de janvier 1890 que Léon fit en tricycle avec Archdeacon — les deux frères l'appelaient encore *l'Anglais* dans leur correspondance — et qui a été largement décrit par ailleurs, la Société poursuit sa politique de protection et elle dépose le 27 mars 1890 le brevet **n° 204.639** pour *un détenteur surchauffeur de la*

vapeur d'échappement des machines. En ce début d'année 90, les événements internes ont sans doute trouvé une ébauche de solution car les brevets de la Société ont retrouvé leur ancien Conseil Casalonga. L'autre avait peut-être été imposé par l'associé récalcitrant.

Ce brevet a essentiellement pour but *de supprimer, à la fois, dans les machines à vapeur, quelles qu'en soient les applications, le bruit produit par l'échappement de la vapeur et le panache blanc formé par cette même vapeu*r.

Bien qu'il s'agisse de n'importe quelle machine à vapeur, il ne fait pas de doute que Léon ait été sensible aux critiques de la presse de l'époque, qui considérait ses tricycles comme bruyants et fumants au point d'effrayer piétons et chevaux. On notera au passage sa délicatesse de se préoccuper du bruit et du panache blanc, c'est-à-dire d'une nuisance vis-à-vis d'autrui, au lieu de se consacrer uniquement à faire progresser les performances rentables de ses engins.

Ce détenteur-surchauffeur consiste essentiellement en une enveloppe surplombant ou entourant le foyer, dont l'entrée est reliée à l'échappement de la machine, avec en dérivation un petit séparateur ou décanteur *des gouttelettes de vapeur condensée et des gouttelettes d'huile entraînée des cylindres et tiroirs*, la sortie étant constituée par un ajutage disposé dans la cheminée. Ainsi, la vapeur d'échappement se détend dans l'enveloppe, se surchauffe et se dégage via l'ajutage en un jet continu qui se détend lui-même *au milieu des gaz chauds ambiants (...) sans donner lieu au bruit saccadé résultant des pulsations successives d'un mouvement intermittent*. Ça, c'est du style Serpollet.

Au vu des dessins, la première réaction du Vaporiste sera de s'imaginer reconnaître un souffleur déjà utilisé dans la locomotive et servant, par un jet de vapeur vive, à entretenir le tirage pendant les arrêts. Mais n'apercevant aucune liaison directe entre le générateur et l'enveloppe, il acceptera de croire au résultat escompté, tout en regrettant beaucoup de voir consommer de la chaleur — dont il est économe et même avare — à surchauffer en pure perte ce qu'il envoie directement dans la cheminée. Par ailleurs, la cause est entendue, cette fois le Vaporiste est sûr et certain de savoir le générateur Serpollet applicable à toute machine à vapeur, puisque cylindres et tiroirs sont explicitement mentionnés. Mais si le moteur fume et fait du bruit, à l'encontre du silence couramment attribué à la machine à vapeur, c'est qu'il digère mal la vapeur à haute pression. La masse de cette vapeur se retrouve sous forme de panache de fines gouttelettes d'eau et le bruit provient du passage brutal de la vapeur, mal détendue, à la pression atmosphérique. Léon ne pouvait régler tous les problèmes à la fois et peut-être ne réalisait-il pas encore que son générateur était en avance sur le moteur. Il avait déjà opté pour le moteur classique et facilement disponible à la place de son ancien système sans distribution d'admission et il saura un jour rendre vétuste ce moteur classique.

Les études sur le tube aplati sont toujours poursuivies par Bethmont, selon son brevet **n° 204.798** du 3 avril 1890, qui présente plusieurs formes de tube laminé, à espace capillaire, dont l'un est emprisonné entre des plaques elles-mêmes porteuses des rainures nécessaires à son logement.

Un cinquième CA du 18 Mars 1890 à son premier brevet décrit un élément de générateur dans lequel les plaques sont des bandes d'acier soudées ou rivetées formant un espace capillaire aller-retour, ces bandes pouvant elles-mêmes être enroulées en hélice : une variante, sans plus.

Un sixième et dernier CA du 14 avril 1890 montre un peu d'essoufflement et présente simplement un élément générateur cylindrique enveloppé d'un moufle métallique, lui-

même recouvert d'un second moufle en terre réfractaire avec canaux convenables de circulation d'air et de gaz chauds : il n'y a plus rien de novateur.

Enfin, on observe encore un brevet Bethmont **n° 205.650** de 15 mai 1890, mais le générateur qu'il décrit n'est plus à espace capillaire et son préambule expose un véritable réquisitoire contre les défauts du capillaire, c'est-à-dire, après tout, contre Serpollet.

D'un côté comme de l'autre, la structure du tube aplati et du générateur en général semble en fait avoir été l'objet principal des recherches pendant cette année 1890. En particulier, le concept de septembre 1889 (**n° 200.598**), enseignant l'enveloppe en *un métal à bas prix* a suivi son cours et il se retrouve développé dans le brevet **n° 206.540** du 21 juin 1890 au nom de la société Serpollet pour, à nouveau, des *perfectionnements dans les générateurs à vaporisation instantanée.*

Cette fois, le tube mince aplati, de préférence en acier, *est contourné de telle sorte que ses circonvolutions soient assez voisines l'une de l'autre dans le moindre espace possible et dans le même plan* et qu'elles soient entièrement noyées dans un *magma ou massif métallique* muni d'orifices de passage des gaz chauds. Dans cette épaisse galette de fonte le tube aplati est *rendu indéformable tant dans la position de ses spires que dans la valeur de l'espace capillaire vaporisateur, laquelle reste exactement celle qui lui a été donnée lors de la préparation du tube.* La solution est ainsi exposée en même temps que le problème.

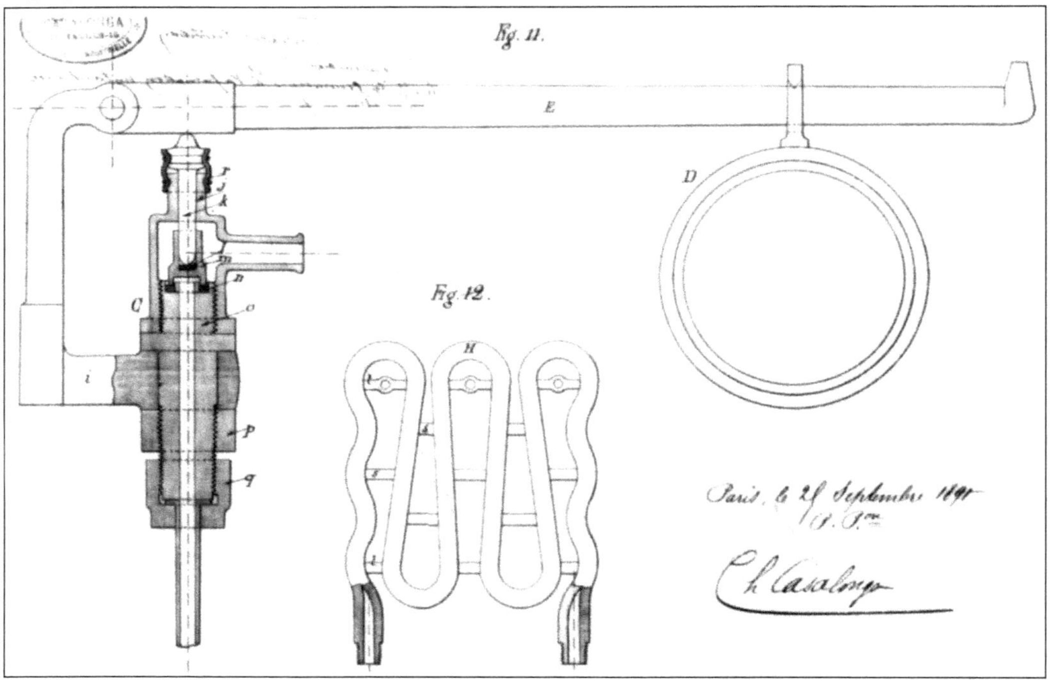

CA du 25 septembre 1891.

La question de la déformation du tube devait se poser à l'usage car elle est déjà évoquée dans les brevets Serpollet de 1888 — ainsi que dans les Bethmont qui tendent essentiellement à pallier le défaut de rigidité. Incidemment, si le but de ces inventions reste le même, à savoir celui de l'indéformabilité du tube, les brevets ne s'antériorisent pas pour autant les uns les autres car un but n'est pas brevetable en soi mais bien les moyens pour y parvenir.

Or les moyens diversement proposés restaient différents. En tout cas, il est certain que les tubes d'acier épais, qui devaient selon les conseils d'utilisation être chauffés au

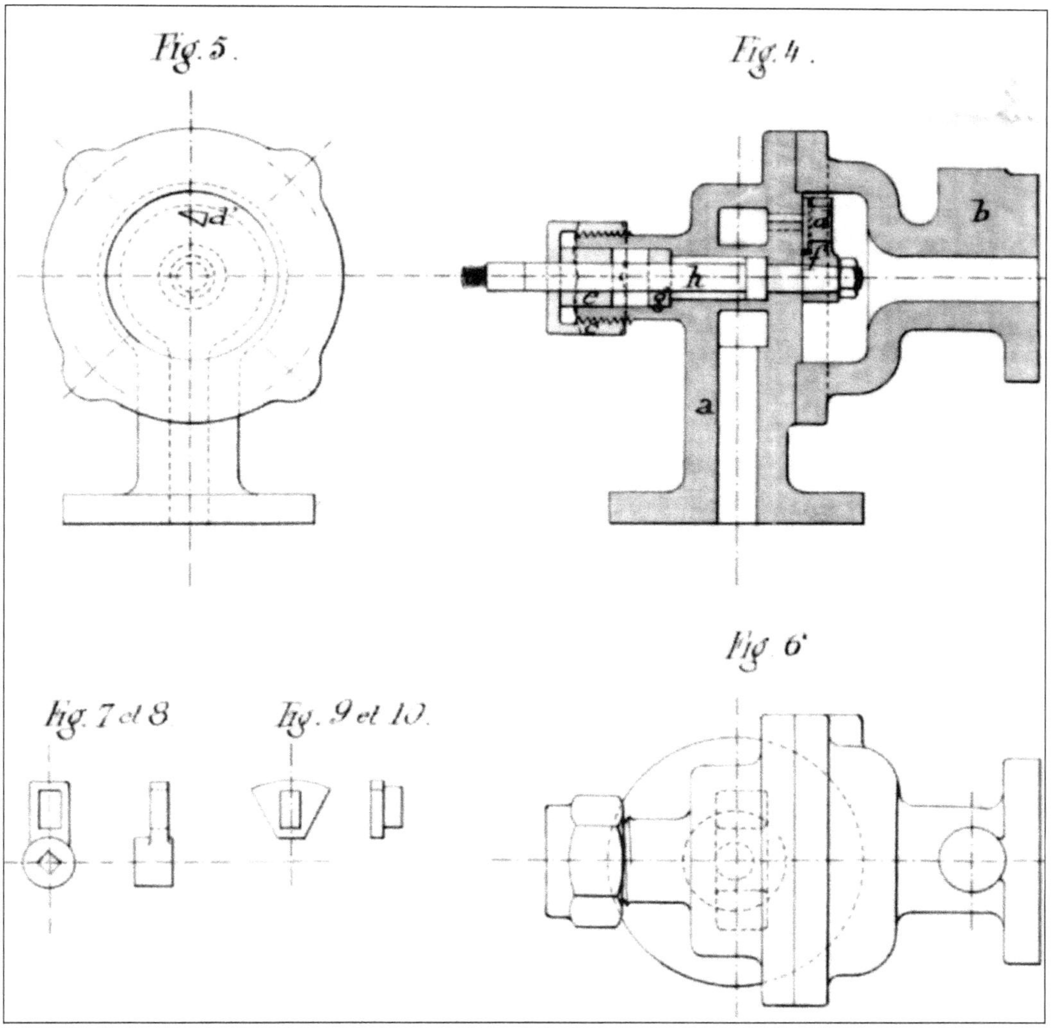

CA du 25 septembre 1891.

rouge avant la première injection d'eau, subissaient des chocs thermiques considérables et parfaitement destructeurs. Les secouer en plus par des vibrations sur un véhicule routier paraissait alors totalement rédhibitoire.

Le Vaporiste va néanmoins se satisfaire de cet agencement pour machine fixe, où plusieurs galettes peuvent être superposées et reliées par des raccordements extérieurs démontables et accessibles, comme déjà enseigné. C'est dans la préparation préalable du tube mince qu'il va cependant exprimer un certain étonnement. Selon le brevet en effet, on remplit l'ébauche avec *du grès tamisé finement ou tout autre matière pulvérulente analogue*, on bouche une extrémité et l'on procède au laminage jusqu'au degré de capillarité voulue, la poussière de grès étant refoulée vers l'extrémité ouverte : il en restera donc toujours des traces dans l'espace capillaire lisse et poli qu'elle a formé, et elle sera directement envoyée au moteur pour rayer d'emblée et user prématurément les parties mobiles dûment usinées. Car le grès, aussi fin soit-il, reste un parfait abrasif. Curieusement, cet aspect n'a pas dû se révéler inquiétant car le brevet s'étend au contraire longuement sur le désincrustage calcaire du tube au moyen d'une solution étendue d'acide chlorhydrique, heureusement rincée abondamment.

C'est à ce moment que Bethmont se manifeste à nouveau dans le domaine de l'anti-colmatage avec un brevet **n° 206.785** du 3 juillet 1890 pour un *système d'appareil bouilleur-épurateur, à circulation continue, alternative ou intermittente, avec filtration physique et chimique pour l'épuration des eaux d'alimentation de générateurs à vaporisation rapide, instantanée ou autre.* Ce titre si peu concis implique à lui seul tout un programme et toute une installation, mais il ne semble pas avoir donné de suite. D'ailleurs ce brevet n'a pas été maintenu en vigueur dès la deuxième année.

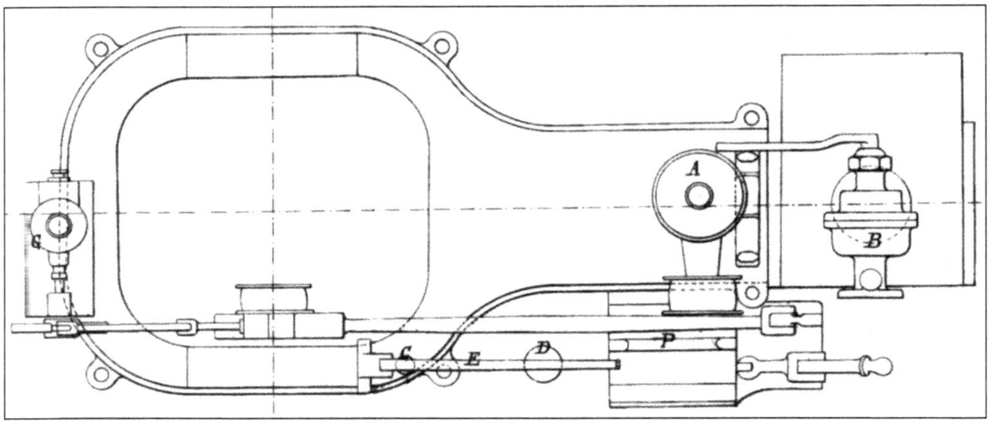

CA du 25 septembre 1891.

Le 27 juillet 1890, Bethmont ne désarme toujours pas, puisqu'il dépose un CA à son brevet **n° 205.650**, mais on sait qu'il y fait appel à un générateur non capillaire.

De son côté, Serpollet développe son concept de galette à tube contourné, avec un 1er CA du 29 juillet 1890 au brevet de juin de la même année, mais qui à vrai dire n'apporte rien de bien novateur. Il décrit des groupes de galettes indépendants pouvant être raccordés avec d'autres galettes ou même d'autres générateurs par des jonctions extérieures décrites, elles, avec un luxe de détail. Un tel brevet, n'apportant rien de décisif par rapport à l'art antérieur, est donc condamné à une portée *strictement limitée à la forme de réalisation décrite*, selon la formule consacrée et, pour nous, il s'inscrit uniquement dans le cours de la création continue qu'il se contente d'illustrer.

Le Vaporiste, lui, avait déjà remarqué dans le brevet précédent un organe de mesure de la température de la vapeur, repris cette fois plus en détail. Devant de la vapeur surchauffée Léon ne disposait en effet que du thermomètre à mercure, limité au point d'ébullition de 357° C de ce dernier, ce qui impliquait une totale imprécision. Il a alors pensé à échauffer une petite masse d'eau en vase clos baignant dans le courant de vapeur et à lire la température de cette dernière en lisant la pression par l'intermédiaire d'un manomètre convenablement étalonné. C'est là un moyen élégant et rationnel, qui a été longtemps utilisé sur diverses machines. À chacun ses idées, Bethmont purifie encore avec son brevet **n° 207.961** du 30 août 1890 pour un nouvel *appareil à épurer par la vapeur les eaux d'alimentation des générateurs.*

Ce brevet, non maintenu dès la deuxième année, ne semble pas non plus avoir été suivi de réalisation pratique. Le Vaporiste pourrait cependant se féliciter de voir enfin quelqu'un se préoccuper de la qualité de l'eau d'alimentation — c'est-à-dire de la fiabilité du générateur capillaire — en prévoyant un traitement en amont. En tout état de cause, il s'agit du dernier brevet Bethmont et, peut-être, d'une remise en ordre finale des affaires internes de la Société Serpollet.

Régulation et économie

Celle-ci va poursuivre ses recherches en vue de conférer fiabilité et rendement à ses générateurs qui, en eux-mêmes et pour des machines toujours fixes, commencent à être au point. Sans se préoccuper d'une épuration en amont, Léon se penche maintenant sur la régulation de marche du générateur, en vue d'alimenter convenablement et économiquement le moteur quant au combustible, ce qui montre bien la destination des installations à fonctionner industriellement — et commercialement.

Commercialement, c'est-à-dire de façon rentable ou économique, même indépendamment de la concurrence du moteur à pétrole qui commence d'ailleurs à se faire pressante. Dans le domaine de la vapeur — et en utilisant les unités de l'époque mais qui sont toujours parlantes —, la *pompe à feu* de Newcomen en 1760 consommait environ 15 à 20 kg de charbon par cheval et par heure. Watt en 1800 a réduit la consommation à 4-5 kg et une machine classique des années 1870 s'en tenait pratiquement à 1 kg. Or une installation fixe Serpollet en 90 atteignait 2,5 à 4 kg/CV/h, ce qui ne représentait pas un progrès marchand et nécessitait effectivement une étude plus approfondie des moyens de réduire les pertes. Bien sûr, les avantages du Système étaient ailleurs.

Pour nous, de nos jours, cet aspect commercial, qui on le sait maintenant était perdu d'avance, peut nous paraître dérisoire. Mais il dénote une nouvelle étape et un nouveau progrès dans la création Serpollet : le souci de bien utiliser la chaleur. Les trouvailles mécaniques commencent à faire leur preuve, reste à les exploiter le plus efficacement possible.

En effet, un deuxième CA du 5 novembre 1890 au brevet **n° 206.540** prévoit *des perfectionnements importants que nous avons apportés au brevet, notamment en ce qui concerne l'alimentation, la régularisation de marche de nos vaporisateurs perfectionnés* et l*eur rendement pour une quantité donnée de combustible brûlé*. Voici donc, dans sa concision, le problème posé.

Mais pourtant, peut-être sans en avoir pris conscience, les Serpollet avaient créé un Système dont le rendement était intrinsèquement élevé, grâce à la vapeur obligatoirement surchauffée issue du tube-générateur. Le Vaporiste pourrait alors se répéter et risquer d'expliquer partiellement la consommation trop élevée, outre les déperditions presque normales, par l'emploi d'un moteur encore conventionnel, sans doute mal adapté à de la vapeur à haute pression et surchauffée.

Quoi qu'il en soit, les perfectionnements consistent pour l'instant en un *accumulateur-condensateur-réchauffeur* avec ses organes annexes, interposé entre la soupape tarée de la pompe alimentaire et le générateur. Il est constitué par une cloche étanche à paroi épaisse dont une première entrée est reliée à la pompe et la sortie est reliée au générateur par l'intermédiaire d'un distributeur automatique. Cette enceinte contient un tube replié ou un serpentin dont la sortie débouche à l'extérieur et formant à son autre extrémité une seconde entrée de la cloche, reliée à la sortie d'échappement du moteur. Dans ces conditions, l'eau d'alimentation s'accumule dans la cloche sous un matelas d'air comprimé, se dirige sur le générateur à travers un robinet distributeur automatique commandé par le régulateur centrifuge du moteur, tandis que la vapeur d'échappement de ce dernier est dirigée dans le tube interne baignant dans l'eau et assurant la fonction de condenseur à surface : cette eau d'alimentation contenue dans la cloche se retrouve ainsi préchauffée par la chaleur récupérée sur la vapeur d'échappement. Une bâche à eau reçoit

de son côté de l'eau excédentaire, d'une part depuis la pompe par l'intermédiaire d'une soupape de décharge tarée et, d'autre part, depuis le robinet-régulateur automatique, disposition déjà imaginée antérieurement par Léon dans le CA du 21 septembre 87 et formant double by-pass.

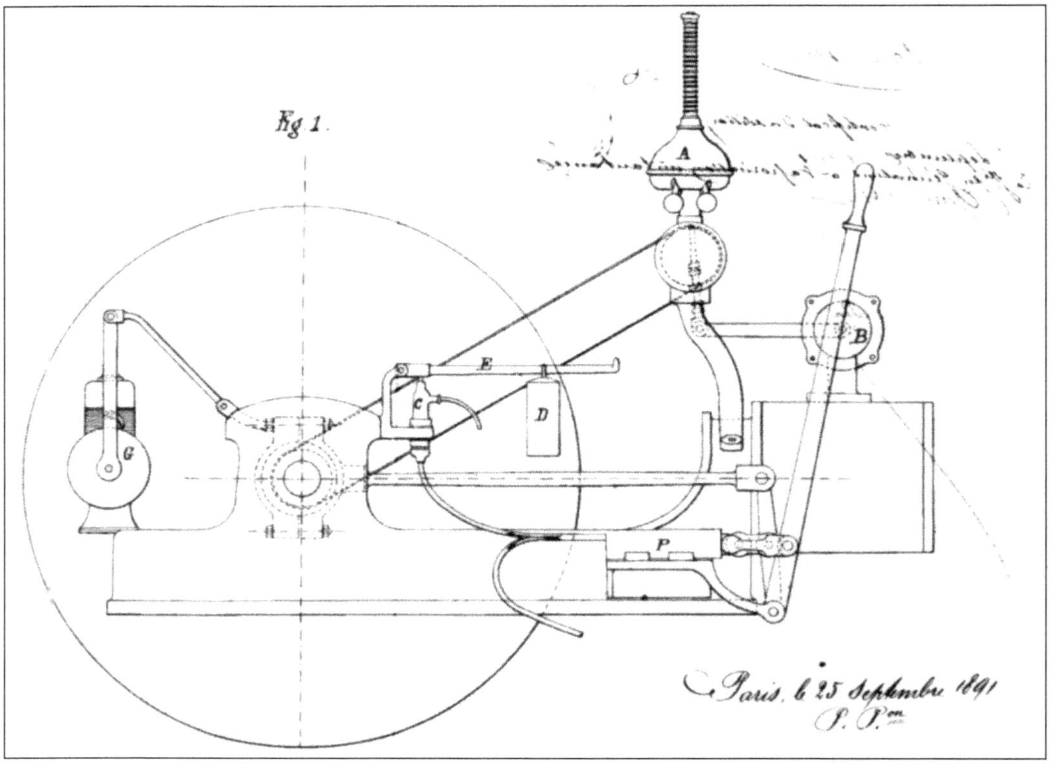

CA du 25 septembre 1891.

La mise en pression initiale de la cloche est effectuée par pompage manuel, la pompe étant à double corps, tandis que le fond de la cloche est muni d'un bouchon de purge des *calcaires se déposant à partir de l'eau d'alimentation, celle-ci pouvant être préchauffée à plus de 100° C sous pression.*

Le brevet présente deux variantes d'agencement sensiblement équivalentes mais le soin est laissé à l'homme de l'art de trouver la bonne pression d'alimentation à faire régner dans la cloche et — surtout — de savoir s'il faut préalablement la *gonfler* à l'air comprimé. Mais c'est là une question de pratique ne nécessitant pas de faire œuvre d'invention. Un tel agencement s'applique bien entendu à une installation fixe et, dans son principe, elle paraît satisfaisante quant à l'utilisation de la chaleur puisqu'elle réunit les deux options classiques, à savoir, préchauffer l'eau d'alimentation avec de la chaleur gratuite d'une part, et surchauffer la vapeur d'autre part.

En réalité, comme il ressort d'une lettre de Léon à Henri datée du 2 octobre 1890, l'idée principale de ce concept résidait plutôt dans la combinaison de la soupape de décharge réglable de la pompe alimentaire et du robinet distributeur automatique, afin d'obtenir un fonctionnement régulier et même autorégulé. C'est accessoirement qu'il a *complété cet ensemble en faisant passer dans l'accumulateur le tuyau d'échappement de vapeur, si bien que la pompe fonctionne à l'eau froide, condition excellente pour le bon rendement et que l'eau entre dans le générateur à une température de 100°.* Le schéma agrémentant

ces explications, de la main de Léon, comporte exactement tous les moyens décrits dans le CA et le Vaporiste appréciera la disposition élégante permettant de pomper de l'eau froide tout en alimentant le générateur en eau chaude.

La compacité d'un tel dispositif, assurant une gestion automatique de l'installation motrice, commence à ressembler à une recherche d'utilisation pratique prête à déborder du cadre reposant de la machine fixe vers la motorisation routière, mais nos deux frères ne le savaient-ils sans doute pas encore.

Retour à la bâche et à Papin

Peut-être l'installation telle que décrite a-t-elle donné satisfaction sur le plan de la consommation, en tout cas un nouveau perfectionnement est apparu avec un troisième CA en date du 25 septembre 1891, non plus dans le bilan thermique mais dans l'utilisation pratique. Cette fois, un dispositif, plus fin, est destiné à supprimer l'inertie du générateur vis-à-vis des brusques variations de régime ou de puissance requises par le moteur, par exemple dans une installation d'éclairage électrique. En fait, tous les éléments étaient déjà contenus dans les ensembles précédents, ce CA consacrant plutôt leur meilleure finesse de réglage et la manière de s'en servir.

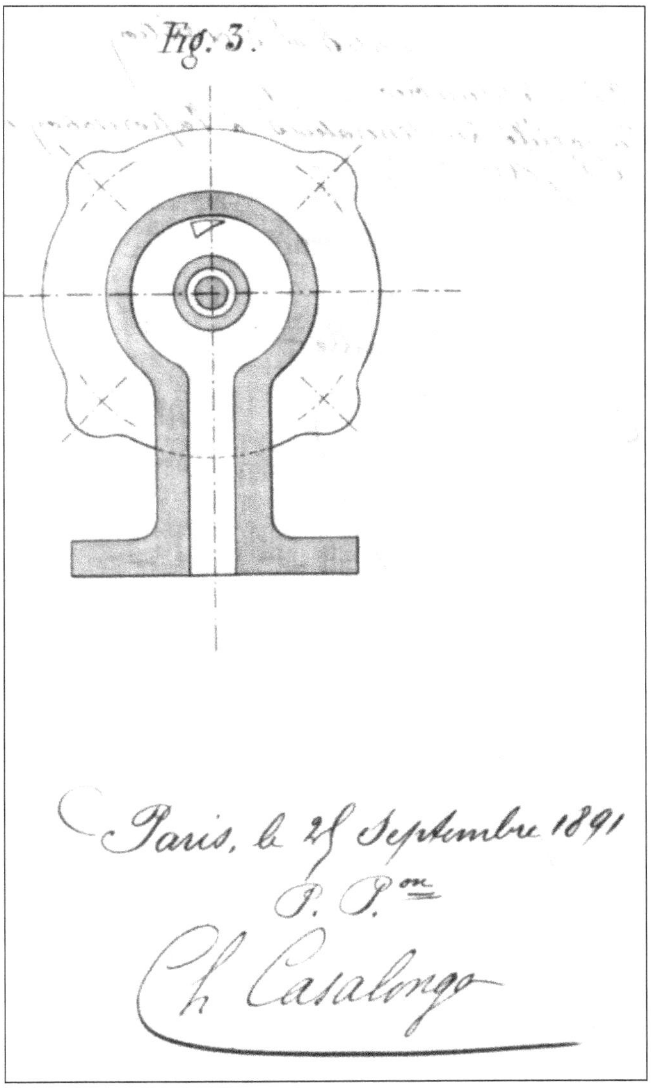

CA du 25 septembre 1891.

La soupape de décharge de la pompe est à poids, du type Denis Papin, et l'obturateur placé sur la boîte à vapeur du moteur est un *tuileau* à tiroir plan rotatif commandé par le régulateur centrifuge. Ces deux organes agissent *concurremment et simultanément*, sans autre liaison entre eux que le préréglage : la pompe est à course constante et sa capacité est telle qu'elle délivre dans tous les cas une quantité d'eau excédentaire, dont la fraction inutile est renvoyée à la bâche par l'intermédiaire de la soupape de décharge réglée par son poids. De son côté, la pression dans le générateur est volontairement très supérieure

à la pression nécessaire au travail demandé au moteur. À l'équilibre, la soupape de décharge convenablement calée maintient la pression et elle assure une alimentation constante du générateur. Si un excès de puissance est brusquement demandé, l'obturateur est ouvert en grand par le régulateur, la pression excédentaire est utilisée, mais celle-ci tend à diminuer, la soupape de décharge se fermant et dirigeant alors immédiatement davantage d'eau sur le générateur. Les opérations se déroulent à l'inverse dans le cas d'une puissance minimale demandée au moteur. Peut-être une liaison par biellette entre la soupape de décharge et l'obturateur aurait fait l'affaire mais cet arrangement montre bien à quel point le perfectionnisme cher à Léon pouvait se manifester.

Incidemment, et de manière apparemment accessoire, Léon raccroche dans ce CA une configuration simplifiée de tube générateur indéformable, constitué d'un tube plat à espace capillaire interne, *contourné à plat sous la forme d'une grille, muni de petites entretoises de maintien et d'ondulations ou de parties concaves compensant l'absence d'entretoises sur les branches extérieures de la grille.*

Cette idée va faire son chemin.

Le Vaporiste trouvera peut-être dans cette dernière réalisation les réglages assez délicats à opérer et s'étonnera de la vétusté de la soupape à poids, compensée cependant de façon heureuse par la première apparition d'un graisseur automatique, non décrit, mais vraisemblablement destiné à injecter mécaniquement de l'huile dans la vapeur, du type déjà appliqué dans les locomotives, de manière absolument indispensable avec de la vapeur surchauffée. Par ailleurs, en ce qui concerne la recherche du rendement, il regrettera tout de même de voir consommer de l'énergie à pomper de l'eau dans la bâche, pour en renvoyer la majeure partie sous pression dans la même bâche. Peut-être était-ce là un défaut inhérent au Système ? Quoi qu'il en soit, en considérant déjà l'ensemble du brevet **n° 206.540** avec ses trois CA, on perçoit l'affinage de l'installation, bien près d'être appliquée à des véhicules, où compacité et légèreté sont des qualités encore plus essentielles que le rendement. En effet, nous arrivons en 1892, et la société Serpollet construit toujours à l'usine de la Buire divers modèles de tricycles et phaétons, quasiment en série, dont on sait la célébrité qu'ils ont acquise, et il était normal de les améliorer.

Désormais, Léon Serpollet va donc aller de plus en plus loin.

- IV -
Troisième départ

Droit devant

Pour commencer, il dépose le 17 mai 1892 le brevet **n° 221.679**, au nom de la Société, pour *un nouveau système de tubes générateurs à vaporisation instantanée.* C'est la recherche de la légèreté pour une résistance optimale qui se traduit par un tube évaporateur en *barre droite* et non plus «contourné», susceptible de former des éléments parallèles étagés en chicane, se passant d'entretoises ou d'enrobement par une matrice métallique, dont l'indéformabilité et la haute résistance viennent de sa forme-même.

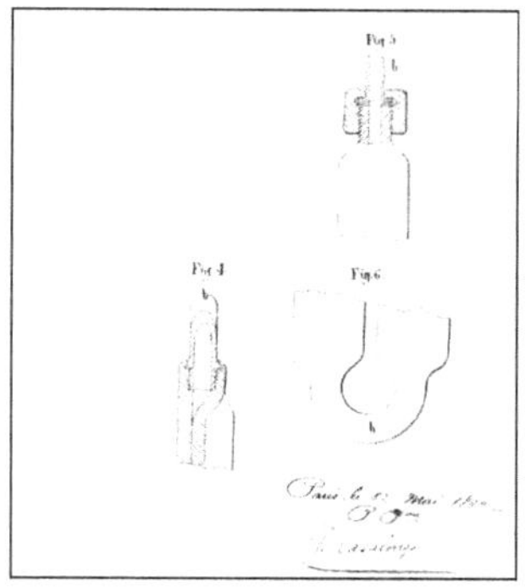

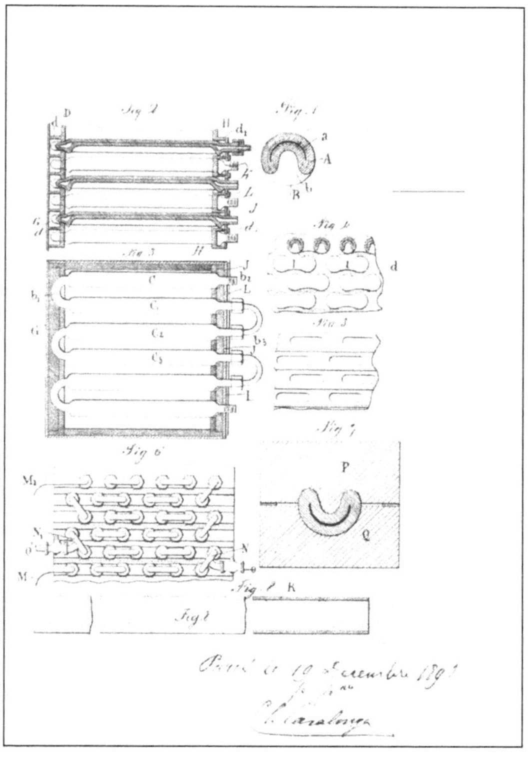

CA du 19/12/1893 au brevet n° 221.679

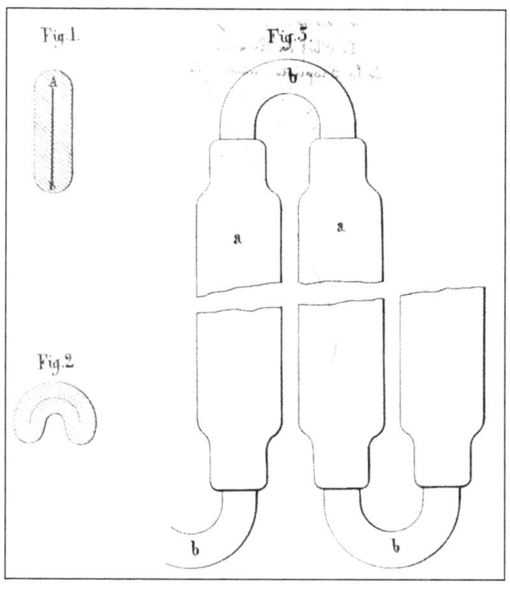

Le brevet n° 221.679

Cette forme, c'est elle qui a presque toujours illustré les ouvrages de vulgarisation dès qu'il s'agissait de Serpollet, à savoir la section en croissant. Une forme n'a jamais été brevetable en soi car elle est considérée comme purement ornementale et du seul domaine de l'esthétique, si elle n'est pas dictée par des fonctions techniques. Précisément, celles-ci sont clairement évoquées au brevet, en comparaison avec un tube simplement plat à espace capillaire rectiligne. Il est dit que dans ce cas le métal de la paroi épaisse travaille à la flexion sous l'effet de la pression interne, et l'épaisseur de la paroi doit être proportionnée à la longueur, en section, de l'espace capillaire interne. Dans le cas de l'espace curviligne au contraire, *pour qu'il y eût déformation, il faudrait que la paroi courbe extérieure qui a le plus grand diamètre cédât sous l'effort qui tend à produire un allongement ou bien que la paroi courbe intérieure qui a le plus petit diamètre cédât sous l'action qui tend à la comprimer, ce qui ne peut avoir lieu avec la forme adoptée.* La justification technique de cette forme rend donc cette dernière parfaitement brevetable. En d'autres termes, connaissant les propriétés du métal employé, en particulier sa ténacité, il est possible de réaliser les éléments de tube droit adaptés au générateur désiré. Les éléments sont à leur tour reliés entre eux en série par des tubulures rapportées et, de préférence, disposées hors de l'action directe du foyer. On se rend compte immédiatement de la facilité de fabrication et d'utilisation d'un tel générateur, par rapport aux lourdes spirales antérieures.

Tout est là dans ce brevet et, avec le recul, toute la partie prestigieuse du système Serpollet y est aussi : l'application de ce *nouveau système de tubes générateurs* à des véhicules, non plus des tricycles et pas encore des voitures, mais des tramways, va tenir une place prépondérante dans l'accession de Léon Serpollet à la célébrité.

Incidemment et par parenthèse, un certain Doudart de la Grée avait déjà pris acte des travaux de Serpollet dès le 23 décembre 1891 avec un brevet **n° 218.241**, le premier d'une impressionnante série d'au moins vingt brevets s'étalant jusqu'en 1896, pour une variété de dispositifs à vaporisation instantanée et réglementée, c'est-à-dire à régulation automatique, légers et compacts car essentiellement appliqués à la bicyclette. L'œuvre remarquable de ce créateur mériterait une étude à elle seule — peut-être est-ce déjà fait —, et il est seulement dans mon propos de signaler que l'auteur n'a pas manqué d'avoir la délicatesse et l'honnêteté de mentionner dans certains de ses brevets l'antériorité du générateur Serpollet — qu'il écrivait d'ailleurs avec un seul l — contrairement à Bethmont dont nous avons pu apprécier déjà les inventions.

Chauffe et surchauffe

Cette remarque faite, s'écartant quelque peu de l'ordre strictement chronologique que je m'étais fixé, nous ramène bien entendu à Léon Serpollet qui poursuit son économie de chaleur avec le brevet **n° 223.262** pris à son nom en date du 27 juillet 1892 pour *un conduit surchauffeur*. Le but de l'invention est ... *de faire en un mot que les conduits ordinaires de vapeur qui sont une cause de déperdition de chaleur deviennent eux-mêmes les surchauffeurs de la vapeur qui les parcour*t. Il fallait oser. Cette partie de qui-perd-gagne est remportée par un conduit de vapeur, simple ou multitubulaire, disposé concentriquement dans une *zone ou conduite de gaz chauds* elle-même, de la même façon, disposée concentriquement, dans une «zone à air ou enveloppe extérieure facultative — qui est *d'un secours efficace contre le refroidissement des gaz chauds par rayonnement extérieur*. Le conduit de vapeur se

trouve ainsi doublement calorifugé et réchauffé par les gaz chauds empruntés à la sortie du foyer, ceux-ci étant eux-mêmes isolés par l'enveloppe extérieure dont l'air stagnant qu'elle renferme assure sa fonction d'isolation. Même si la forme de réalisation paraît un peu rustique et destinée de préférence à une installation fixe, l'esprit de l'invention semble déjà transférable à plus léger et à plus exposé, c'est-à-dire à un véhicule.

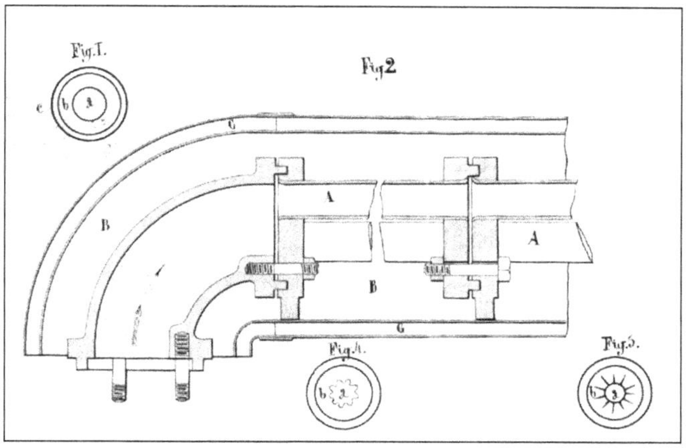

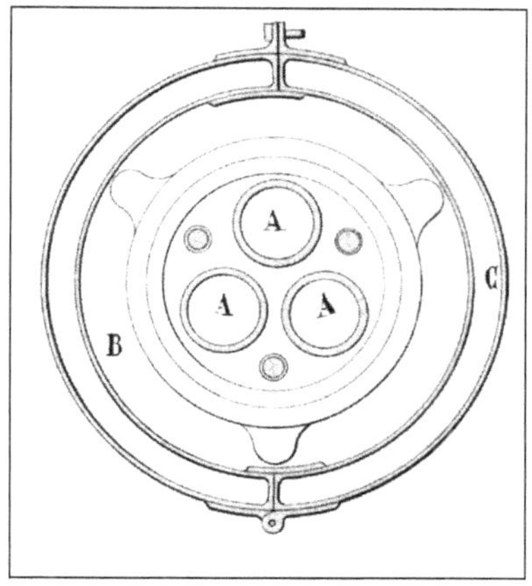

Brevet n° 223.262 du 27/07/1892.

Sur un autre plan, le Vaporiste va noter avec intérêt que *l'entretien de la surchauffe à une température déterminée peut-être rendu automatique au moyen d'une tige dilatable immergée dans la vapeur et dont une extrémité saillant au-dehors pourra être reliée à un registre de tirage...* Par coïncidence, le 17 juin 92, Montupet — le même que celui du brevet de 1878 — a déposé un brevet **n° 222.403** pour un autre type de *surchauffeur* où il mentionne un équivalent de cet organe. En tout état de cause celui de Serpollet, tel que décrit, constitue l'ancêtre — et même une antériorité — au thermostat attribué à Abner Doble pour ses voitures venues aux USA 30 ans après, sauf que la tige de ce dernier est en quartz, non dilatable, placée dans un logement d'acier, dilatable. Le principe est cependant rigoureusement le même, optimisé à l'époque de Doble par la présence d'un contact électrique s'accommodant d'un très faible déplacement relatif de la tige et du tube.

Léon pensera beaucoup plus tard à s'aider de l'électricité, mais en 1892-1893, après le succès de son générateur à barres droites, il se soucie davantage de se lancer dans la course ouverte aux transports urbains, parisiens pour commencer.

Vers les grandes forces

Léon Serpollet est ainsi amené à penser à des puissances importantes, sortant de ses tricycles et de ses *petites forces* d'autrefois. Il agence donc ses éléments droits en générateurs de l'importance désirée, selon un CA du 19 décembre 1893 au brevet **n° 221.679**. Compte tenu de l'idée de base de ce brevet, le nouvel agencement consiste à disposer les barres droites en un caisson dont ne dépassent latéralement que les jonctions entre éléments et rangées d'éléments ; les coudes reliant deux barres entre elles et les raccords vissés multipliant le nombre d'éléments.

Le but du brevet est en effet de présenter *la manière dont les divers tubes vaporisateurs sont montés en batterie, de manière à obtenir, tant par leur section et leur longueur, que*

par leur nombre, toute surface de chauffe suffisante. En somme, le générateur devient modulaire et en outre chaque module est aisément démontable et remplaçable. Cet avantage va être déterminant pour la réalisation de véhicules. Mais comme il s'agit de puissances importantes, le feu est lui aussi important. De ce fait, il est prévu des purges sur les éléments d'au moins la première rangée soumis à la plus grande chaleur, près du foyer encore à charbon, sous la forme de robinets à manœuvrer *pendant que le moteur est au repos ou travaille peu* pour renvoyer de l'eau alimentaire à la bâche sans la vaporiser et, ainsi, *empêcher les tubes de se brûler* en les refroidissant par une circulation d'eau.

Outre ces caractéristiques et avantages — selon l'une des expressions consacrées dans les brevets — le Vaporiste va noter une grande nouveauté de conception résultant visiblement de l'expérience et qui aurait presque pu justifier un brevet à elle seule : *l'espace des vaporisateurs de la rangée inférieure est presque capillaire; mais au fur et à mesure que ces tubes vaporisateurs sont destinés à des rangées plus supérieures, la valeur de cet espace augmente, afin que la vapeur s'y puisse mieux développer et mouvoir au fur et à mesure de sa formation.*

C'est une nouvelle et importante évolution. Certes, Léon Serpollet ne renie pas le principe de l'écrasement du globule dans l'espace capillaire, mais il accompagne en quelque sorte la vapeur une fois formée, pour qu'elle puisse *se développer et se mouvoir*, c'est-à-dire en fait lui permettre de conserver toute sa pression dans une section de tube plus importante. L'espace capillaire devait en effet créer un laminage de vapeur et une perte de charge, se traduisant, vu du moteur, par une perte de pression. Il est vrai que dans un espace capillaire la vitesse de passage y gagne au détriment de la pression et procède au nettoyage du tube en chassant les impuretés risquant d'y adhérer. Alors, comme dans de nombreux cas, il fallait bien adopter un compromis et cette solution d'augmenter progressivement la section du tube paraît logique, car la perte de charge qui devait passer inaperçue ou présenter une moindre importance sur un tube en spirale beaucoup plus court pour des *petites forces* n'était plus admissible pour de plus grandes puissances. Finalement, selon cette disposition, l'espace capillaire constitue en soi le générateur à vaporisation instantanée proprement dit et l'espace élargi forme un conduit de surchauffe.

En cette fin d'année 1893, la société Serpollet avait construit beaucoup de véhicules particuliers à trois et quatre roues dont on peut se faire une idée avec cette photo bien connue où figurent notamment Monsieur et Madame Poubelle. Mais nourri de l'expérience acquise sur ses divers véhicules alimentés par les éléments en croissant de ses générateurs, Léon est maintenant sollicité et amené à exploiter l'avantage essentiel de son système, à savoir, la compacité et la sécurité. C'était bien là les qualités de base à conférer aux véhicules de transport urbain.

La CGO

À cette époque, outre quelques milliers de malheureux chevaux utilisés à la traction animale des tramways, on sait que la Compagnie Générale des Omnibus avait tenté la traction mécanique à vapeur avec des fortunes diverses entrecoupées d'abandons et de reprises, ou autres tentatives. Parmi les modes de propulsion en cours en 1893, le système Francq semblait le plus pratique, avec sa petite locomotive sans foyer où de l'eau était portée à près de 200° C sous haute pression dans la chaudière au moyen d'un

courant de vapeur d'une installation fixe, puis la vapeur était détendue et utilisée sur le parcours jusqu'à atteindre le point de recharge. Mais la locomotive séparée posait des problèmes de manœuvres aux terminus. En même temps, le système Rowan fournissait une voiture automotrice plus pratique, avec de surcroît un condenseur sur le toit, mais interdisant l'agencement d'une impériale à la mode en ce temps-là. Par ailleurs, quelques voitures électriques faisaient leur apparition, mais elles étaient pénalisées de quelque cinq tonnes d'accumulateurs à recharger le plus rapidement possible aux terminus, grâce à une usine électrique de banlieue.

Des essais de décembre 1893 du Système Serpollet sont donc décisifs et adoptés. On sait quels succès et quels développements, tant en France qu'à l'étranger, les automotrices Serpollet se sont taillés. Les problèmes à résoudre pour ce nouveau secteur de production ont sans doute été considérables, mais l'on peut dire que, sur le principe, rien n'aurait réussi à ce point sans l'apport des derniers brevets, dont la validité ne semble pas avoir été contestée. Or l'apport des derniers brevets résultait de son côté de la somme des recherches et des efforts sanctionnés par tous les brevets précédents.

Rail et chaleur

Pourtant, par un luxe de précaution, la Société Serpollet dépose un brevet **n° 235.016** en date du 22 décembre 1893, pour des *perfectionnements dans la manière de chauffer les chaudières à vaporisation instantanée appliquées aux machines pour véhicules roulant sur rails*.

En première lecture, le style de rédaction n'est pas du Léon Serpollet et, s'il y a nouveauté, il ne semble pas vraiment qu'il y ait avantage pratique. L'invention consiste en effet *à disposer sous nos chaudières, où à côté d'elles, des blocs ou pièces de fonte de formes variées, pouvant être perforés ou munis d'ailettes rayonnantes et qui, après avoir été chauffés à une haute température, 600 degrés par exemple, dans des foyers fixes, sont mobiles et facilement interchangeables. Suivant une variante, ces blocs de chauffage sont remplacés par une matière pulvérulente tel que du sable ou du grès, qui offre l'avantage d'un facile chargement et déchargement*. On voit cependant mal la facilité du transfert, au terminus, de telles masses brûlantes.

Ce brevet constituait vraisemblablement un barrage contre une concurrence éventuelle, car si un brevet permet une libre exploitation par son titulaire ou son ayant droit, il permet aussi d'interdire, au moins un certain temps, l'intrusion intempestive de la concurrence dans le domaine technique réservé. En tout état de cause, ce dernier brevet ne semble pas avoir été maintenu en vigueur car, sans doute, aucun industriel n'aurait essayé d'exploiter une telle idée.

Peut-être après tout paraissait-il normal à ce moment-là de simplifier au maximum le matériel roulant, au prix de l'installation à poste fixe d'unités distantes d'alimentation, en vapeur ou bien en électricité pour les accumulateurs par exemple.

Mais peut-être aussi ce genre d'opération était-il dans l'air, comme il arrive souvent, au point que des inventions semblables sont faites en même temps : un brevet **n° 237.024** et un CA sont en effet déposés en avril 1894 du nom de Weindknecht et Bernard pour chauffer des éléments à vaporisation instantanés, certes différents, au moyen d'un fluide *calorifère*, notamment du sable, en formant une sorte de bain-marie autour de tubes à double paroi avec interstices.

Dans ce contexte la Société Serpollet va passer l'année 1894 à poursuivre ses essais de plus en plus réussis de ses automotrices, probablement sur des bases connues car aucun brevet ne semble avoir été déposé cette année-là. On peut se douter qu'il y ait eu fort à faire dans le domaine du tramway, compte tenu de l'immense extension qu'il était destiné à prendre. Et pourtant, précédant l'événement, Léon et Henri avaient déjà étudié en 93 une possibilité de réalisation d'un omnibus routier, apparemment destiné au service en Savoie car la route enneigée leur posait un problème. Ce projet n'a pas abouti mais Léon s'en est peut-être souvenu des années plus tard lors de son association avec Darracq.

Si l'année 1894 est consacrée aux mises au point des Serpollet, outre les fabrications en cours, la concurrence ne reste pas en repos. Dans les transports urbains, apparaissent la locomotive et l'automotrice d'un autre système de la Compagnie Générale des Moteurs à Air Comprimé, exploitant les brevets Mékarski. Ce système combine l'action de l'air comprimé et de la vapeur, celle-ci étant destinée à réchauffer l'air comprimé pour le faire travailler à plus haute température. Ce mode de fonctionnement augmente le rendement mais, plus prosaïquement, il empêche le givrage après détente à l'échappement qui avait fait échouer bien d'autres essais. Le mélange air-vapeur est formé *in situ* dans un saturateur monté sur la voiture mais alimenté en air comprimé par une unité fixe distante remplissant un réservoir embarqué. Dans le saturateur ou *bouillotte,* l'air bulle dans de l'eau portée à haute température sous pression et chauffée par un foyer, se sature en vapeur et le mélange détendu à la pression voulue est envoyé sur un moteur à longue détente, de préférence compound. Bien que dépendant d'une unité fixe et de postes de recharge, les voitures du système Mékarski constamment perfectionné depuis les premiers brevets remontant à 1884 ont fonctionné sans incident jusqu'aux années 1910 et concurrençaient donc le Système Serpollet.

Le pétrole, toujours là

D'un autre côté, sur un plan plus général, le moteur à pétrole commence à se manifester, même si son application aux transports en commun n'est pas encore envisageable et il envahit le domaine de la voiture particulière. Les brevets se multiplient, les démonstrations concrètes également, au point qu'une course restée fameuse — ou plutôt un test — est organisée le 22 juillet 1894 sur Paris-Rouen dans le but de faire le point sur les moyens de locomotion disponibles. Nombreux sont ceux qui font démarrer l'ère de l'automobile à cette date. Fixer une telle date comme référence est parfaitement discutable, mais si l'on s'en tient aux faits, on constate l'engagement de treize voitures à pétrole contre deux à vapeur, dont l'incroyable remorqueur de Dion attelé à une Victoria. L'autre concurrent était un certain de Bourmont, d'Arcachon, terminant avant-dernier. Cette disproportion constituait le premier signal d'alarme, même s'il ne fallait pas encore se fier aux performances du moteur à pétrole.

Aucune de ces machines n'était réellement au point, aucune n'avait un aspect «moderne» se démarquant du fiacre et annonçant l'automobile. Cependant, malgré le besoin criant de perfectionnements, ce rassemblement montrait à l'évidence l'attrait et la supériorité potentielle de la voiture à pétrole. Cette supériorité résultait du seul fait de l'absence du générateur extérieur et de la servitude du transport et de la manipulation du charbon avec ses corollaires la fumée, la suie et les cendres. Or les véhicules Serpollet, tricycles,

doubles phaétons et autres, souffraient encore de ce handicap malgré la vaporisation instantanée: les fervents de l'automobile ont tout de suite apprécié la commodité de la simple alimentation en essence, qu'ils appelaient encore pétrole, malgré «l'odeur infecte» qu'ils lui trouvaient. L'histoire de l'automobile aurait peut-être pu s'écrire différemment si Léon Serpollet s'était directement attaqué au problème, ce qui l'aurait avancé de près d'une décennie mais il était pris par le développement du tramway et de son succès.

Et puis un autre concurrent intervient dans cette même période : Rudolf Diesel continue depuis 1892 à déposer des brevets pour son moteur à combustion interne, qui lui aussi attend des perfectionnements mais qui entre irrésistiblement dans l'arène de la motorisation malgré le manque de crédibilité dont il a été primitivement victime.

Dans cet environnement, mais en tant qu'industriel détenant un marché bien protégé par ses brevets, Léon se devait de rester dans le domaine de l'automotrice et d'exploiter à fond cette voie.

Générateur composite

Un résultat de son année de recherche se traduit le 8 février 1895 par le brevet **n° 244.971** au nom de la Société pour *perfectionnements aux chaudières à vaporisation instantanée*. Au vu des dessins, ce brevet pourrait paraître insignifiant, alors qu'au contraire il représente un important perfectionnement des barres droites, résultant visiblement d'essais et, peut-être, d'un début de remise en question plus ou moins conscient des tubes à espace capillaire.

Afin d'éviter le coup de feu sur les tubes des rangées inférieures du générateur les plus exposés, de résister au choc thermique et de faciliter le nettoyage, on loge à l'intérieur du

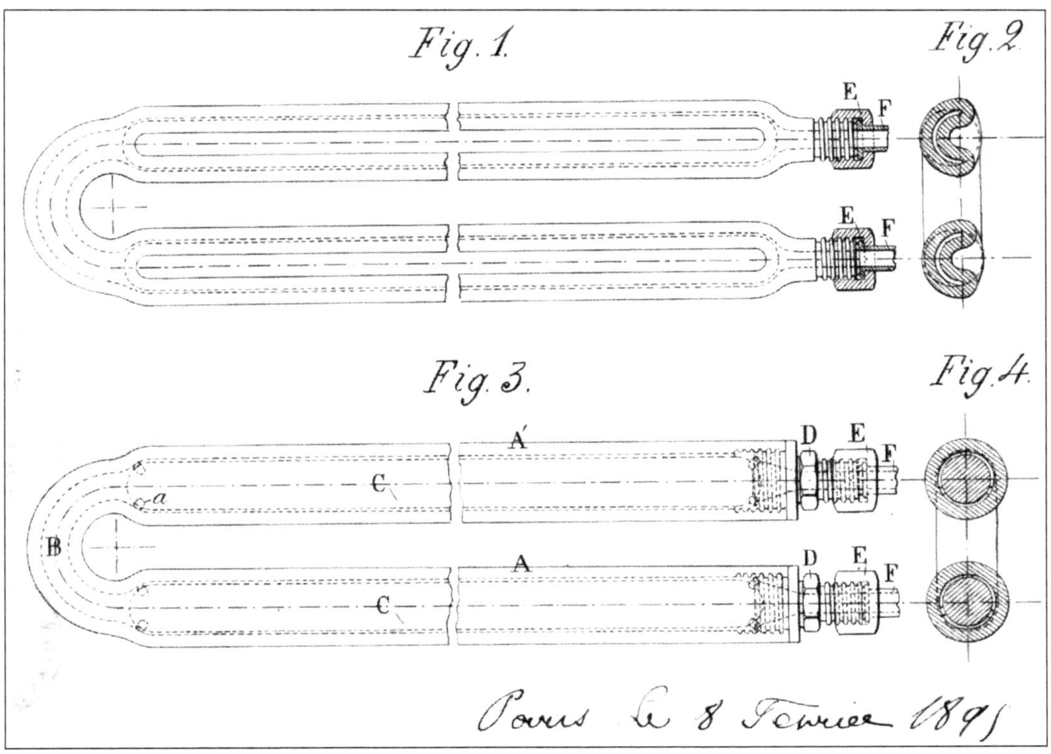

Les tubes droits avec mandrin intérieur - Février 1895.

tube un mandrin ou cylindre métallique massif ayant 5 à 6 mm de moins à son diamètre extérieur que le diamètre intérieur du corps. Ce mandrin, dont les extrémités sont arrondies, est tenu à égale distance de la paroi intérieure de l'enveloppe cylindrique au moyen de petits taquets vissés ou implantés sur lui. L'extrémité du tube est coupée droit et elle conserve sa forme cylindrique de base avant emboutissage du croissant, extrémité taraudée pour recevoir un raccord de liaison extérieur. Ainsi, le mandrin assure la triple fonction :

1. de formation de l'espace capillaire ;
2. d'absorption de chaleur en excès ;
3. de libération du tube par démontage en vue *du nettoyage facile et prompt des premiers dépôts de carbonate de chaux, dépôts qui se produisent dès que l'eau injectée dans les tubes atteint 60 à 70°.*

Le Vaporiste va apprécier cette disposition, tout en calculant que l'espace interne des premiers tubes sera de 3 mm, donc non capillaire, mais en se mettant à la place de son homologue de 1895 ayant à vaporiser au charbon beaucoup d'eau trouble, ne disposant pas d'eau distillée ou permutée et condamné à détartrer régulièrement.

Ce mandrin intérieur ne manquera pas cependant de lui rappeler le générateur du brevet Marmonier de 1882 déjà cité, où une tige dans la partie rectiligne du serpentin assure les fonctions de capillarité et de démontage pour nettoyage. En toute rigueur, la portée de ce dernier brevet Serpollet s'en serait trouvée de ce fait limitée à la forme de réalisation décrite et, si le brevet Marmonier avait encore été en vigueur en 95, il aurait normalement fallu l'accord de son titulaire pour une libre exploitation des barres à mandrin. C'est le lot des brevets dits de perfectionnement où le premier breveté ne peut pas exploiter le perfectionnement du second mais où celui-ci ne peut pas non plus exploiter son invention sans l'accord du premier, car, selon l'adage un peu brutal, *perfectionner c'est contrefaire*. Nombreux ont été les cas de licences croisées pour résoudre ce problème.

Et les voitures passent

Loin de ces considérations, le domaine industriel de la voiture particulière est de plus en plus encouragé, notamment avec l'organisation de cette course, insensée pour l'époque, Paris-Bordeaux-Paris du 10 juin 1896. Sur 21 voitures, 6 seulement sont à vapeur dont une Serpollet — qui n'arrive pas à faire le retour. On sait que le pétrole a gagné avec Levassor à moteur Daimler et il faut encore noter que Léon Serpollet ne s'est toujours pas intéressé à la question. Ses voitures semblent encore au brouillon mais il se consacre avant tout aux problèmes techniques urgents pour la mise au point de ses automotrices, présentant une autre dimension que celle des tricycles. Il propose donc une solution à deux problèmes essentiels, sans avoir toutefois le même degré d'importance :

1. Améliorer la conduite tout en économisant la fatigue du matériel.
2. Supprimer le bruit et le panache de fumée d'échappement.

Ce dernier point, déjà ébauché en mars 90 avec son détendeur-surchauffeur, prenait peut-être davantage d'acuité sur des machines de 10 tonnes parcourant les rues des villes dans un voisinage forcé avec les chevaux, les chiens, les cochers, et autres citadins. De plus, les systèmes Francq, Rowan ou Mékarski ne devaient pas présenter ces inconvénients.

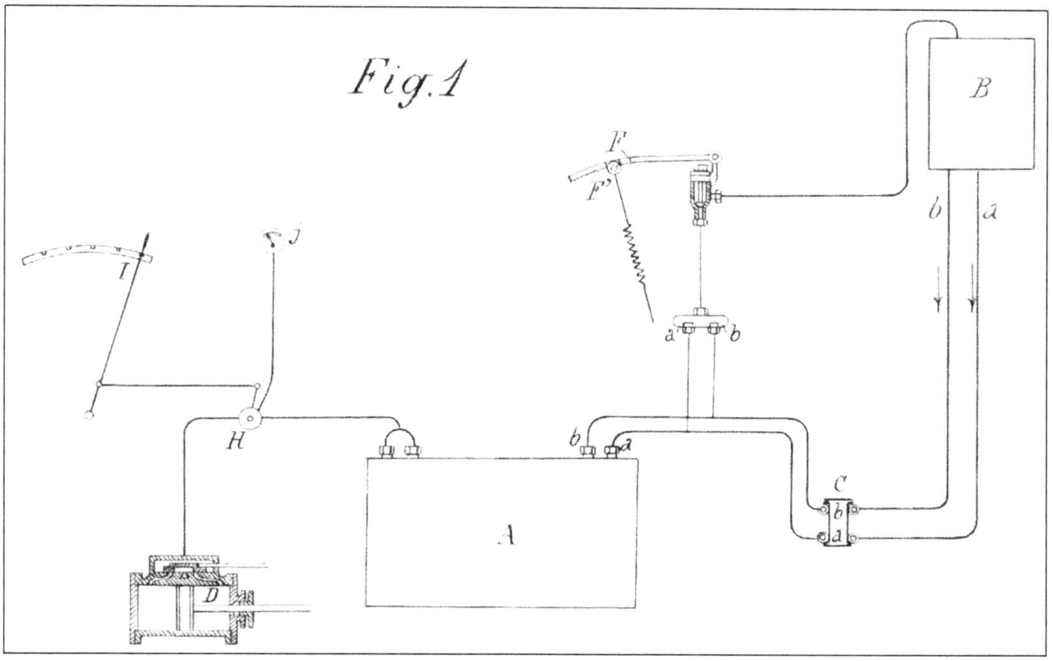

Brevet n° 251.540

Dans le tram

Son brevet **n° 251.540** du 8 novembre 1895 concerne donc des *perfectionnements apportés dans la construction et la conduite des voitures mécaniques des tramways.* S'il n'apporte pas de solution définitive, il nous fait historiquement soupeser certaines difficultés de l'exploitation d'une ligne de tramway : dans le préambule de la description, l'exemple est donné de la montée de l'avenue de Clichy à Paris, avec 50 voyageurs et 8 à 10 arrêts, ce qui paraît infiniment plus délicat que de piloter un tricycle sur Paris-Rouen et nécessite un matériel autrement élaboré.

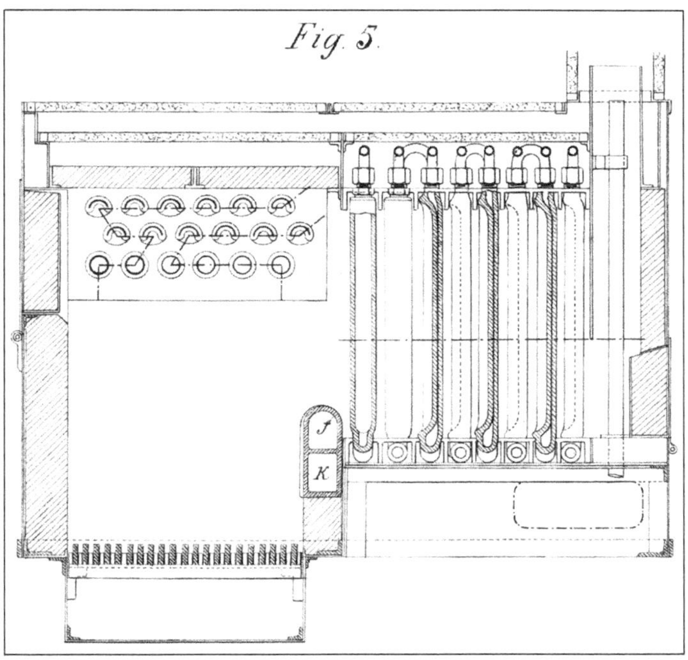

Brevet n° 251.540.
Synoptiques circuits de commande tramway - nov 1896.

Il ressort de cet exposé qu'en montée, à forte pression de 8 à 10 bars, le ralentissement ne peut être obtenu qu'en freinant : sous-entendu, si l'on coupe l'alimentation en eau, le redémarrage sera très lent.

Mais pendant le freinage, la pression dans le générateur peut monter jusqu'à 18 bars. De ce fait, compte tenu des nombreux arrêts, *pendant tout le parcours accompli sous cette pression, le moteur a vu sa puissance augmenter, alors que, au contraire, le ralentissement aurait dû correspondre à une cessation ou, tout au moins, à une diminution de cette puissance*. Ce paradoxe imprévisible s'est manifestement révélé par l'expérience, où les bielles, les pompes, les freins subissent des contraintes inutiles et néfastes, sans parler du gaspillage de consommation de vapeur.

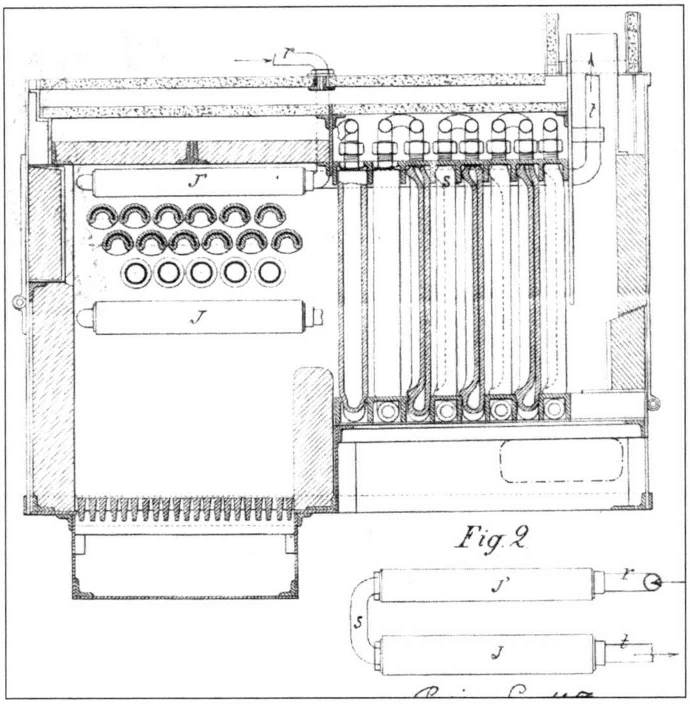

Brevet n° 251.540.

Pour résoudre ce point très important, le brevet décrit un agencement d'alimentation tel qu'un levier unique suffit à obtenir le ralentissement, les variations de vitesse et l'arrêt en pente, en palier ou en rampe, tout en maintenant une pression constante sur le générateur. Ce levier unique est la commande de *l'obturateur-régulateur* d'admission de vapeur, placé entre le générateur et le moteur.

Le circuit d'eau est double pour alimenter un générateur lui-même double afin d'adapter sa production aux besoins et il comprend les clapets de retenue nécessaires à

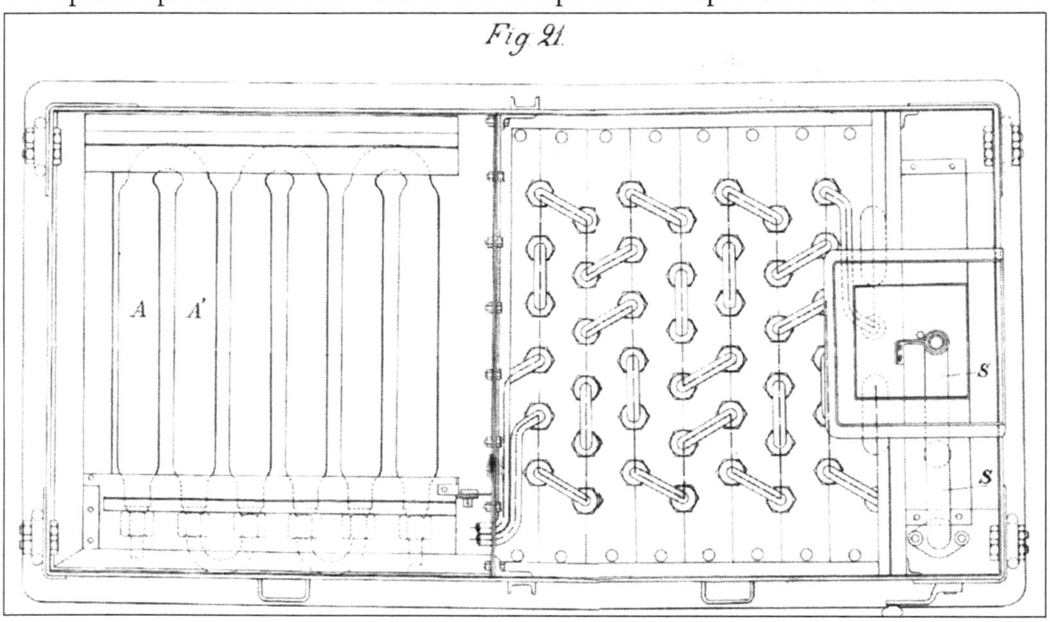

Brevet n° 251.540.

Fig. 3.

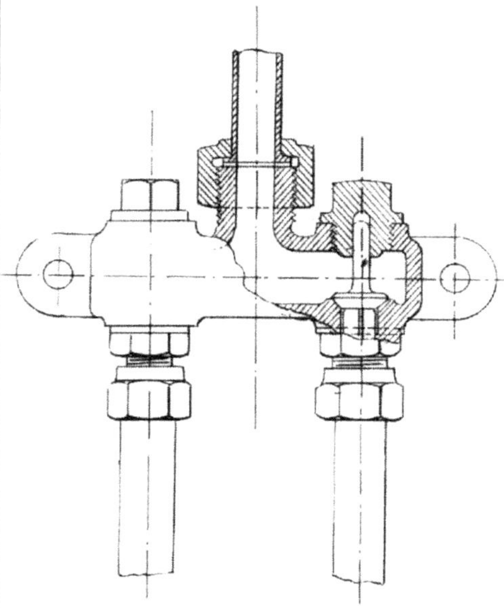

Fig. 2.

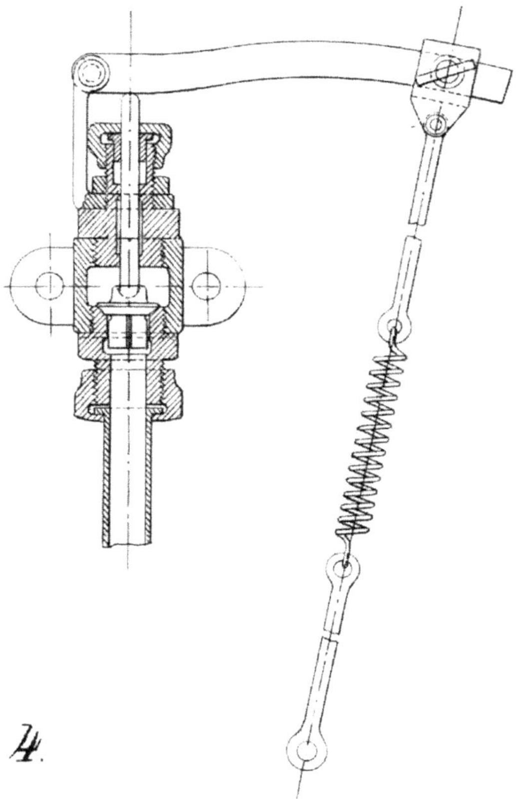

Fig. 4.

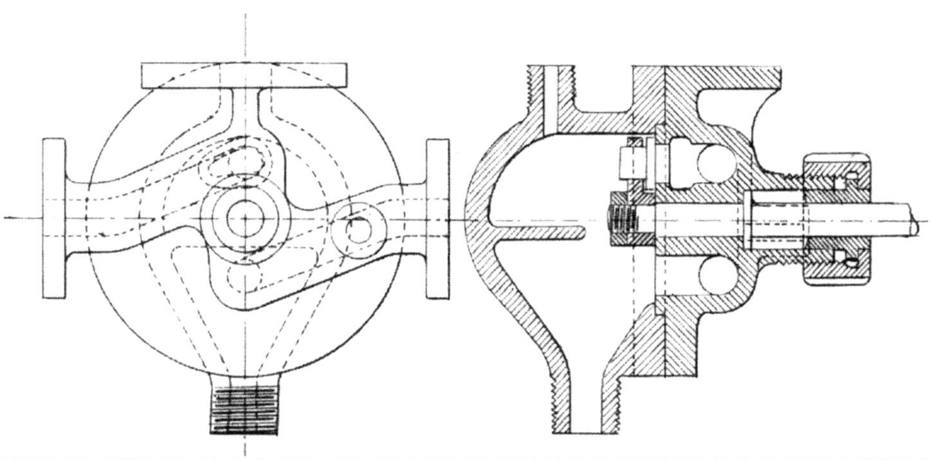

Brevet n° 251.540.

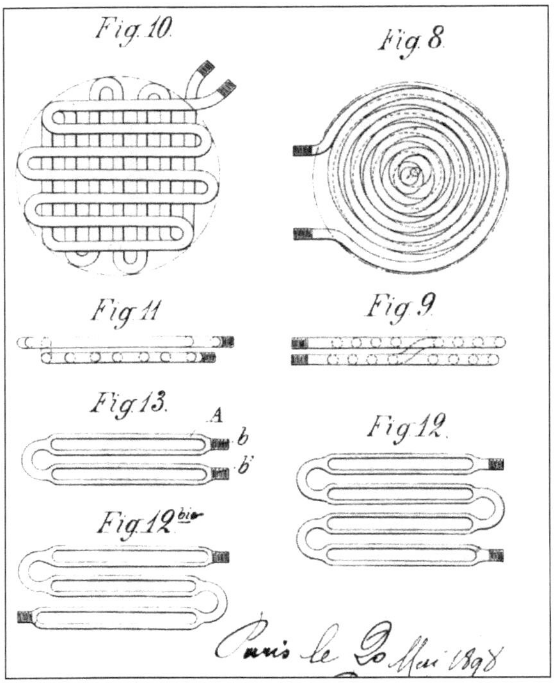

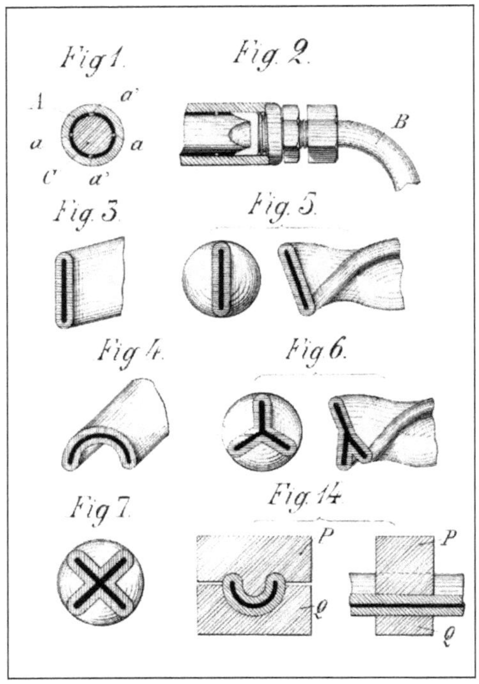

Brevet n° 251.540.

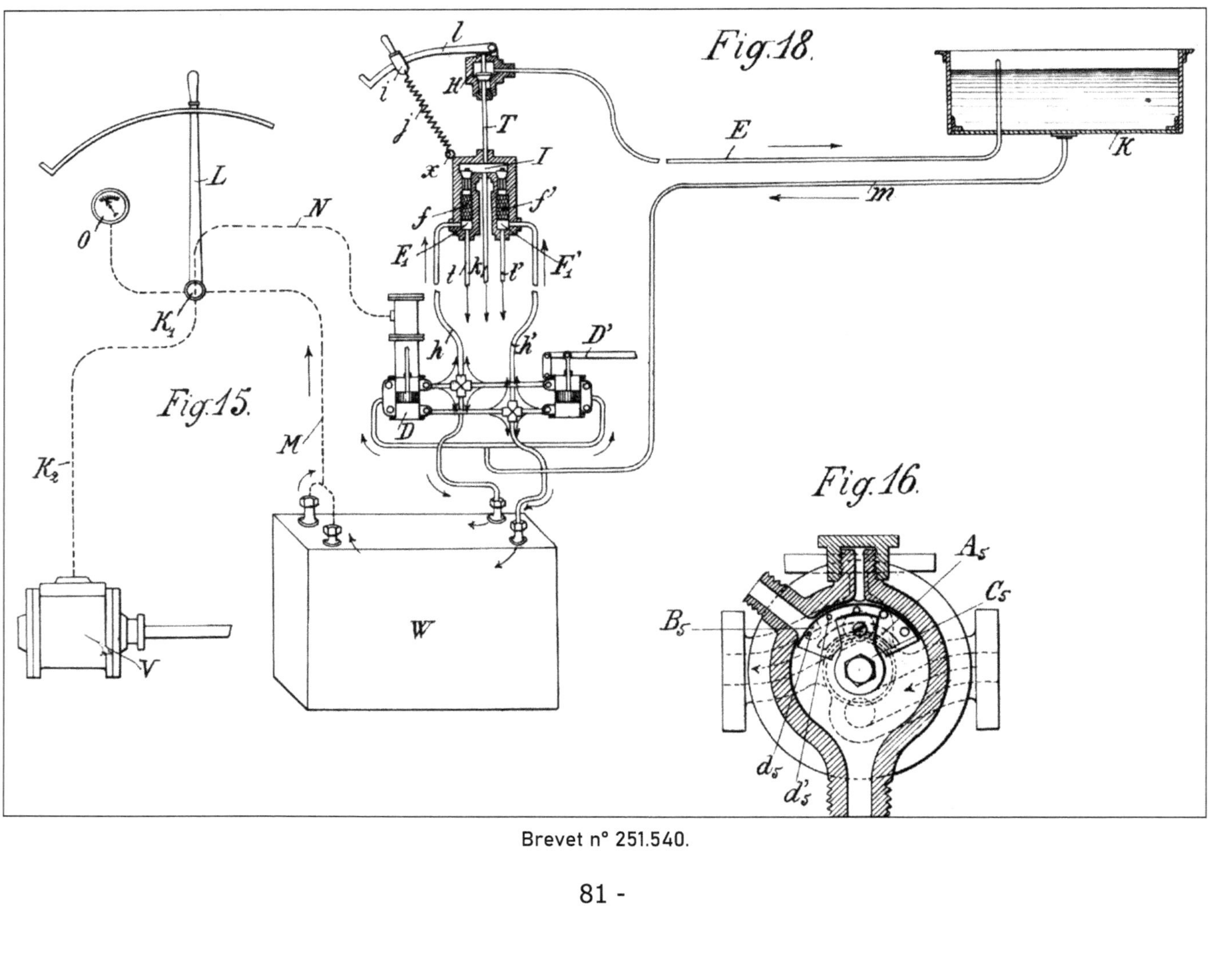

Brevet n° 251.540.

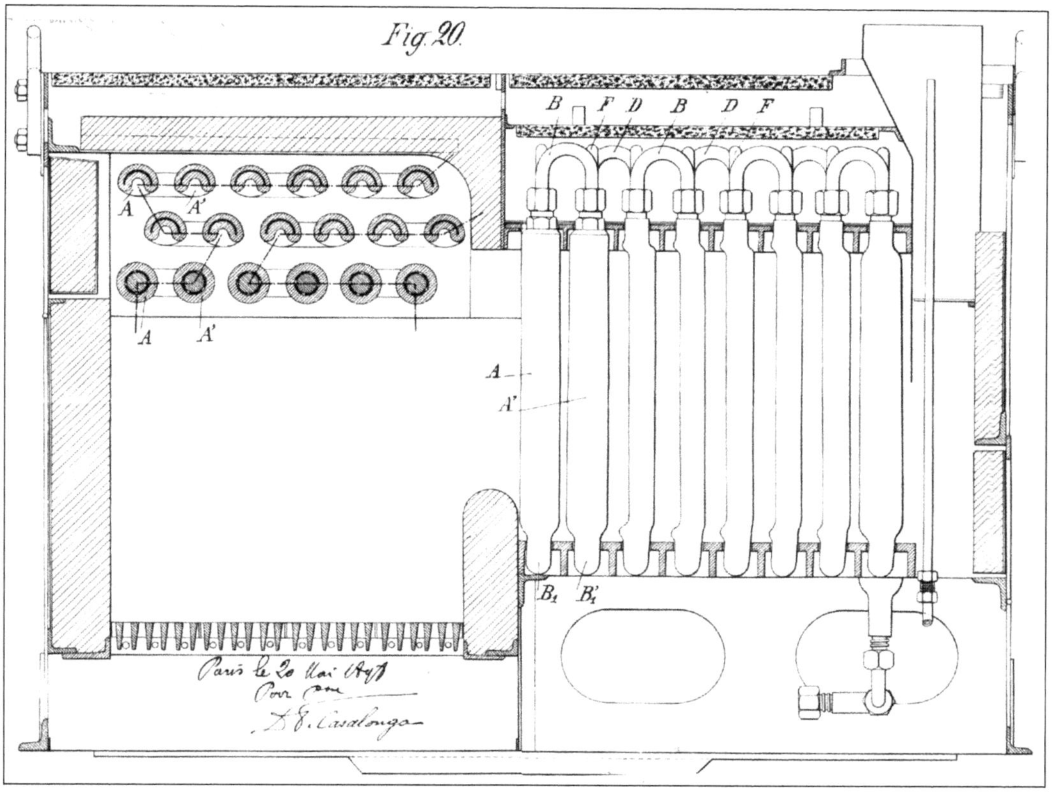

Brevet n° 251.540.

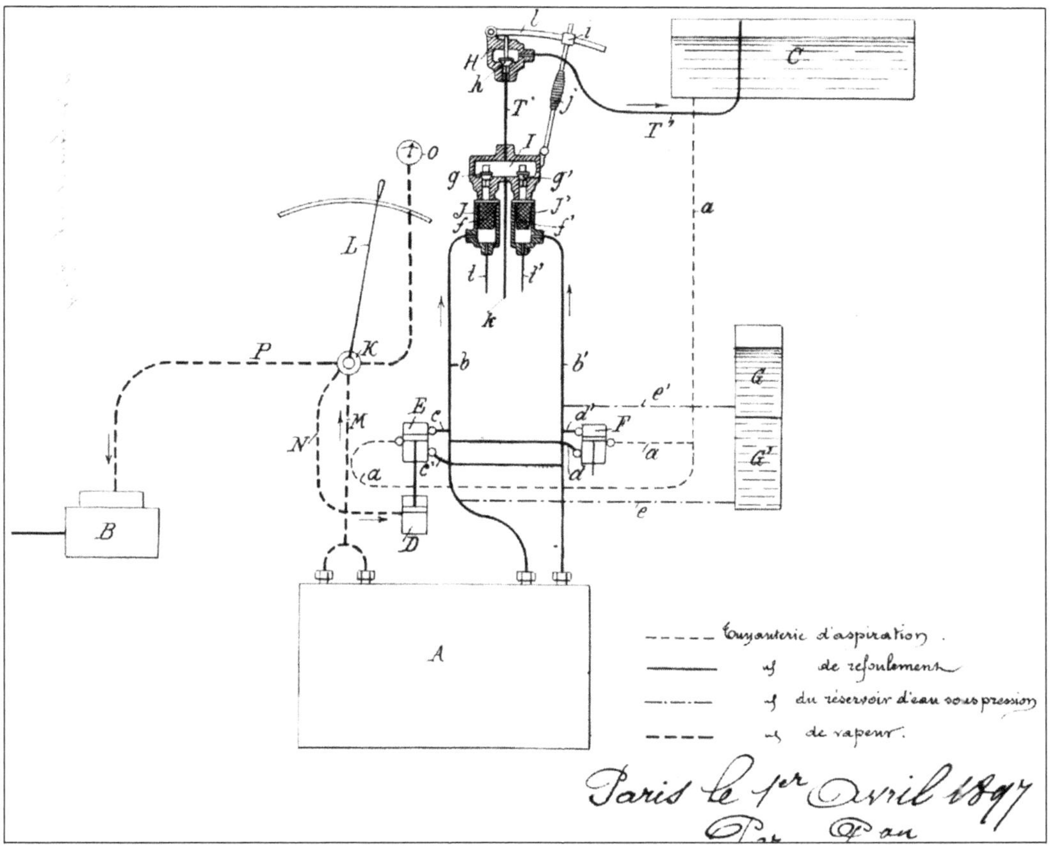

Brevet n° 251.540.

l'isolement des deux circuits d'eau l'un de l'autre jusqu'au générateur. Par ailleurs, une soupape de limitation de débit d'eau avec renvoi à la bâche est cette fois tarée par un ressort, dont la tension est ajustable par un curseur à la disposition du mécanicien.

Dans son principe général cette disposition comprend les organes déjà révélés par les brevets Serpollet de 89 pour le tricycle et de 90 pour l'accumulateur-condenseur-réchauffeur, à savoir, essentiellement, la séquence Bâche/Pompe/Soupape tarée avec retour/Obturateur réglable/Générateur/Moteur. Dans cet agencement désormais connu, c'est l'obturateur qui règle la quantité d'eau envoyée sur le moment au générateur donc le régime du moteur. Mais le brevet explique les graves inconvénients rencontrés lors de conditions d'utilisation assez rudes par cet agencement antérieur.

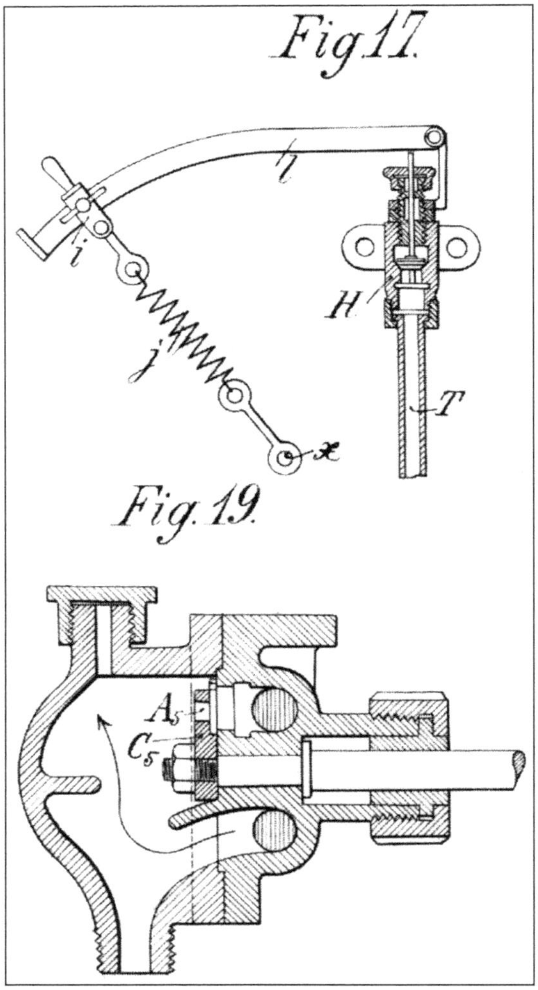

Brevet n° 251.540.

Pour y remédier, l'obturateur est maintenant disposé à la sortie du générateur, donc sur le circuit vapeur et naturellement sans retour à la bâche, ce qui procure une meilleure sensibilité de commande, tandis que la pression au générateur est maintenue constante à une valeur raisonnable choisie en fonction de l'allure, au moyen de la soupape tarée ajustable. Il s'agit là d'un progrès utile, mais aussi d'un perfectionnement brevetable malgré sa simplicité apparente, car les moyens connus sont appliqués de façon nouvelle.

On pourrait sourire devant l'interposition évidente d'un robinet entre la source de vapeur et le moteur, à la manière de toutes les machines depuis Papin, Savery et autres Newcomen. Seul le Vaporiste ne sourira pas, car il connaît la difficulté à faire varier le régime et à plus forte raison d'arrêter le moteur en vaporisation instantanée, dont le propre est de fonctionner sans réserve de vapeur, surtout en chauffage au charbon dont le propre à lui est son inertie. Le concept de la coopération de la soupape ajustable sur l'eau et de l'obturateur sur la vapeur est tout simplement décisif, même si, en l'état, il demandait encore des perfectionnements.

Subsidiairement, l'obturateur lui-même est d'ailleurs *étudié de façon que l'ouverture d'admission de vapeur soit progressive. Le tiroir découvre, en se déplaçant, des orifices de sections différentes, en commençant par les plus petits.*

Cette disposition était sans doute connue en 95, mais *la boîte ou couvercle de l'obturateur sert de collecteur de dépôts* d'où on peut les expulser au moyen d'un robinet

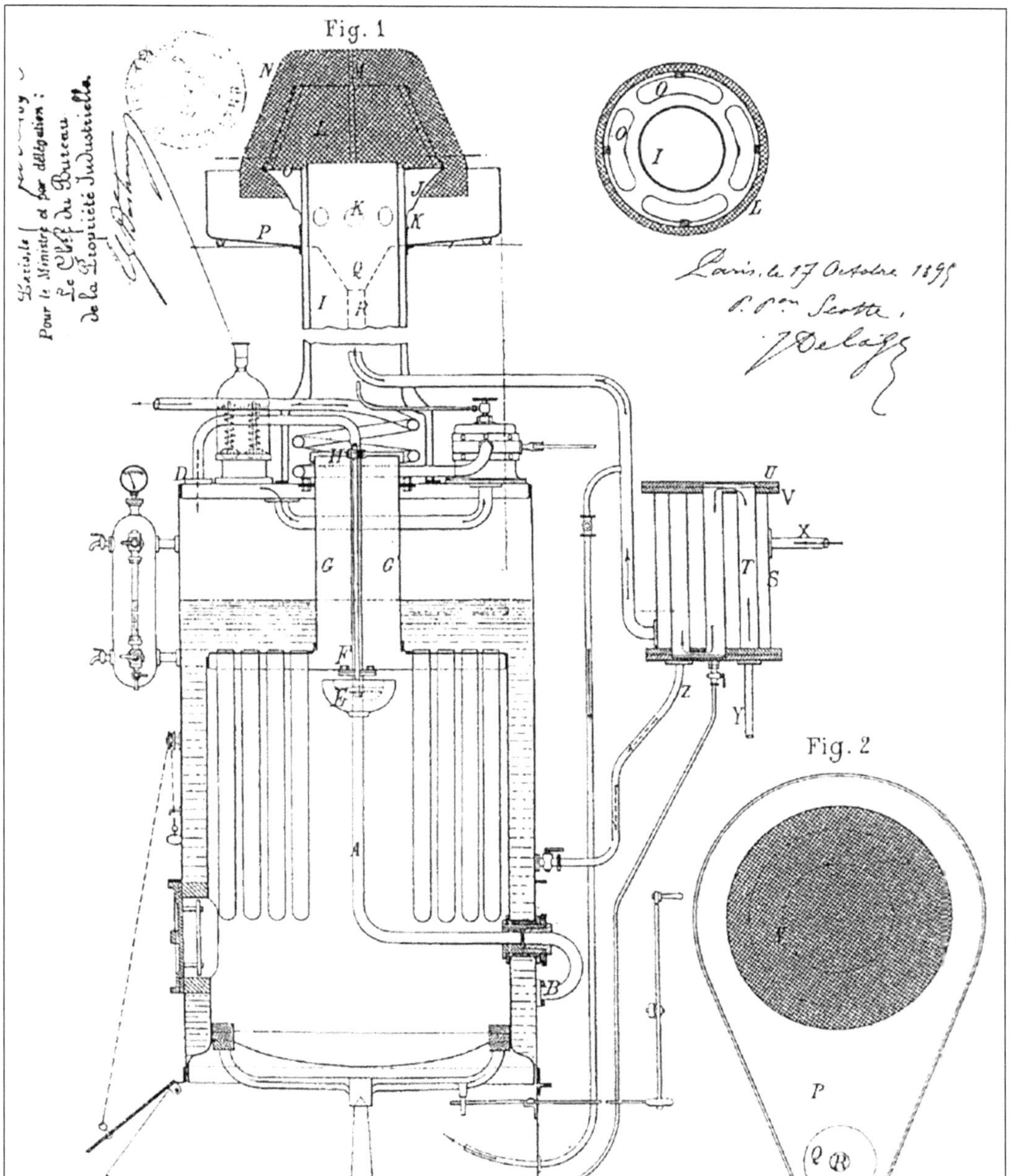

Brevet n° 242.102.

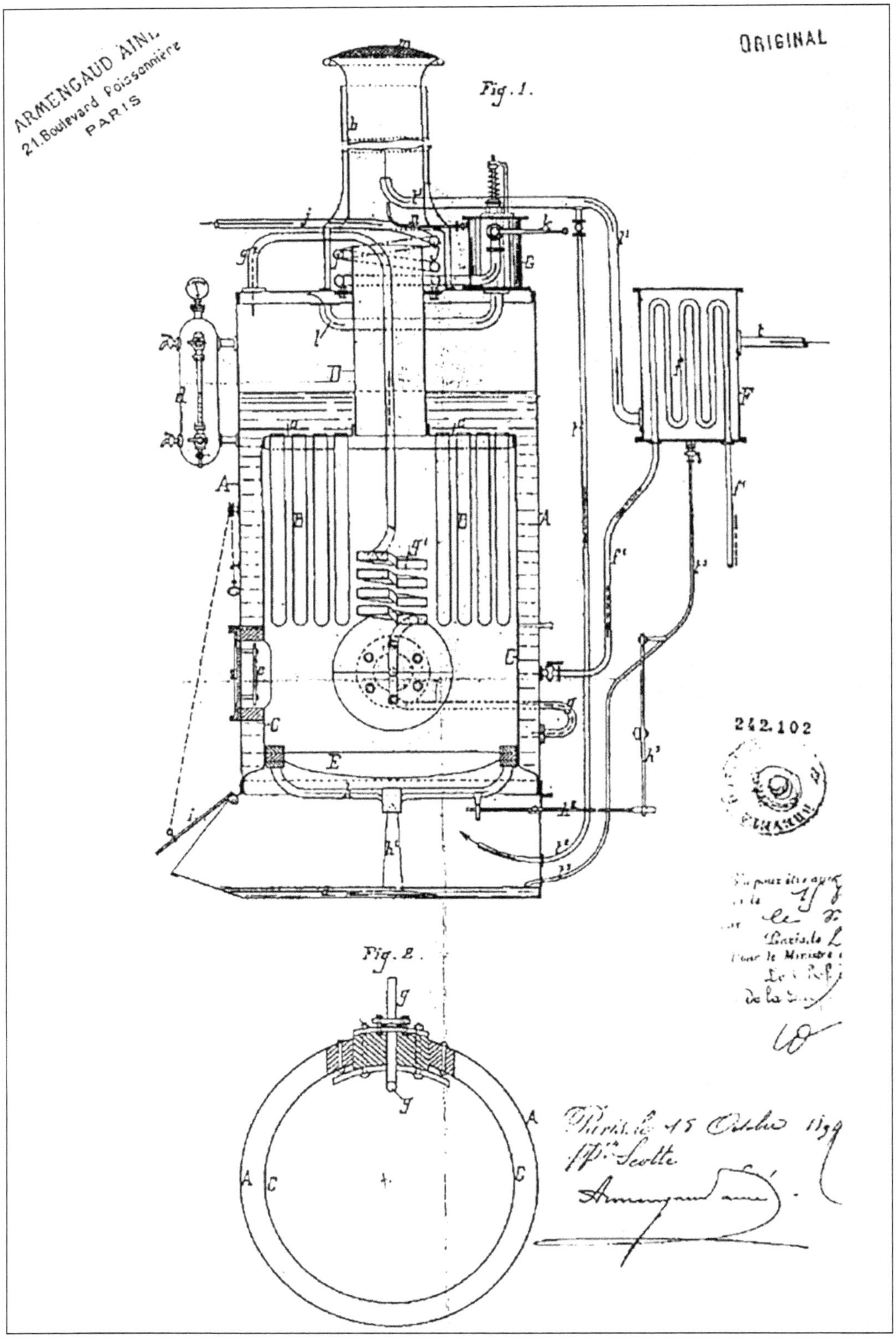

Brevet n° 242.102.

Voiture à vapeur à tracteur Scotte - Brevet n° 242.103 - Octobre 1895.

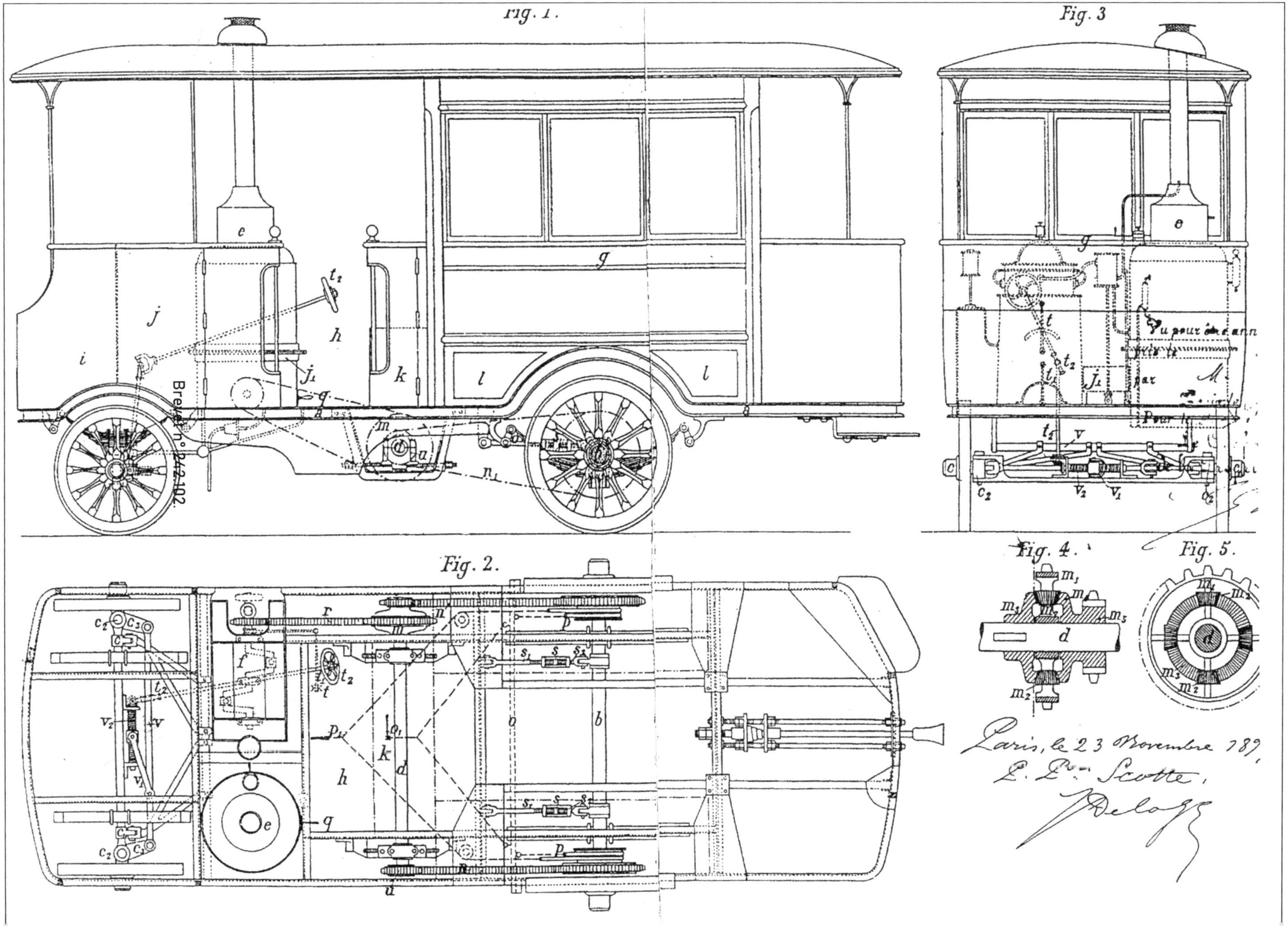

de vidange, ce qui ne pouvait pas exister autrement qu'en vaporisation instantanée. Quant à la suppression du panache et du bruit d'échappement, le foyer contient *une boîte à deux compartiments* dans lesquels la vapeur finit de se détendre et se réchauffe avant de passer dans la cheminée, principe connu en soi, mais disposition sûrement malcommode.

Cependant, cet échappement censé *invisible et silencieux* n'a toujours pas paru donner satisfaction, du fait de l'apparition d'un sifflement inattendu. Alors, dans un premier CA du 11 janvier 96, la boîte disposée *en guise d'autel* dans le foyer selon le brevet principal est remplacée par un surchauffeur en deux tubes en série, placés respectivement au-dessous et au-dessus des tubes vaporisateurs, solution équivalente et sans doute satisfaisante.

Quoi qu'il en soit, à la même époque les concurrents n'ont pas échappé, eux non plus, aux difficultés : en 96 les motrices Francq sans foyer étaient précisément dotées d'un foyer d'appoint, certes pour améliorer le rayon d'action mais, en même temps, pour réchauffer et détendre la vapeur d'échappement de la même manière et pour les mêmes raisons que sur les automotrices Serpollet.

Autre vaporisation : Scotte

Sans constituer encore un concurrent direct, un nouveau constructeur fait néanmoins son apparition avec le brevet **n° 254.792** du 16 mars 1896 pour un *générateur inexplosible à vaporisation instantanée* : la Société des Chaudières et Voitures à Vapeur, Système Scotte.

On sait le succès du *Train Scotte* de cette société, qui a su s'insérer dans le créneau peu exploité laissé entre la voiture particulière, où commence à régner l'essence, et la locomotive en plein développement, bien maîtrisé et porteuse d'espoir : il s'agit du transport de lourdes charges sur route, encore inaccessible au moteur à explosion. Ce n'est pas mon propos d'entrer dans l'histoire des transports, mais l'enseignement apporté par le dernier brevet devrait retenir votre attention. Rien que la raison sociale de la société et le titre du brevet montrent bien dans quel domaine se situe l'invention, elle-même déjà clairement exposée dès le tout début de la description :

> « Ce générateur à vapeur, imaginé par Monsieur Charles Scotte, est basé sur le principe suivant : la vapeur est produite instantanément par projection d'eau en petite quantité contre une surface de vaporisation abritée contre l'action directe des flammes et des gaz du foyer par une enveloppe métallique assez épaisse pour résister aux fortes pressions et former, en même temps, volant de chaleur. Grâce à un espace laissé entre l'enveloppe et la surface de vaporisation, cette dernière est chauffée par rayonnement et n'atteint jamais la température qui produirait le phénomène de la caléfaction».

Avant d'examiner de plus près les dispositions décrites, je me permets un petit commentaire sur la toute première phrase ...*imaginé par Monsieur Charles Scotte*... Cette mention sert à désigner nommément l'inventeur, ce qui n'est pas très courant. En effet, la loi de 1844 considérait uniquement le Déposant comme titulaire du droit et non l'inventeur. La requête de la demande de brevet ne mentionnait pas non plus ce dernier et le seul moyen de le citer et de lui conférer au moins, le mérite de l'invention vis-à-vis des tiers était de faire figurer la phrase mentionnée ci-dessus dans le corps du brevet.

Incidemment, si certains ont prétendu que Scotte n'était pas son véritable nom, on peut constater par les brevets que son prénom prête aussi à confusion, car ce n'est plus

Charles mais Joanny dans d'autres brevets, par exemple **n° 242.102** du 5 octobre 1894 pour *Chaudière Field perfectionnée* et **n° 242.103** du 23 novembre 1895 pour *voiture à vapeur à traction sur route* avec leurs nombreux CA respectifs. Passons.

Selon le brevet Scotte de vaporisation instantanée, la chaudière est agencée de manière à éviter la caléfaction. C'est tout à fait le domaine de l'invention des frères Serpollet et, pourtant, la structure de l'évaporateur est totalement différente car le procédé de vaporisation qui n'est pas protégé en tant que tel, est lui-même différent. C'est là que ce brevet suscite notre intérêt.

Cette chaudière est constituée d'une série de tubes évaporateurs *penditifs* disposés verticalement au-dessus du foyer, selon le type Field. Chaque tube est constitué d'une enveloppe métallique épaisse dans laquelle est disposé, concentriquement et avec un espace annulaire de 2 mm, un tube de vaporisation, contenant lui-même un tube de projection d'eau de très faible diamètre et perforé. Le fonctionnement est évident : l'eau sous pression est pulvérisée sur la paroi intérieure du tube de vaporisation, chaque gouttelette s'y écrasant et se vaporisant instantanément. Le procédé devient vraiment différent des Serpollet dans la manière d'éviter la caléfaction, obtenue : c'est en maintenant le tube de vaporisation, de préférence en cuivre, à une température ne dépassant pas le *point convenable* — c'est-à-dire 200° C pour l'eau.

À cet effet, l'espace annulaire assure un chauffage relativement modéré, par rayonnement à partir de l'enveloppe épaisse en acier. La vapeur ainsi formée remonte le long de la paroi intérieure du tube de vaporisation *en se séchant et se réchauffant* pour se rendre dans un espace ou une chambre d'alimentation du moteur, mais la pression obtenue n'est pas indiquée. Le Vaporiste va donc supposer que si la vapeur *se surchauffe* à peine à 200° C tout en ayant une pression utilisable pratiquement, c'est encore de la vapeur saturée tout juste séchée. La pression ne doit tout de même pas être excessive car le tube de vaporisation, en cuivre, sans appui à cause de l'espace annulaire, ne résisterait pas.

Un CA du 26 décembre 96 couvre une variante intéressante de tube de vaporisation mais ne donne pas plus de renseignements sur des performances. Le tube d'injection est supprimé et remplacé par une rampe à chicanes, le principe étant le même mais la vapeur formée remontant cette fois dans l'espace annulaire extérieur au tube de vaporisation où elle doit mieux se surchauffer au contact de l'enveloppe épaisse. Dans cette forme de réalisation, le Vaporiste verra aussi l'avantage du tube d'évaporation en cuivre soumis à la même pression à l'intérieur et à l'extérieur, ce qui ne lui fait subir aucune contrainte et laisse supposer l'obtention d'une vapeur à pression élevée et surchauffée. Il n'est pas certain que les tracteurs Scotte aient été équipés de cette chaudière à vaporisation instantanée mais déjà la chaudière cylindrique verticale d'allure vétuste représentée dans la littérature était en fait très élaborée, du type Field à vaporisation accélérée, munie d'un réchauffeur, d'un *brasseur* et d'un surchauffeur. C'est sans doute pourquoi le train Scotte a su faire ses preuves pendant des années.

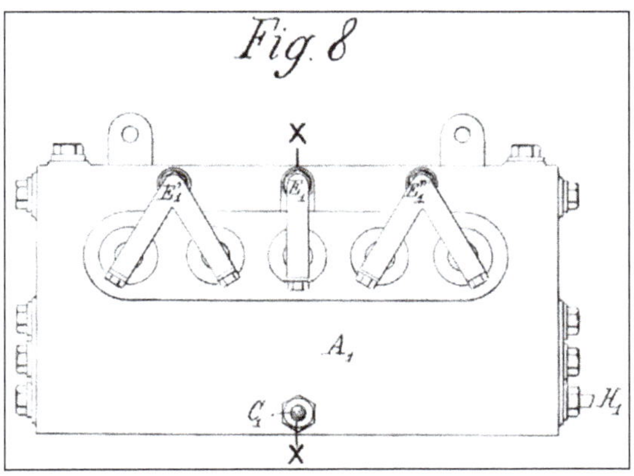

Brevet n° 263.585.

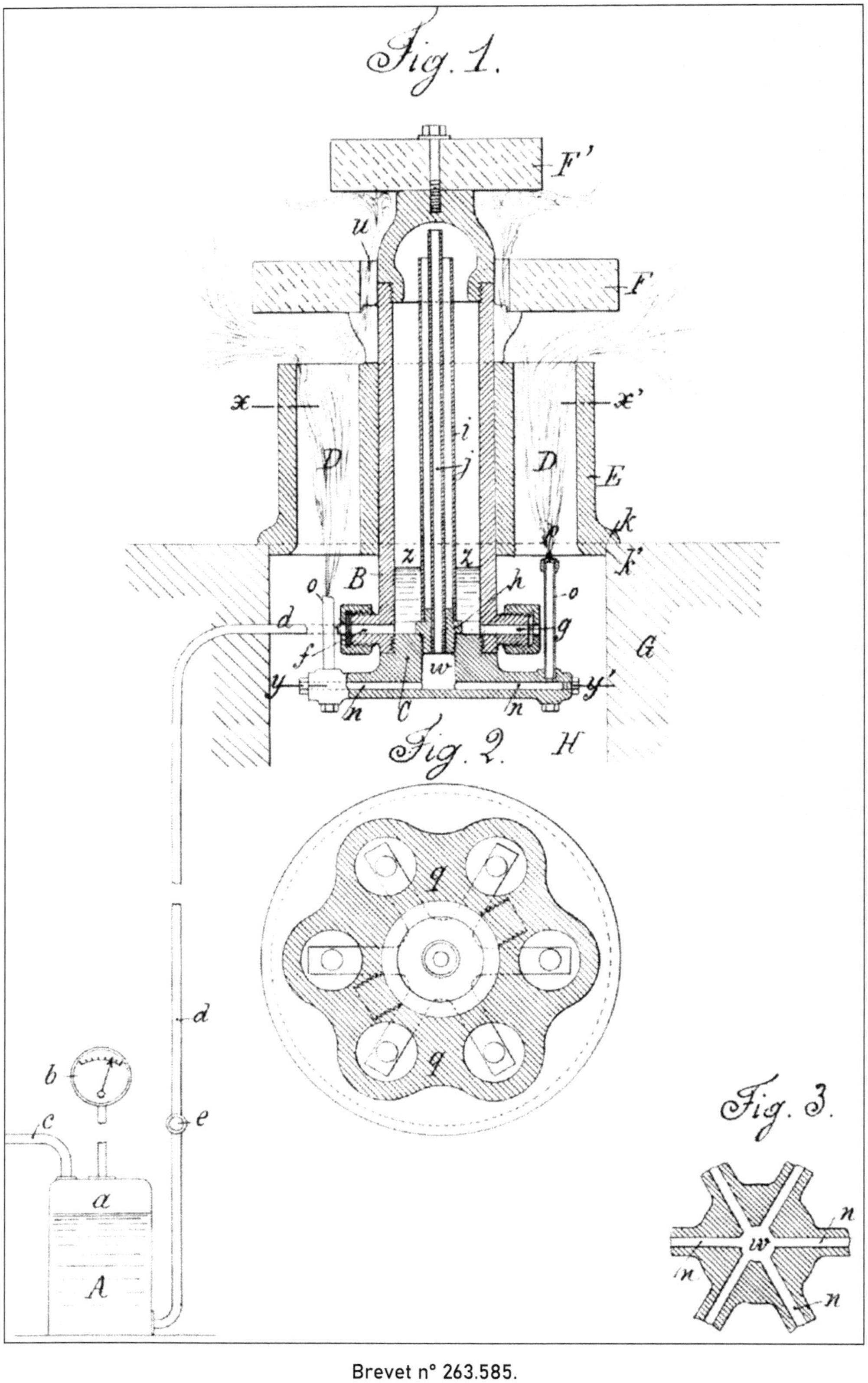

Brevet n° 263.585.

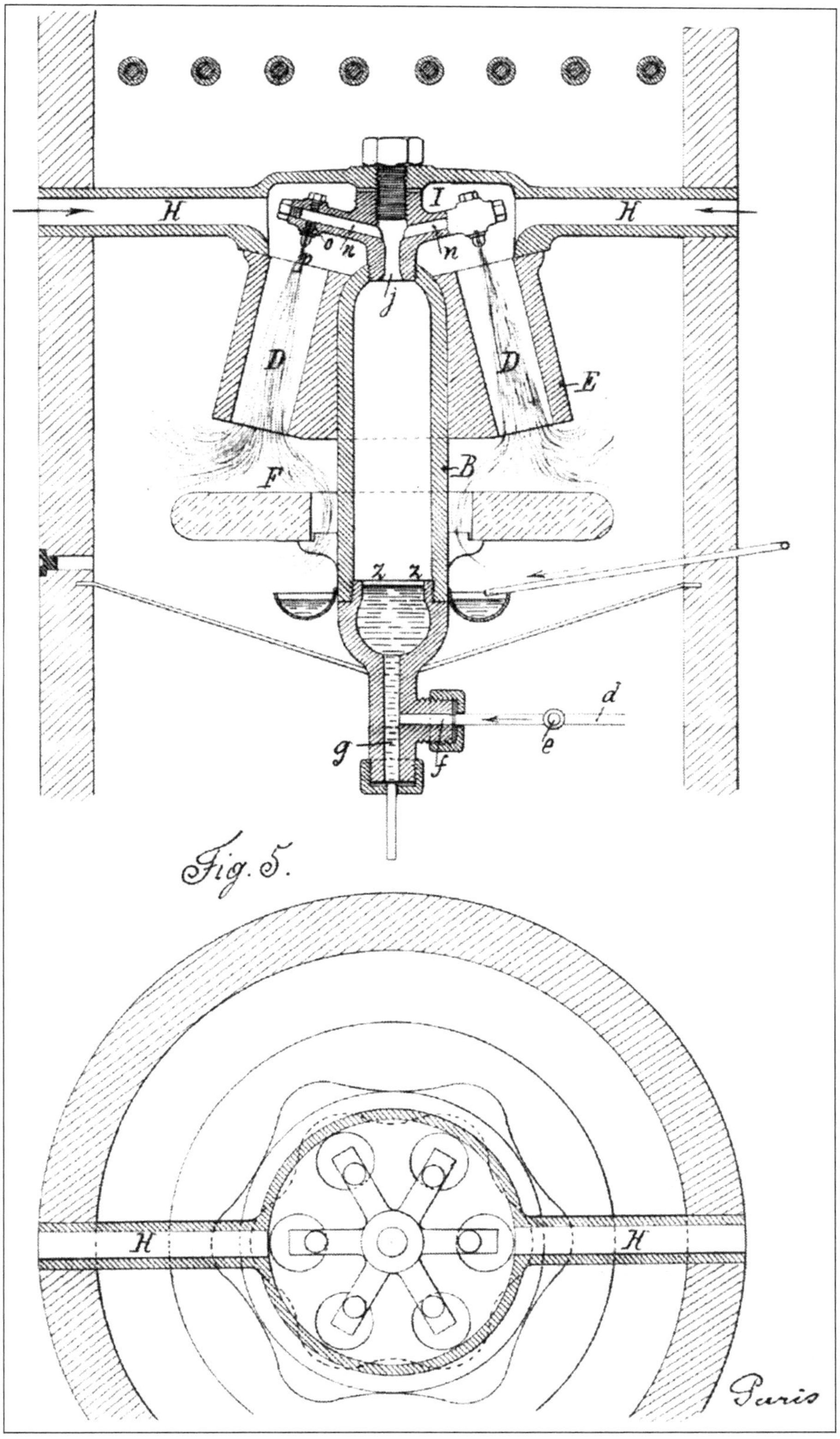

Brevet n° 263.585.

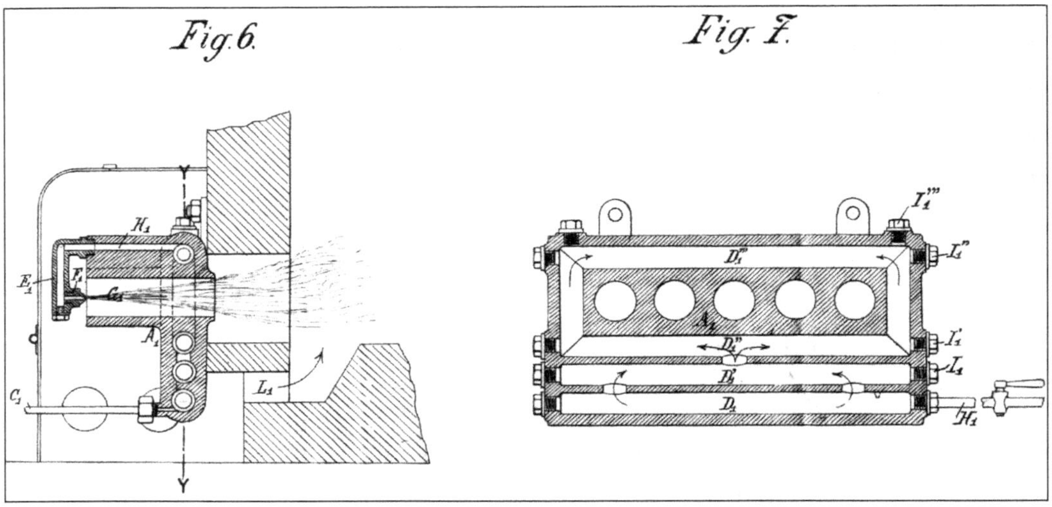

Brevet n° 263.585.

Revenons à Serpollet, mais ces considérations ne sont pas hors du sujet car il en résulte essentiellement la démonstration de la possibilité de faire de la vaporisation instantanée d'une autre façon et peut-être plus simplement qu'au moyen de tubes à espace capillaire, compliqués, fragiles et de fabrication délicate pour ne pas dire coûteuse. Henri Serpollet résistait au globule en l'étranglant mécaniquement dans un passage trop étroit pour lui, tandis que Scotte se tenait physiquement au-dessous du seuil de sa formation grâce à une température modérée, quitte à se contenter d'une production plus modeste en pression et en surchauffe.

Du liquide à brûler

Léon saura en tirer d'autres conclusions plus tard. En cette fin d'année 96, ses voitures routières et ses automotrices urbaines ont une production soutenue, et il est suffisamment connu pour devenir membre du Comité de l'Automobile Club de France, club déjà très fermé fondé depuis à peine un an. Pourtant Léon n'y voit pas son bâton de maréchal, et il dépasse encore le stade Tramway pour celui de la *voiture automobile*, pas celle que l'on attendait au club en question, mais la voiture postale pouvant emprunter les voies du chemin de fer. Là encore, on le sait, le succès est complet et ses voitures de 18 tonnes roulant à 75 km/h connaissent à juste titre d'immenses développements commerciaux tant en France qu'à l'étranger.

Ce n'est pas suffisant : peut-être l'influence et le retour sur de lointains précurseurs comme Ravel ou bien l'exemple de l'essence et de sa commodité d'emploi déterminent Léon à se pencher sur la chauffe au pétrole lourd, bon marché, ou au pétrole lampant disponible partout, contrairement à la gazoline qui ne se trouve parfois que chez le pharmacien.

Cette position se traduit par le brevet **n° 263.585** du 30 janvier 1897 pour des *perfectionnements apportés aux brûleurs de pétrole et autres combustibles liquides*. Le problème pour ce genre de liquide non inflammable en l'état est bien entendu de s'arranger pour le vaporiser et de doser ses vapeurs avec assez d'air afin d'obtenir une combustion à flamme vive sans fumée et, si possible, sans odeur, à condition toutefois

d'avoir pu procéder à l'allumage. À cet effet, le brûleur selon ce brevet comprend un corps central à paroi épaisse relié à un réservoir extérieur de pétrole sous pression. Ce corps est une sorte de cloche dont le fond contient du liquide, munie d'un tube récupérateur des vapeurs, lui-même relié à des becs du type Bunsen disposés en étoile. L'allumage est assuré par un réchaud-annexe ou un petit bec laissé en veilleuse et suffisant pour entretenir une évaporation convenable du pétrole contenu dans le corps central, dont la température est elle-même assurée pour un gros débit par le réchauffage de sa paroi épaisse par les becs Bunsen principaux. Dans une autre forme de réalisation, ceux-ci sont inversés et leur flamme remonte après avoir échauffé la base du corps central afin de conserver chaude la partie inférieure de l'ensemble du brûleur.

Cet agencement a peut-être été mis en application, mais il présente en fait le précurseur d'une série de brûleurs perfectionnés sur lesquels nous aurons l'occasion de revenir. Pour l'instant, il faut surtout noter que l'adoption de combustible liquide va entraîner une évolution dans la structure des générateurs.

En effet, ce même 30 janvier 1897, la société Serpollet dépose le brevet **n° 263.588** pour des *perfectionnements dans la construction et le fonctionnement des chaudières à vaporisation instantanée*. Il est d'ailleurs bien spécifié qu'il s'agit des chaudières *à espace intérieur très faible et à section transversale quasi-capillaire, du système connu de Mons. L. Serpollet*.

Voilà qui est net mais, d'entrée, le terme *quasi-capillaire* paraît surprenant. Le système de *Mons. L. Serpollet* évoluerait-il ou s'agit-il simplement des tubes cylindriques à mandrin extractible et formant les couches inférieures des générateurs, les plus directement exposés à la flamme ? La description ne le précise pas.

Les perfectionnements portent en tout cas sur les tubes évaporateurs, qui présentent une section plane et sont torsadés en hélice, pour former des barres droites, des spirales ou des serpentins plans, avec les raccords extérieurs convenables et du type habituel. Ces formes se retrouvent sur de nombreux ouvrages de vulgarisation, par exemple Louis Figuier, parce qu'elles revêtent un curieux aspect, mais leur structure répond à des considérations plus sérieuses.

En effet, ces tubes sont d'abord destinés à entrer dans l'agencement des générateurs du type devenant courant chez Serpollet, mais ils paraissent plus spécialement adaptés à une nouvelle génération de chaudières *quel que soit le système de chauffage et quelle que soit sa régularité ou son intermittence*. En d'autres termes, ils peuvent être spécialement destinés au chauffage par brûleur à pétrole, dont on peut commodément contrôler régularité et intermittence, par opposition à l'inertie déjà évoquée du chauffage au charbon.

Ensuite, étant conçus en vue de l'intermittence du foyer, ils doivent être très conducteurs de la chaleur, donc minces, il faut leur donner le moyen de supporter les déformations : en effet, réciproquement, *la grande résistance qu'offre à la pression intérieure de la vapeur la nouvelle forme du tube évaporateur permet de donner à ce nouveau tube des parois très minces*.

On assiste ainsi à la fois à un retour sur les vieux tubes minces en U de 86 et sur une application beaucoup plus large de systèmes déjà éprouvés, comme la soupape d'équilibrage et de retour à la bâche du brevet **n° 251.540** du 8 novembre 95 explicitement cité, dans la description, et les tubes vaporisateurs du système Serpollet *en forme de croissant ou d'accent circonflexe* remontant, eux, au brevet **n° 221.679** du 12 mai 92. Ainsi, dans un seul titre, l'invention combine les dispositions de trois brevets, tout en laissant considérer le pétrole comme un moyen de chauffage à part entière : le système évolue.

Les apports de ce brevet paraissent donc très importants et ils marquent de façon perceptible l'orientation de Léon Serpollet vers les équipements légers et fiables, résistants et s'accommodant d'un combustible pratique, en somme vers les organes propres à la voiture automobile. Car hélas, même la réussite du tramway et de la voiture postale connaît déjà une certaine stagnation en attendant le pire. Progrès oblige, la voiture postale n'est plus assez puissante et certains utilisateurs, notamment en Suisse, remplacent le générateur Serpollet par une autre chaudière. D'un autre côté, le tramway électrique à trolley commence à supplanter les autres systèmes, y compris électriques eux-mêmes, et on le sait, avec un avenir irrésistible, qui renaît même de nos jours après une longue éclipse.

Pourtant, Léon Serpollet ne s'avoue pas vaincu et dépose le même jour deux CA, l'un au dernier brevet **n° 263.588** du tube torsadé et l'autre au brevet **n° 251.540** du circuit de commande de tramway.

Ce jour est le 1er avril 1897.

Et les deux textes sont pratiquement identiques.

Pourtant il ne s'agit pas d'une erreur, qui peut toujours arriver dans la précipitation de plusieurs dépôts du même jour par le Conseil, ce n'est pas non plus l'occasion de penser à une plaisanterie.

Ce texte décrit en fait une modification au système de commande et de conduite de tramway du brevet principal **n° 251.540** de novembre 1895 qui a pour but de protéger les tubes inférieurs du générateur contre les coups de feu pendant les arrêts. De ce fait, l'invention peut aussi bien s'appliquer à un générateur à tubes torsadés selon celui de janvier 97.

D'ailleurs chacun de ces deux CA est explicitement rattaché à son brevet principal respectif et, pour être plus sûr, celui du brevet de novembre 95 introduit *notre système de chaudière à espace intérieur quasi-capillaire*. Les deux titres ne manquent cependant pas d'évoquer le cas des *voitures automobiles et des locomotives pour tramway* impliquant la nécessité d'avoir recours à la pompe à main pour refroidir les tubes inférieurs, *ce qui occupait et fatiguait le mécanicien et était de nature à détourner son attention des exigences du service*.

Essentiellement, le circuit de commande perfectionné selon ces deux CA remplace la pompe liée mécaniquement au moteur, par *une pompe à action directe, qui n'est autre qu'un petit-cheval-vapeur alimentaire, pouvant fonctionner avec plus ou moins de vitesse à la volonté du mécanicien pendant les arrêts de la Machine*. Ce petit-cheval, connu en soi dans les machines fixes, est donc disposé entre la bâche et le générateur, son cylindre à vapeur étant relié à l'obturateur de commande de la machine. En outre, par sécurité, un réservoir d'eau sous pression d'air comprimé est branché en parallèle sur l'alimentation du générateur par l'intermédiaire du petit-cheval, le circuit total d'eau étant doublé, comme déjà prévu, afin d'adapter la production de vapeur à l'allure désirée. Ainsi *l'appareil* peut alimenter normalement la chaudière mais aussi produire à volonté un *arrosage utile* des tubes les plus directement exposés au feu pendant les arrêts.

On pourrait se demander la raison du dépôt simultané de deux CA de contenu identique, ce qui n'est pas régulier, à deux brevets respectifs dont l'un est antérieur de deux ans à l'autre en supposant même que les CA aient été déposés dans le même ordre. Mais une autre question est celle de la validité du CA au brevet du tube torsadé de 1897, dont les *changements, perfectionnements ou additifs* ne se rattachent pas raisonnablement

au dit brevet, ce qui constitue une cause de nullité. Une réponse à cette façon de procéder est sans doute de l'ordre de la stratégie commerciale de la société, à son époque, qu'il est hors de mon propos de chercher à vérifier. Je constate seulement l'existence de ces titres, c'est-à-dire, à nouveau, le fait qu'ils ont été publiés et portent une date certaine.

Le Conseil d'Administration de la société a probablement pris les dispositions nécessaires et fait son affaire de sa politique de propriété industrielle, mais visiblement la Société se tourne résolument vers la mutation technique déjà amorcée. Deux jours après le dépôt plus ou moins contestable des deux CA précédents, elle dépose en date du 3 avril 1897 un CA au brevet **n° 263.585** concernant des perfectionnements aux brûleurs.

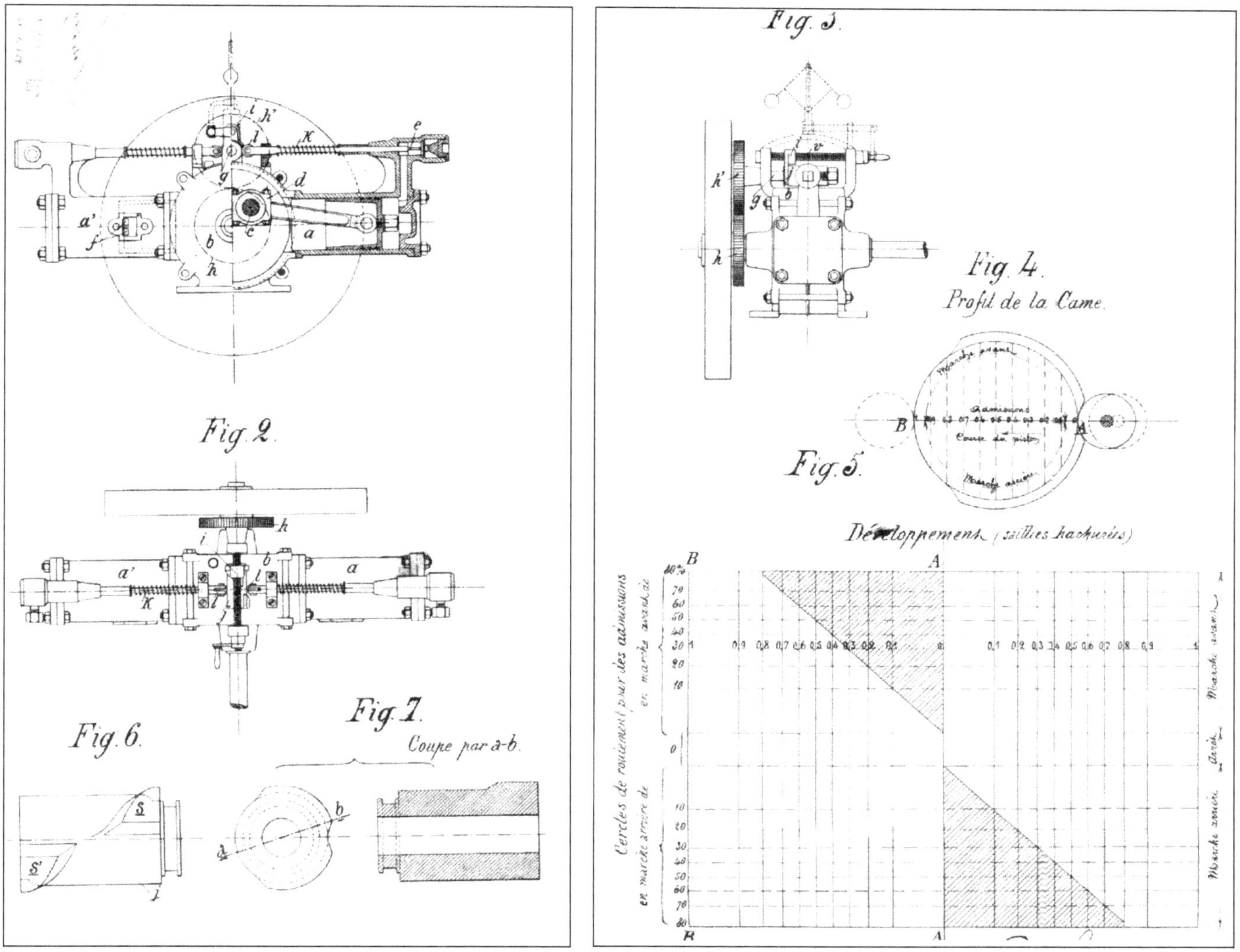

Brevet n° 277.172.

Ce brevet principal comporte deux formes de réalisation d'un brûleur à pétrole et autres combustibles liquides, l'un à flamme verticale dirigée vers le haut, l'autre à départ de flamme dirigé vers le bas. Basé sur le même principe de vaporisation préalable du liquide dans un corps épais chauffé, le brûleur perfectionné est maintenant agencé de manière à fournir une flamme horizontale. Cette disposition est moins encombrante en hauteur et présente en outre l'avantage certain de maintenir les becs dans une zone

relativement froide facile à surveiller, mais il n'est pas fait mention du type de chaudière que peut chauffer ce brûleur.

Cependant, les diverses possibilités d'agencements de tubes de vaporisateurs dont disposait Léon Serpollet et son expérience en la matière lui ont certainement permis de poursuivre des essais suffisants pour en arriver à la conclusion logique : le générateur donne satisfaction depuis longtemps, ses organes d'alimentation et de contrôle aussi ; le brûleur à pétrole ne constitue pas un problème aussi complexe que la vaporisation instantanée elle-même : il reste donc le moteur.

Et Léon s'y attelle car depuis longtemps le générateur est en avance sur le moteur, resté d'un type conventionnel à distribution par tiroir plan, même sur ses véhicules les plus performants. Il fallait donc y remédier.

Enfin un moteur Serpollet

Ce moteur apparaît dans le brevet **n° 277.172** du 20 avril 1898 au nom de la société pour *une machine à compression complète et à échappement automatique.* La concision est un peu mise en défaut dans ce titre, pour annoncer en fait un moteur à vapeur équicourant ou uniflux.

Toutefois, ce titre rappelle le principe même de ce type de moteur dans lequel, à la fin de la course descendante de travail et de détente, le piston faisant lui-même office de valve découvre une lumière permettant *l'échappement automatique*, tandis que lors de sa course rétrograde il assure une *compression complète* de la vapeur restante, l'admission ayant lieu à une extrémité du cylindre et l'échappement à l'extrémité opposée.

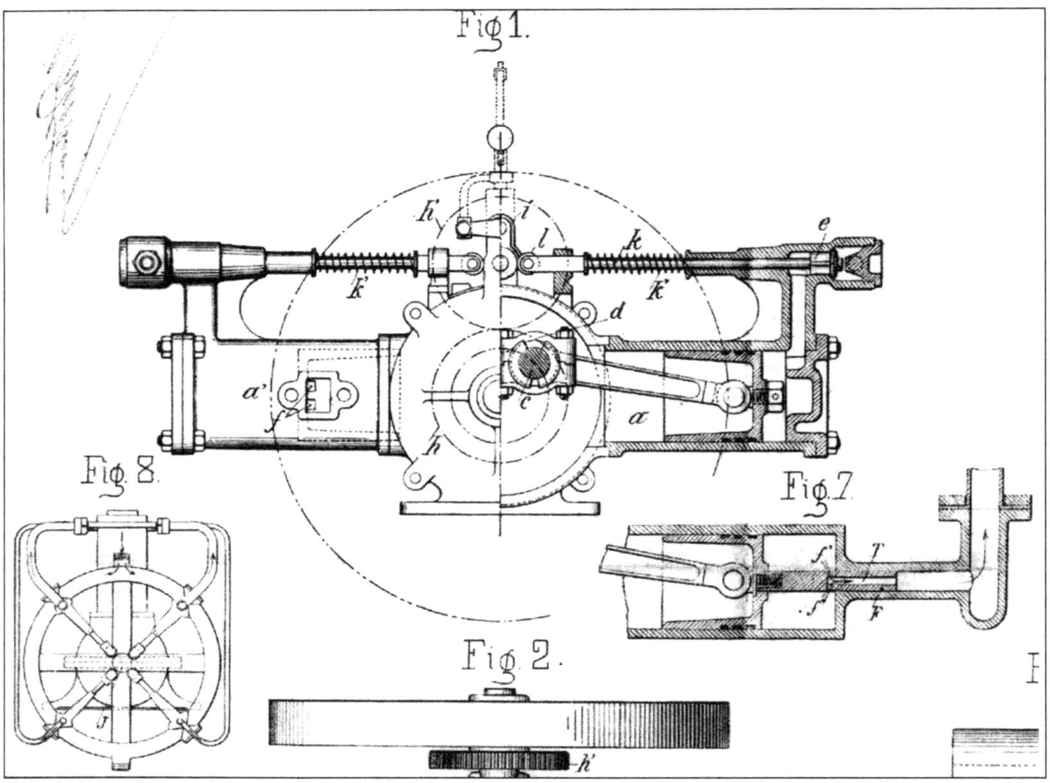

Brevet n° 277.172.

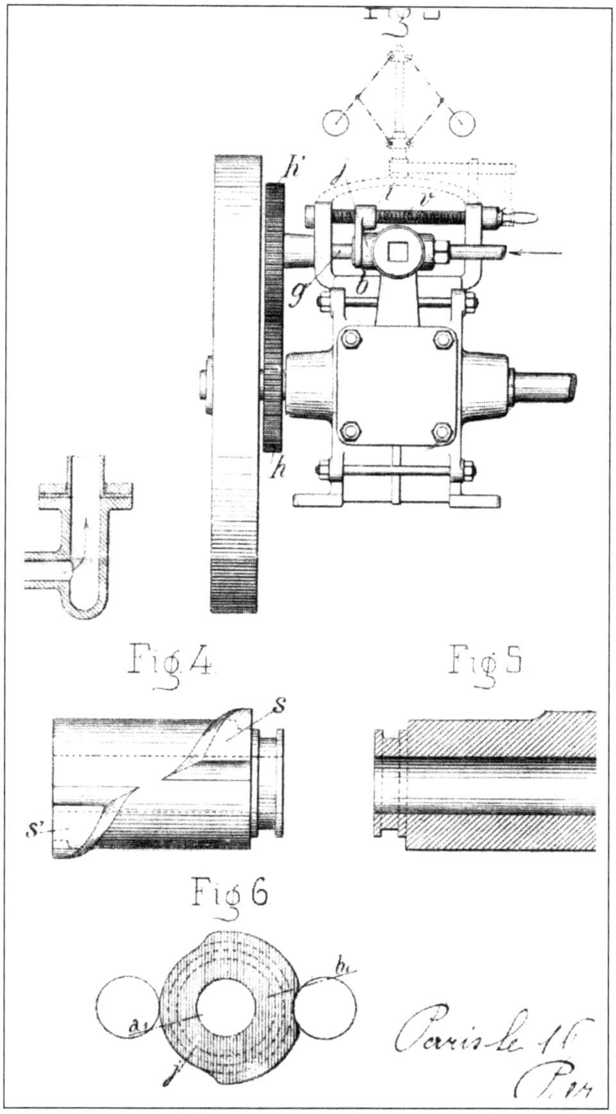

Brevet n° 277.172.

Le moteur équicourant avait été pressenti vers 1860 en Angleterre dans le cadre de machines mixtes vapeur / gaz chauds. Il a été breveté en 1885, puis étudié de très près par le professeur Stumpf de Berlin vers 1900. Outre sa simplification mécanique puisque la moitié-échappement de la distribution est supprimée, il présente l'avantage de créer un gradient de température relativement stable sur le cylindre entre l'admission et l'échappement. Ainsi, la vapeur détendue ne vient pas refroidir le voisinage de la lumière d'admission lors de la phase d'échappement, tout en diminuant les pertes par condensation dues à l'effet de paroi, autant de causes d'augmentation du rendement.

En principe, le temps de compression présente l'avantage de réchauffer la vapeur recomprimée, de compenser l'influence des *espaces nuisibles* en les remplissant de vapeur sous pression et d'amortir la vitesse du piston au point-mort haut (PMH), même si tout cela n'est pas gratuit et consomme de l'énergie, en particulier pour passer le PMH. Le rendement global est très favorable à condition de fonctionner à haute pression, et le moteur équicourant aurait pu supplanter les autres s'il ne présentait pas ses propres inconvénients.

En effet, le piston recomprime la vapeur mais le point de départ de la course de la compression est déjà à une pression relativement élevée car la vapeur ne s'est pas totalement détendue au moment de l'échappement. De ce fait la pression atteinte au PMH nécessite une pression d'alimentation supérieure, ou alors il faut l'abaisser au moyen d'une soupape auxiliaire, ce qui va à l'encontre des avantages de l'équicourant, ou encore augmenter l'espace nuisible, ce qui le remplit de vapeur ne fournissant aucun travail.

En outre, le démarrage peut devenir problématique au point qu'une vanne de décharge est quelquefois prévue.

Qu'importe. De la pression, Léon en a grâce à son générateur. Disposant de haute pression et de surchauffe, il ne peut pas conserver le tiroir plan et il adopte la soupape pour l'admission.

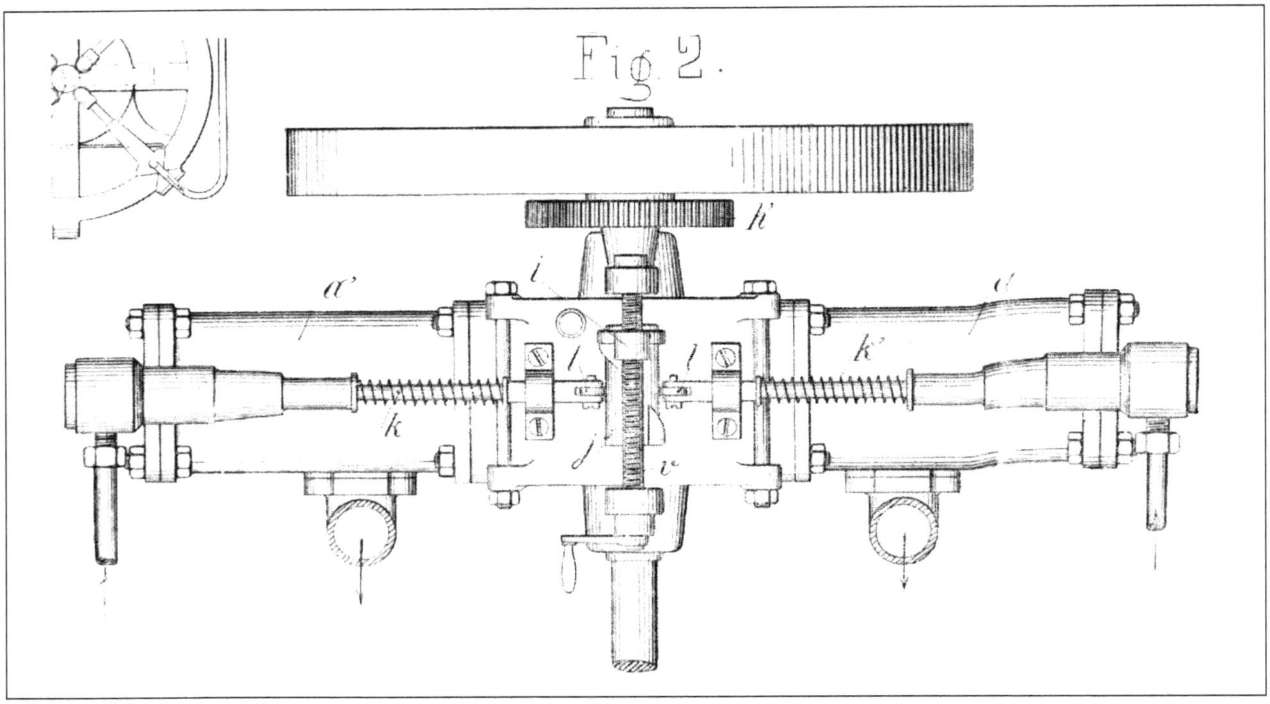

Brevet n° 277.172.

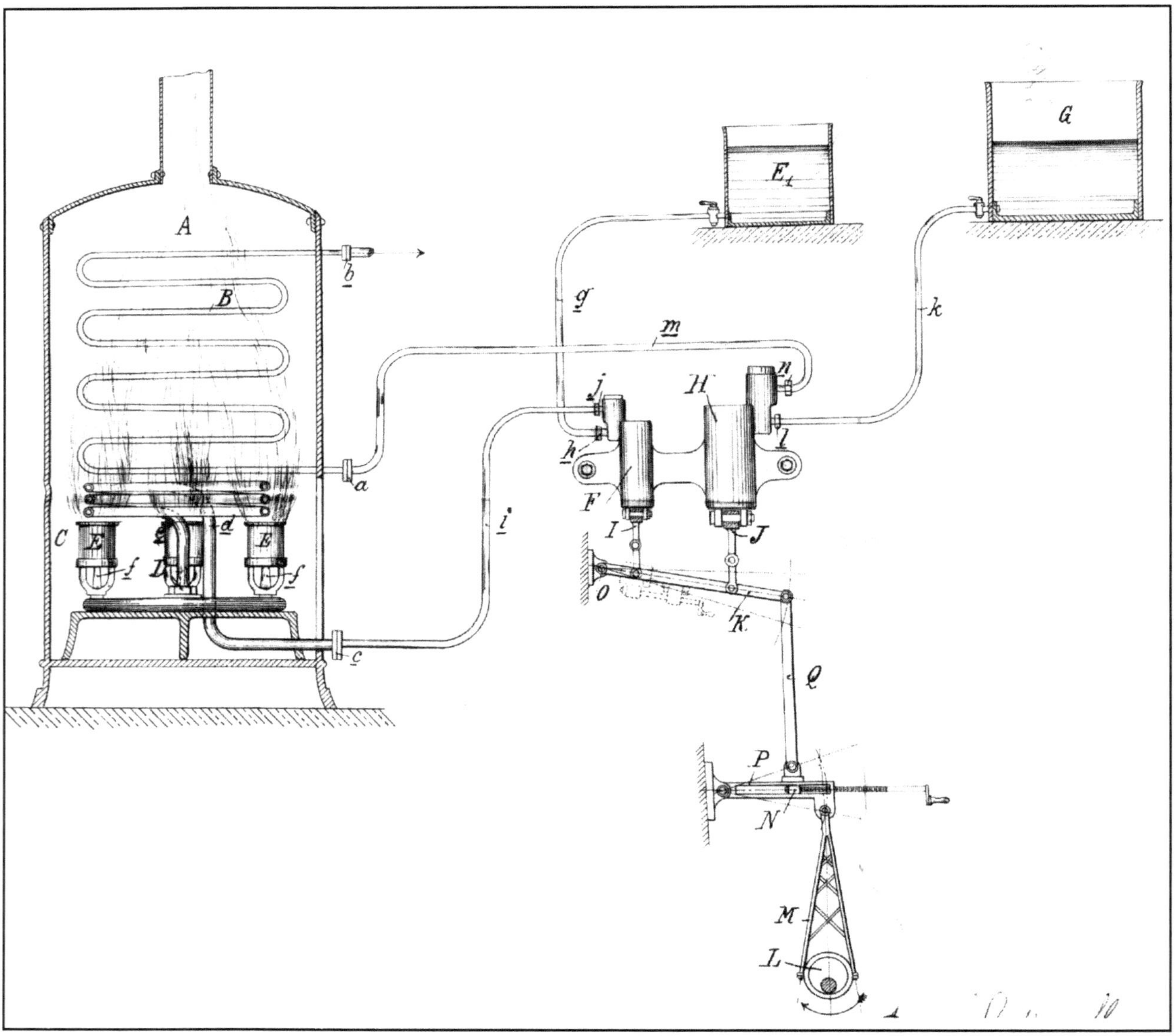

Brevet n° 277.624 du 4 mai 1898. Naissance d'un vrai système Serpollet.

Beaucoup de pression permet une durée d'admission très brève afin de bénéficier au maximum de l'expansion, d'où l'adoption d'une commande efficace du taux de détente: ce sont là les éléments essentiels de ce premier moteur Serpollet.

Le moteur

Il a peut-être été conçu sur la base d'une idée de Paul Buard, un collaborateur qui aura lui-même sa place ultérieurement dans le mince après-Serpollet de la voiture à vapeur en France.

C'est un bicylindre opposé à plat, les deux cylindres dans le même axe, les deux têtes de bielles sur le maneton, donc les pistons décalés de 1800 entre eux. Spécialement conçu pour la vapeur surchauffée, chaque cylindre est à simple effet, supprimant de ce fait *les inconvénients inhérents aux garnitures de presse-étoupe des tiroirs et des pistons*. Dans ce but, *pistons ont une longueur très grande eu égard à leur diamètre et sont évidés, ce qui facilite leur étanchéité et permet d'y articuler les bielles directement, en supprimant la tige de piston, les presse-étoupes et les glissières*. En outre le bâti supportant le vilebrequin est fermé, moyennant quoi le graissage s'effectue au moyen d'un graisseur à compte-gouttes, *laissant tomber l'huile qui se trouve projetée en tous sens assurant ainsi une lubrification très large des pistons et des organes en mouvement*. Le haut de cylindre comporte un relativement long conduit d'admission obturé par une soupape à rappel par ressort, dont la levée — à l'encontre de la pression d'alimentation — est commandée par un galet roulant sur une came.

On retrouve ainsi le mécanisme général d'un moteur à explosion, converti en quelque sorte en version vapeur, ce à quoi s'amusent encore de nos jours certains amateurs et bricoleurs de génie. L'originalité réside toutefois dans la structure de la came, entrant dans une combinaison de moyens sûrement nouvelle à l'époque pour un moteur à vapeur et donnant par là, non seulement un brevet incontournable, mais une invention très intéressante sous la forme d'un moteur original digne d'un avenir qui ne sera d'ailleurs pas démenti.

Comme dans certains ancêtres de moteurs à explosion, la came est à levée brusque mais, en plus, à durée de levée variable et même réglable en marche : encore un facteur de souplesse à porter au crédit de ce moteur à vapeur.

En outre, la came est agencée de manière à permettre l'arrêt, l'inversion de marche, et le réglage de la détente en continu aussi bien dans un sens que dans l'autre.

À cet effet, elle est constituée d'un manchon monté à coulissement sur un arbre et muni de deux rampes ou saillies dont la projection affiche la forme de deux triangles rectangles, chacun correspondant à un sens de marche. Ceux-ci sont opposés l'un à l'autre par un sommet et ils ont chacun un côté (de l'angle droit) correspondant à une même génératrice. Par ailleurs *la pointe ou sommet de chacun de ces triangles vient aboutir à quelques millimètres du plan médian normal à l'axe de la came, et se confondre avec la surface périphérique de ladite came*, donnant ainsi une piste lisse sans saillie.

De son côté, le manchon comprend à l'une de ses extrémités une gorge circulaire dans laquelle s'engage une queue à fourche d'un écrou monté sur une vis parallèle à l'arbre de la came, de sorte que par la rotation de cette vis, à la main ou par l'intermédiaire d'un régulateur, la came se translate devant les galets respectifs des soupapes et leur présente l'autre côté de l'angle droit du triangle rectangle selon une longueur variable à volonté,

se traduisant par un point de coupure d'admission et une détente tout aussi variables. Le développement de la surface de la came est en effet conçu de façon que le point de coupure puisse varier de 0 à 80 de la course du piston, le début de levée de la soupape étant fixe par rapport à la position de ce dernier. La surface lisse entre les deux sommets définit une position d'arrêt où les soupapes ne sont pas manœuvrées, tandis que la translation sur le triangle opposé définit le sens inverse de marche, également à détente variable.

La conception, la simplicité et même la rusticité mécanique, la compacité de ce moteur sont tout simplement géniales. Mais reste la question inhérente de la compression. Le brevet n'en fait pourtant pas un problème car il propose en même temps une solution : la vapeur *est recomprimée jusqu'à la fin de la course sans cependant risquer, comme dans toutes les machines à tiroir, de dépasser la pression de la chaudière car, dès que l'équilibre s'établit sensiblement entre le cylindre et le générateur, la soupape se soulève et laisse la vapeur rentrer dans le tuyau d'arrivée, d'où elle revient dans le cylindre au commencement de la course utile. On comprend facilement que cette faculté de limiter la compression dans le cylindre à une valeur sensiblement égale à la pression existante dans la chaudière, permet de supprimer virtuellement les espaces nuisibles et produit une notable économie de vapeur.*

En somme, la soupape d'admission joue — si nécessaire — le rôle d'une soupape tarée auxiliaire, à cela près qu'elle n'évacue pas la vapeur recomprimée mais la remet en contact avec la vapeur d'alimentation même si, en toute rigueur, celle-ci est peut-être très légèrement refroidie. Le Vaporiste va de toute façon apprécier le choix de l'admission par soupape, le seul possible pour de la vapeur à haute pression surchauffée et pouvant assurer en outre cette fonction auxiliaire. En effet, la soupape à ressort de rappel présente un degré de liberté lui permettant de décoller de la came, ce que n'autoriserait pas un mécanisme *desmodromique* de tiroir ou autre piston-valve. En tout état de cause, indépendamment du problème de cette fonction auxiliaire, la soupape au moment de l'admission se retrouve soumise sur deux faces à des pressions quasiment équivalentes, pouvant l'assimiler à une soupape équilibrée moins compliquée que celles de certaines machines fixes contemporaines. Il en résulte en tous les cas un soulagement salutaire des efforts subis par l'ensemble came/galet/queue de soupape.

Avec des si... le Vaporiste va se surprendre à rêver d'un autre moteur, préexistant déjà dans l'œuvre Serpollet. En relisant les brevets de 1879 et de 1886-87, il va se rappeler la disposition originale de la machine sans mécanisme d'admission. Après deux décennies, il tombe maintenant en 1898 sur l'absence de mécanisme d'échappement, autre que la fonction de valve du piston. Si la machine antérieure avait été du type équicourant, elle aurait alors représenté la forme la plus simple possible d'un moteur à vapeur à piston. Pour le panache — si j'ose dire — ce serait encore à essayer, avec un mode de chauffage moderne. Au diable le rendement.

Mais tel que décrit, en avril 1898, à quoi ce moteur était-il destiné ? Le brevet ne fait aucune mention à son application. Visiblement, il est insuffisant pour un tramway et pas encore adaptable à une voiture dont le développement n'est sans doute pas tout de suite envisagé. En fait, comme tout équicourant, il s'accommode de préférence d'un régime stable où le point de coupure peut s'abaisser à 5% de la course. Si cependant le brevet n'indique aucune destination particulière, il n'en implique pas moins un régulateur centrifuge, ce qui est le propre du régime stabilisé, la plage très étendue de variation du taux de détente pouvant alors s'entendre comme un réglage de puissance:

mais apparemment c'est donc toujours un moteur fixe d'atelier ou de petite installation domestique, voire de canot automobile. Mais sa conception est réellement novatrice pendant que le moteur à pétrole est encore au brouillon même s'il est pensé pour les voitures automobiles. Or, le moteur Serpollet présente avec lui de trop nombreuses analogies pour ne pas supposer qu'en ce début de 1898 la décroissance des commandes de machines de tramways ou d'automotrices allant de pair avec les tentatives envahissantes des *pétroliers* pour des véhicules routiers, Léon n'ait pas, pour le moins, commencé à tâter le terrain d'une reconversion.

Ce n'est d'ailleurs pas par hasard si *les moyens [...] conviennent surtout pour la construction des automobiles, sur routes ou lignes ferrées, ou de bateaux, où la force doit être produite par des appareils les plus légers possibles.*

Ce passage est tout simplement extrait du brevet suivant oscillant **n° 277.624** déposé au nom de la Société dès le 4 mai 1898, soit à peine deux semaines après le moteur, pour *un système d'alimentation simultanée des générateurs à vaporisation instantanée et des brûleurs qui servent à leur chauffage.*

La reconversion semble déjà en marche quant au combustible : le coke va enfin être abandonné au profit de brûleurs à liquide. Les tenants du moteur *à pétrole* utilisent déjà l'essence légère, contrairement à ce que le nom indique, et Léon Serpollet va choisir moins dangereux, moins rare et moins cher, à savoir, le pétrole lampant largement disponible, ou bien des fractions moins volatiles d'un *pétrole lourd* qui équivaudrait peut-être à notre gazole ou même à notre fioul — termes épouvantables de mauvais franglais marquant notre perte de références et d'esthétique, mais passons.

Nouvelle ère

D'après le brevet, l'adoption de combustibles liquides permet en particulier de produire de la vapeur surchauffée *d'une manière régulière et entre les limites très écartées*, autrement dit d'adapter à tout instant l'intensité du chauffage à la demande en vapeur.

C'est maintenant le point de départ du Système Serpollet définitif, qui a innové incontestablement en couplant les pompes respectives pour le pétrole et pour l'eau. Ce dispositif a été largement décrit dans la littérature, puis largement copié par la suite, et il mérite plusieurs remarques si l'on analyse de plus près les moyens mis en œuvre.

Globalement, les diamètres respectifs des pistons des deux pompes «sont dans un rapport tel qu'en tenant compte de leurs courses respectives, les volumes qu'ils engendrent représentent, d'une part, la quantité d'eau alimentaire qu'il faut à tout moment donné vaporiser, d'autre part, la quantité de pétrole qu'il faut brûler pour vaporiser cette eau». Voilà résumés, en termes implacablement précis, la structure, la fonction et le résultat des éléments de la combinaison brevetée. Sur le plan pratique, le corps des pompes est fixe, tandis que les pistons sont *attelés* à course réglable à un levier oscillant actionné par une barre d'excentrique de commande par l'intermédiaire d'une biellette elle-même articulée sur un coulisseau porté par un second levier oscillant.

C'est donc essentiellement un ensemble de tringlerie. *Et l'on voit aussi que par nos dispositions, non seulement nous pouvons faire varier, à tout moment et dans le sens d'une plus grande efficacité, le rapport existant entre le volume du liquide combustible et celui de l'eau, mais encore que nous pouvons faire varier les deux volumes considérés depuis leur valeur maximum jusqu'à zéro, sans changer le rapport établi entre ces deux volumes considérés.* CQFD.

Du pétrole est donc envoyé sous pression au brûleur ce qui paraît nouveau, encore que le type exact du dit brûleur ne soit pas décrit. Il est seulement fait à nouveau mention de becs Bunsen, mais aussi d'un tuyau s'enroulant en serpentin au-dessus d'eux : on tomberait là dans un brevet **n° 240.575** et un CA de 1894 au nom de Madame Veuve Léon Longuemare si toutefois et sans l'avoir particulièrement spécifié, ce dernier brevet Serpollet n'y apportait un perfectionnement notable : d'abord, grâce à la pompe mécanique il peut évidemment fonctionner à plus grande intensité, mais surtout, à pression constante sans intervention manuelle sur le débit, ce qui impliquait antérieurement d'agir au jugé sur *la pression dans l'intérieur du réservoir*. Par ailleurs, il peut se mettre automatiquement en veilleuse en l'absence de pompage, le réservoir de combustible étant agencé de manière à recevoir et maintenir une légère pression permanente d'air. Ainsi, l'entretien de la chaleur du générateur est notamment assuré pendant l'arrêt et il évite le rallumage à l'alcool — si malcommode il faut le reconnaître.

Autres pistes

En matière de brevet d'invention délivré sous l'empire de la loi de 1844, la Doctrine a établi que l'inventeur pourrait voir son invention là où elle n'est pas, raison pour laquelle l'invention peut se trouver dans n'importe quel passage de la description, comme déjà indiqué ci-avant. Ce principe est à retenir dans l'analyse des moyens qui précèdent. En effet, on s'aperçoit par exemple à trois reprises et sans autres détails de la mention à *des générateurs construits avec des tubes minces*. Or en 1898 l'élément essentiel est constitué par le tube épais. À l'évidence il ne s'agit cependant pas d'une erreur mais bel et bien d'un nouvel apport technique : avec une alimentation couplée en eau et en combustible réglable à volonté et instantanément, il faut que le générateur suive sans inertie notable, donc il ne peut plus être question d'un volant de chaleur assuré par un tube épais et le tube est obligatoirement mince. Et rien ne dit non plus qu'il est aplati comme dans tous les générateurs précédents et le générateur répond désormais à la combinaison brûleur liquide/agencement tubes minces.

L'invention couverte par le brevet **n° 277.624** va par conséquent bien au-delà du dispositif de couplage des deux pompes à diamètres différents qu'il était essentiellement destiné à protéger. La combinaison des moyens en coopération englobe finalement :

— un générateur à tubes minces
— un brûleur à pompe d'alimentation mécanique
— un ensemble proportionnel d'alimentation couplée en eau et en combustible
— un réservoir de combustible sous pression permanente d'air. C'est plus large que l'alimentation couplée seule.

Le Vaporiste n'entrera peut-être pas dans ces considérations mais il appréciera le côté pratique du dispositif tout en le rapprochant à toutes fins utiles du moteur équicourant qui le précède de peu. Mais, surtout, il va découvrir la confirmation d'un troisième moyen possible de faire de la vaporisation instantanée : le tube mince. Les Serpollet y avaient déjà pensé en 86, mais ils l'aplatissaient pour écraser le globule. En 96 Scotte obtenait la vaporisation instantanée en pulvérisant l'eau sur la paroi maintenue à moins de 200°C pour éviter l'état sphéroïdal, puis en surchauffant. Maintenant, le brevet ne le dit pas mais le procédé est connu en soi, il faut et il suffit de projeter les gouttelettes d'eau sur la paroi, avec une force telle qu'elles s'y étalent et la mouillent sans avoir la possibilité

de former un globule. La minceur du tube doit bien entendu rester compatible avec la pression de service envisagée.

Outre que le générateur va se trouver allégé, l'introduction du combustible liquide permet de réaliser le rêve d'un réglage docile jusque-là inaccessible au moyen d'un foyer à charbon, mais il entrouvre aussi l'accès à la solution logique en faveur de la voiture légère : la mention du «Système Serpollet» dans la raison sociale ou la dénomination commerciale de la Société n'a jamais été aussi justifiée.

Nouveau combat

Et pourtant, la défense du tramway se poursuit peut-être une dernière fois et peut-être aussi avec l'énergie du désespoir. En cette année 98 les demandes de brevets de la Société semblent se succéder dans ce domaine avec une régularité de quinzaine, puisque le 20 mai 98 est déposé un 3e CA au brevet **n° 251.540** de l'ensemble de commande de tramway. Mais à vrai dire il s'agit un peu d'un fourre-tout spécifiant différentes formes de tubes vaporisateurs, leurs possibles agencements en générateurs ainsi qu'un léger perfectionnement de l'alimentation. En outre, alors que les dessins représentent encore une grille à charbon sur les schémas de chaudière, il est timidement fait mention dans la description à un chauffage par combustible liquide, révélant ainsi une volonté de poursuite de l'exploitation en essayant un peu désespérément ou un peu trop tard de s'adapter à la marche du progrès.

Les tubes sont toujours «massifs» et plus ou moins *quasi-capillaires*, laminés à froid après remplissage de poudre de silex, dont on sait les défauts. Cependant il apparaît tout discrètement une forme de réalisation qui se révèlera plus tard la disposition la plus importante de ce titre, à savoir l'agencement d'un tube cylindrique, donc non capillaire, en spirale plane ou en grille, pouvant former des éléments superposables et reliés par des raccords extérieurs. Où était donc l'invention dans ce titre ?

En ce qui concerne l'ensemble de commande proprement dit, le schéma général est toujours le même depuis l'adoption du petit-cheval alimentaire de 1897, mais avec une nouvelle version de valve-régulateur comportant des lumières calibrées et de section progressive. Cette valve constitue alors une commande unique à la fois pour le moteur et pour le petit-cheval, dont les admissions respectives sont avantageusement proportionnées et couplées.

Les dernières motrices ont été livrées ainsi alimentées et chauffées à l'huile lourde, mais l'année 1998 a vu la fin des commandes de ces machines, bien que les tramways Serpollet aient circulé à Paris jusqu'en novembre 1913 : ils devaient tout de même présenter des qualités. On a certes rapporté au moins deux explosions à leur actif, mais elles semblent avoir eu lieu sur un matériel vieillissant et finissant probablement par être mal entretenu. Le Vaporiste refusera toutefois la thèse de l'explosion du générateur, même sur rupture d'un tube, du fait de la quantité insignifiante d'eau qu'il contient : il imputerait plutôt la cause à une surchauffe accidentelle et à l'embrasement du réservoir de combustible liquide.

Ensuite, on le sait, simultanément à l'invasion de l'électricité, la traction-vapeur des motrices et autres omnibus routiers a été longtemps dominée à partir de 1900 par le système Purrey, pionnier du *poids-lourd*, peut-être plus simple à mener, ou alors produit par des usines plus spécialisées et une méthode de vente plus dynamique. Pourtant,

le chauffage y est encore effectué au charbon, dans un générateur multitubulaire à circulation accélérée breveté lui aussi en mai 98 mais consistant en un perfectionnement du type du Temple remontant à 1876. À noter, une valve tarée renvoie l'eau en excès à la bâche, selon un principe bien connu qui doit donc beaucoup à Serpollet, mais au moyen d'un dispositif à flotteur et tringlerie restant quelque peu archaïque.

Les becs

Pour en revenir au 3e CA du 20 mai 98, l'abondance de matière disparate ne recouvre pas de grande idée directrice. Et pourtant, non plus quinze jours mais un petit mois se passe et la Société dépose le brevet **n° 279.075** le 21 juin 98, en s'orientant cette fois sur des *perfectionnements apportés aux brûleurs à pétrole* : la combativité reprend ses droits, mais le champ de bataille va désormais changer.

Dans ce brevet, les becs Bunsen sont exclusivement destinés à être alimentés par le pétrole et *non pas l'huile lourde*. Ils sont disposés en étoile autour d'un *carrefour de distribution* de vapeur combustible issue d'un serpentin-évaporateur, de façon désormais classique dans son principe. Curieusement, le serpentin n'est cependant pas représenté sur les dessins, contrairement à des encoches pratiquées dans les manchons cylindriques des becs afin d'immobiliser les spires, ou tout au moins la plus extérieure. La représentation n'étant pas obligatoire dans un brevet, la combinaison des becs et du serpentin est cependant définie valablement dans la description, donc couverte par le brevet. En particulier, par rapport aux becs, *il n'y a immédiatement au-dessus qu'un seul et unique serpentin réchauffeur-vaporisateur offrant dans tous les cas une surface de chauffe suffisamment grande pour qu'aucune parcelle de liquide n'arrive au point de distribution aux becs*.

Cette disposition est donc une spirale plane et se distingue en effet de l'antériorité Longuemare où le serpentin est cylindrique, donc avec les spires à différentes distances de la source de chaleur.

Entre autres raisons commerciales, c'est-à-dire essentiellement la quasi-cessation d'activité de la Société par suite d'absence de commande d'un matériel trop concurrencé, le fait que le brûleur soit exclusivement destiné à fonctionner au pétrole semble bien révéler une nouvelle orientation de Léon Serpollet. La raison simple en est sans doute que le pétrole lampant étant pratiquement le seul hydrocarbure largement disponible dans le commerce, il va s'adresser à une clientèle y ayant accès sans difficulté : en un mot, Léon va se tourner vers le particulier, donc vers la voiture légère.

C'est peut-être la raison pour laquelle, sans encore le formuler explicitement, il commence par se repencher sur son moteur équicourant, pour en faire notamment un quatre-cylindre en ligne, de plus en plus inspiré du moteur à pétrole au goût du jour. C'est l'objet d'un CA du 16 décembre 98 à son brevet **n° 277.172** où il reprend, d'une part, toute la description de ce moteur mais pouvant cette fois grouper plusieurs ensembles parallèles de deux cylindres opposés et, d'autre part, ledit quatre cylindres en ligne, lui-même à deux formes possibles de distribution.

Le premier type n'est autre que l'association de moteurs unitaires déjà protégés, une came par soupape : rien de bien novateur et même à la limite du brevetable. Le deuxième type, décrit plus succinctement, paraît — paraissait — plus intéressant : il comporte ou bien une came par soupape avec rampe et manchon sur un arbre spécial entraîné par

son jeu d'engrenage, ou bien — et c'est nouveau — une came unique commandant successivement les quatre soupapes et simplement disposée en bout du vilebrequin, donc solidaire de ce dernier sans le recours à un train d'engrenages. Dans ce dernier cas, les soupapes sont disposées en étoile autour de la came sur une couronne servant de collecteur d'échappement, tandis que les conduits de vapeur reliant leurs chambres à leurs cylindres respectifs *servent d'espace de compression et, pour ce motif, ils doivent représenter tous la même capacité.*

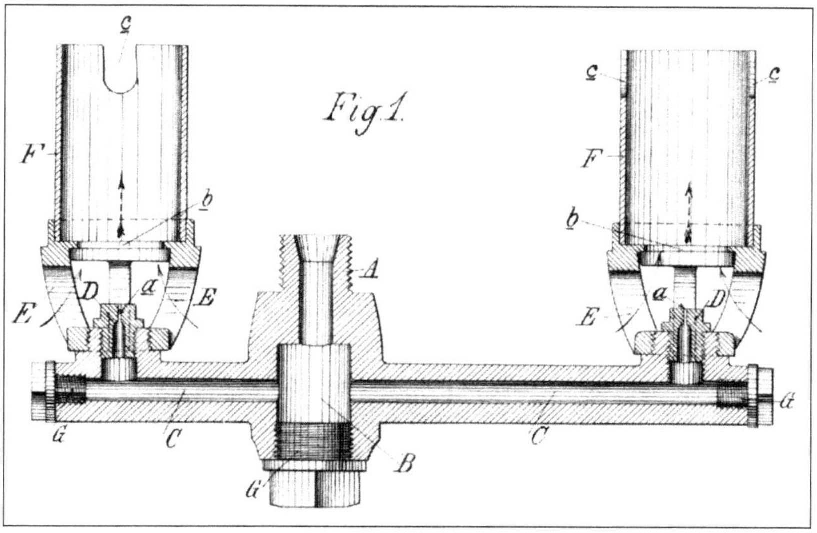

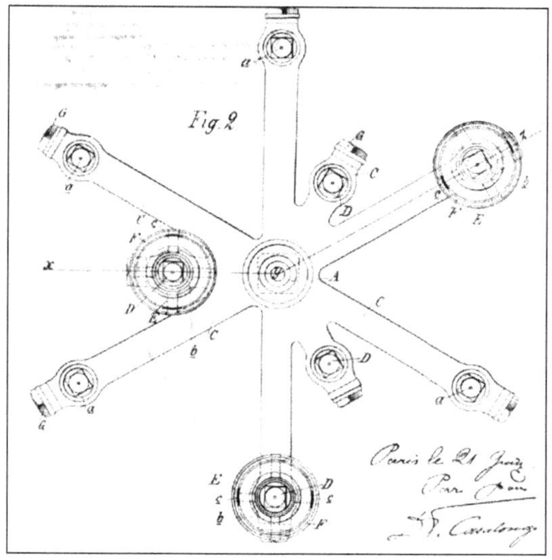

Brevet n° 279.075.

De cette manière en effet, la vapeur recomprimée est soumise à la même pression dans tous les conduits, dans un but évident d'équilibrage, à condition que leur section compense leur longueur en fonction de leur emplacement à partir de l'étoile pour présenter le même volume ou la même *capacité.* Ainsi, comme représenté en dessin, les conduits des deux soupapes inférieures sont plus longs mais plus fins que ceux des deux soupapes supérieures.

En roue libre

On connaît donc peu d'exemples de mise en pratique de ces moteurs. Ils ont pourtant existé, puisqu'on en a rapporté des critiques.

À vrai dire, arrivés à ce stade de fin 1898, la question n'est pas là : pour Léon Serpollet c'en est pratiquement fini des activités de la Société des Générateurs à Vaporisation Instantanée, dont le règlement est décidé et va suivre son cours jusqu'au 17 Août 1900, date officielle de sa dissolution. Léon en demeure l'un des liquidateurs, avec, en particulier Larsonneau qui avait lancé l'entreprise rue des Cloys en 1887 où était d'ailleurs toujours domicilié le siège social.

La littérature rapporte qu'au début de 1899, Léon aurait été autorisé par le Conseil d'Administration à racheter pour son compte, moyennant 170.000 Francs, les brevets *ayant trait à l'automobile.*

Force est de reconnaître qu'elle ne mentionne pas le cas d'Henri dont l'intéressement aux bénéfices a toujours été assez flou.

Les événements et la transaction ne se sont peut-être pas déroulés aussi vite. La somme est énorme et peut-être quelque peu exagérée mais, pour nous, là non plus n'est pas la question: au début de 99, de quels brevets peut-il s'agir alors que «l'automobile» n'est pas encore vraiment conçue ?

Depuis le départ, sur 35 brevets et CA Serpollet, nombreux sont ceux tombés dans le domaine public à leur terme ou sur abandon par cessation de paiements des annuités du fait de leurs dispositions devenues inutiles ou techniquement dépassées. Alors ce nouveau portefeuille pourrait probablement comporter, dans la mesure de leur maintien en vigueur, les dispositifs de générateurs à formes et combinaisons les plus performantes de tubes, les dispositifs de contrôle et de régulation des véhicules, en particulier l'incontournable soupape-régulateur de retour à la bâche, l'alimentation couplée eau-pétrole, les premiers brûleurs et les premiers moteurs. Il ne s'agit aucunement de voiture automobile au sens où nous aimerions l'entendre, mais ce sont des ingrédients que le Vaporiste prévoyant aurait certainement choisis pour se protéger en vue de la construction de voitures légères.

Ainsi armé tant sur le plan de l'expérience et de la créativité que sur celui de la propriété industrielle, Léon passe en 99 à de nouvelles inventions cette fois étroitement destinées à l'automobile, dans le cadre de sa nouvelle association avec Franck Gardner.

L'usine se construit 9-11 rue Stendhal à Paris (il n'en reste rien) et Gardner avait vu grand : elle s'étend sur 6000 m^2, avec pavillon séparé pour des bureaux et douze dessinateurs, ateliers de 2.500 m^2, sous des fermes de 25 m de portée, machine fixe de force motrice en bout de bâtiment. Toutes les opérations de forge, chaudronnerie, montage, ajustage sont prévues dans les ateliers de fabrication, eux-mêmes complétés par des postes de mise au point équipés de fosses, de générateurs fixes de vapeur, de bancs d'essai de moteurs, etc...

L'installation d'une telle usine ne tenait pas d'un simple caprice princier et si elle se justifiait certes par la recherche d'une production de qualité, c'était surtout par la sécurité à la longue échéance offerte par la protection assurée par les brevets, présents et en gestation, sur le plan de la propriété industrielle. Le domaine technique ainsi réservé empêchait la concurrence de sévir ou pouvait laisser planer une menace de procédure et de sanctions en cas de contrefaçon. Sans anticiper, on sait toutefois que, malheureusement, la concurrence s'est tout de même exercée mais dans le domaine extérieur du moteur à pétrole.

En attendant l'usine est construite, non loin du «Refuge pour femmes indigentes» bâti en 94 et dont les pauvres pensionnaires, dans leur malheur, ont peut-être eu sur nous le privilège de voir évoluer de somptueuses voitures, rutilantes par leurs cuivres et impressionnantes par tous leurs tuyaux.

- V -
Quatrième départ
10 mars 99

À partir de cette date, tous les nouveaux brevets vont être pris au nom de Léon Serpollet, tous vont être étroitement liés à l'automobile. Seulement nous ne sommes plus en 1892-93, la grande époque de la réussite des tricycles, doubles phaétons, cabs, fourgons et autres véhicules routiers Serpollet. Pendant que Léon était occupé avec les tramways et les automotrices, la technique de la voiture a évolué, pour ne pas dire progressé. Les démonstrations ne sont plus des curiosités comme le Paris Rouen de 1894, elles sont devenues des courses illustrant couramment la compétition entre des productions régulières. Le terrain de ces confrontations est immense et des courses aller-retour se disputent sur des distances où tout peut arriver, comme Paris-Bordeaux en 1895, Marseille en 1896, Amsterdam en 1898, sans compter le premier tour de France en 1899. Dans ces événements marquants, le moteur Daimler a d'abord tout dominé, largement fabriqué sous licence par Panhard et Levassor, relayé par le moteur Phénix de Levassor en 96, lui-même ensuite confronté aux réalisations Mors, de Dion-Bouton, Clément ou Renault, pour ne citer qu'eux. Par ailleurs, les voitures commencent à changer d'aspect et font oublier l'absence des chevaux, les bandages pneumatiques équipent leurs quatre roues, le volant de direction se généralise et enfin les moyennes sont très au-dessus du vieux 22 km /h de 94 pour se situer vers 45 km/h , tandis que les vitesses de pointe, suicidaires, sont bien supérieures.

Les premières voitures Gardner-Serpollet vont donc apparaître dans ce contexte d'activité que Léon avait abandonné depuis 1892. Mais était-ce réellement un handicap ? Sans doute pas, même sans compter avec l'inébranlable combativité de Léon : les problèmes non seulement à résoudre mais encore à définir dans ce nouveau domaine ont amené les pétroliers à essuyer les plâtres depuis un certain temps. Les châssis, les trains avant, les transmissions à chaîne, le différentiel, les freins n'ont pas à faire l'objet de recherches particulières dans l'immédiat, certains éléments peuvent donc être sous-traités et les carrosseries ne concernent encore que des spécialistes indépendamment de la traction et de la mécanique. Léon ne repart donc pas à zéro et peut se consacrer à l'adaptation de son Système, c'est-à-dire d'un groupe-moteur convenable pour cette nouvelle technique.

Coup de fouet

Ce 10 mars 1899 est la date de dépôt du brevet **n° 286.693** pour des *perfectionnements dans les moyens de chauffer et d'alimenter les chaudières à vaporisation instantanée.*

De l'enseignement tiré des courses ou même du simple *automobilisme*, Léon ne met pas longtemps à réaliser que sur route l'alimentation du moteur en vapeur doit faire face à des changements permanents des conditions de régime et de puissance. Outre la nécessité d'abréger le temps de mise en marche à froid, *les ascensions rapides sur pentes raides et ces démarrages* (...) *exigent une consommation anormale de vapeur.* Prolongeant le dispositif d'alimentation couplée eau-pétrole déjà protégé, le brevet décrit alors un nouvel agencement permettant de donner si nécessaire un *coup de collier* en cours de route.

Selon cet agencement, les pompes proportionnelles à eau et à pétrole sont montées normalement sur un levier oscillant pivotant autour d'un point fixe à l'une de ses extrémités, dont l'autre extrémité est reliée à un ressort de rappel et à l'articulation d'un levier à main d'actionnement d'une pompe à eau auxiliaire. Jusque-là c'est sensiblement l'agencement du brevet **n° 277.624** du 4 mai 98. Mais le levier oscillant auquel sont attachées les biellettes des deux premières pompes est lui-même en appui sous l'effet du ressort de rappel sur un bras oscillant de commande articulé autour du même point fixe et relié à un secteur circulaire d'une coulisse type Stephenson actionnée par un excentrique de l'arbre moteur et destiné à régler à volonté la course utile du bras. Dans ces conditions, quelle que soit la position de la coulisse, et en fonctionnement, il est possible si nécessaire d'actionner le levier à main de manière à mettre en œuvre non seulement la pompe à eau auxiliaire mais encore les deux pompes mécaniques. Ce cas peut aussi se présenter au démarrage où les pompes mécaniques ne sont pas commandées par le moteur, mais aussi pour *accélérer momentanément leur allure au cours d'une période de rampe pendant laquelle le volume engendré par la commande automatique de la pompe à eau est insuffisant.* Dans ce dernier cas, on augmente aussi la quantité de pétrole délivrée, mais *pour une durée qui dépend de ce que peut fournir le brûleur, sans dépasser la limite supérieure de son bon fonctionnement*, les débits respectifs d'eau et de pétrole étant bien entendu préréglés par le choix de l'emplacement des biellettes sur le levier oscillant.

Il en résulte matériellement une amélioration de la phase de mise en marche, mais surtout de ce que nous appellerions de nos jours des reprises ou de la réserve de

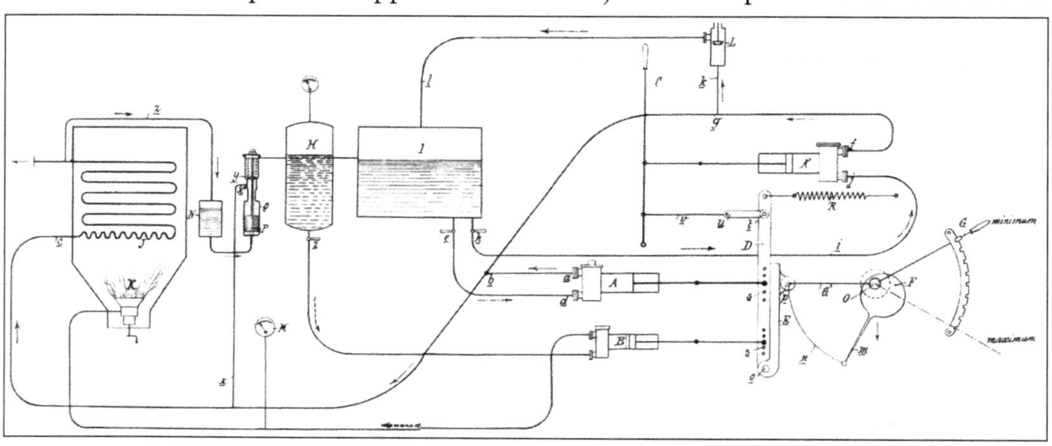

Brevet n° 286.693.

puissance: c'est précisément le propre de la conduite efficace d'une automobile. Voilà de quoi marquer un point et commencer à concurrencer les voitures à pétrole.

Mais, sur le plan du système Serpollet, ce brevet révèle en dernière page un autre dispositif très important, sous la forme d'une *soupape de décharge automatique de l'eau refoulée.* Les différents agencements de la valve de retour à la bâche remontent maintenant à dix ans, soit avec préréglage, soit avec commande manuelle. Une telle valve existe toujours dans la dernière combinaison, donc cette soupape automatique a une autre raison d'être.

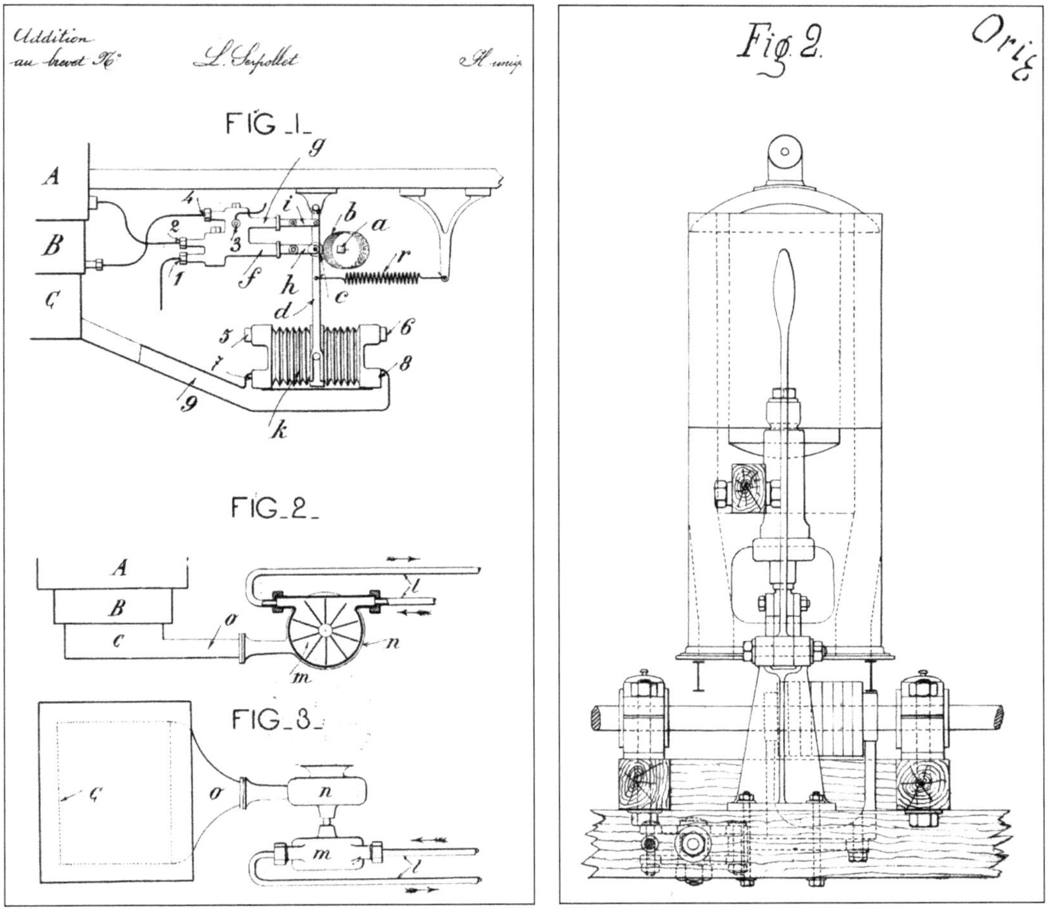

Brevet n° 286.693.

Matériellement, elle est constituée d'un corps comportant un piston taré par un ressort, dont la face interne est soumise à la pression de la vapeur en sortie du générateur, par l'intermédiaire, comme il se doit en vapeur surchauffée, d'un fluide de transmission, une huile contenue dans un réservoir et sur laquelle agit la vapeur. La face supérieure du piston est solidaire d'un poussoir coopérant avec la queue d'un clapet, dont la face inférieure est raccordée à une dérivation du refoulement de la pompe et la partie supérieure est en liaison avec la bâche à eau.

Les pressions respectives d'eau et de vapeur agissent de manière antagoniste sur le piston, taré par son ressort à une valeur de consigne choisie de pression de vapeur. Si celle-ci est dépassée, le piston pousse le clapet, de l'eau est renvoyée à la bâche et la pression de vapeur est ramenée à ladite valeur par diminution de l'alimentation du géné-

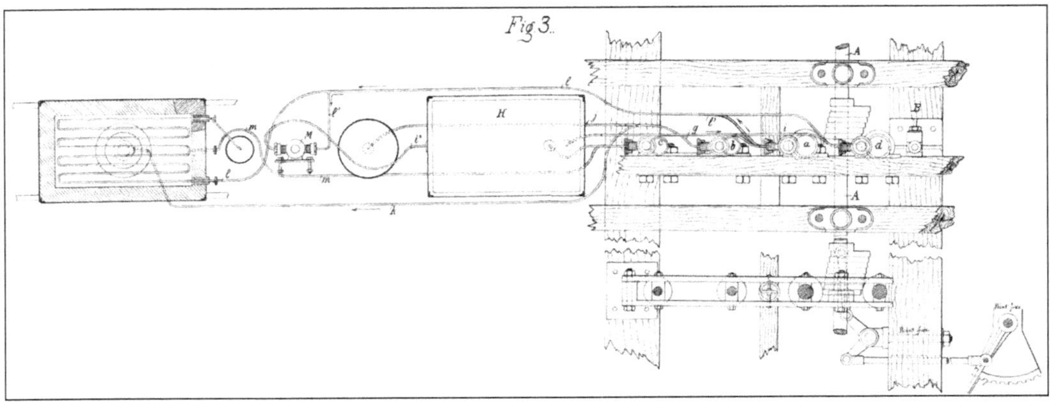

Brevet n° 286.693.

rateur. Cette soupape est automatique en ce qu'elle est liée à la pression de vapeur, en constituant un by-pass sur le circuit d'eau, et son résultat est de fixer une limite aux possibilités offertes par l'ensemble du système afin de ne pas perturber le bon fonctionnement du brûleur.

En effet, dès son introduction, le brevet précise bien : *Les dispositions permettent à tout moment où cela est nécessaire de changer le régime normal de chauffage et d'alimentation, en augmentant momentanément celle-ci, sans que le brûleur produise de la fumée, et d'assurer à tous les régimes, depuis le minimum jusqu'au maximum normal, une combustion parfaite.*

Les dispositions en question permettent donc de façon très ingénieuse de donner un *coup de collier*, mais à la condition expresse de ne pas dépasser le *maximum normal* du régime du brûleur. Or cette limite est indiquée par le manomètre de pression de pétrole au brûleur, ainsi d'ailleurs que

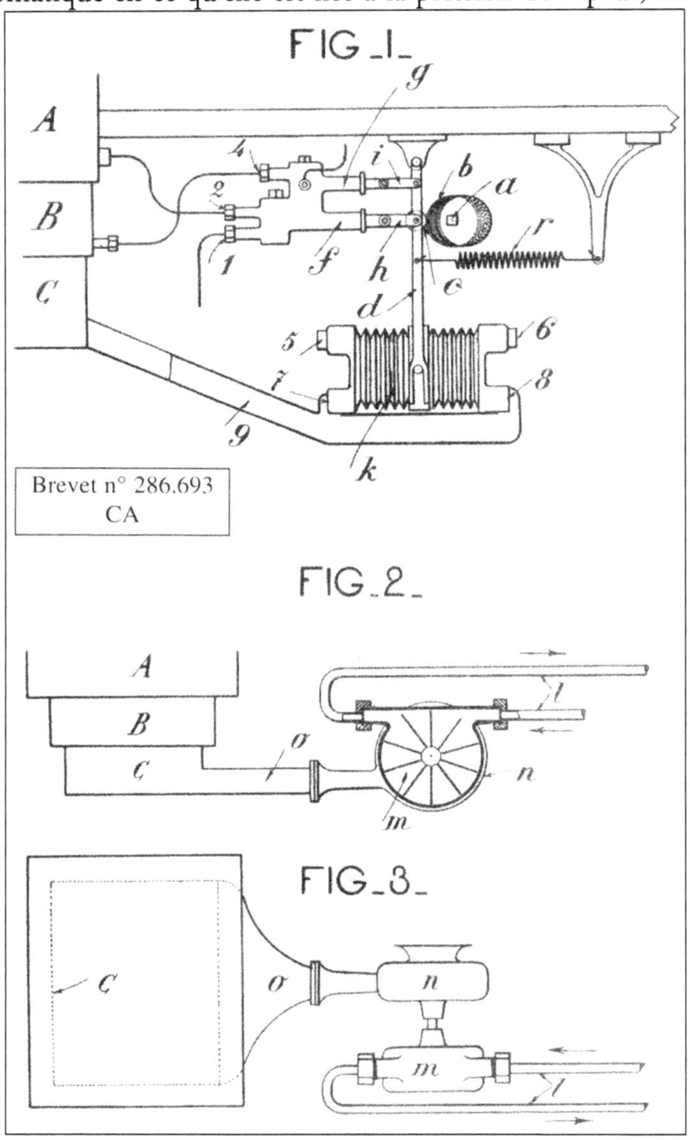

Brevet n° 286.693. CA.

par celui de pression de vapeur : ce n'est pas dit dans la description car en aucun cas un brevet n'est un mode d'emploi, mais il est évident que l'ensemble est fait pour être géré par le conducteur, qui se doit de surveiller ses manomètres et de décider du moment approprié du pompage manuel d'appoint. La soupape automatique est finalement destinée à protéger le brûleur, même en cas de pompage intempestif.

Le conducteur aurait peut-être aimé pouvoir disposer d'une puissance entièrement soumise à sa volonté et à quelques coups de pompe, mais le Vaporiste sait bien le peu de latitude donnée par l'étroitesse du dosage air-pétrole du brûleur, guetté en permanence par les dangers de la suralimentation capable de le faire fumer, charbonner ou se noyer.

Voilà un problème à peu près convenablement résolu en attendant mieux. Léon saura trouver chaque fois une solution, au fur et à mesure que les essais et la réflexion feront surgir d'autres questions. En particulier, il faut rouler, et rouler longtemps sinon la voiture n'est qu'un aimable divertissement.

De l'huile dans les rouages

Excentrique, cames, coulisseaux, engrenages, axes, galets, pompes, articulations, sans parler des pistons, des soupapes, des bielles et des paliers : la consommation de lubrifiant est très élevée et nécessite une surveillance permanente. Les pièces internes du moteur s'accommodent à la rigueur du graissage par barbotage d'huile du carter, mais les organes externes soumis à l'usure, aux intempéries, aux à-coups et à la poussière ne peuvent se permettre d'exiger une attention de chaque instant de la part du conducteur qui a déjà fort à faire: encore un problème propre à la voiture automobile.

Soit. Le brevet **n° 287.365** déposé dès le 30 mars 99 concerne *un nouveau graisseur*. Et celui-ci est automatique.

La présence d'un graisseur dans le circuit de vapeur avait déjà été évoquée dans un 3e CA du 25 septembre 91, sans aucune description donc

Fig. 1.

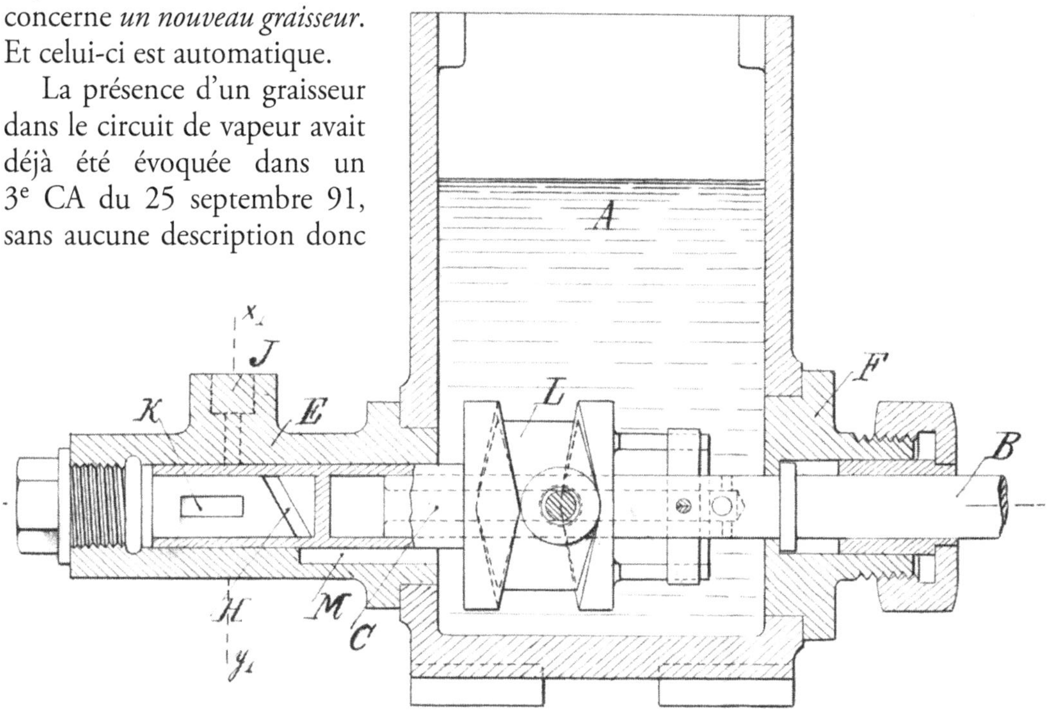

Brevet n° 287.365.

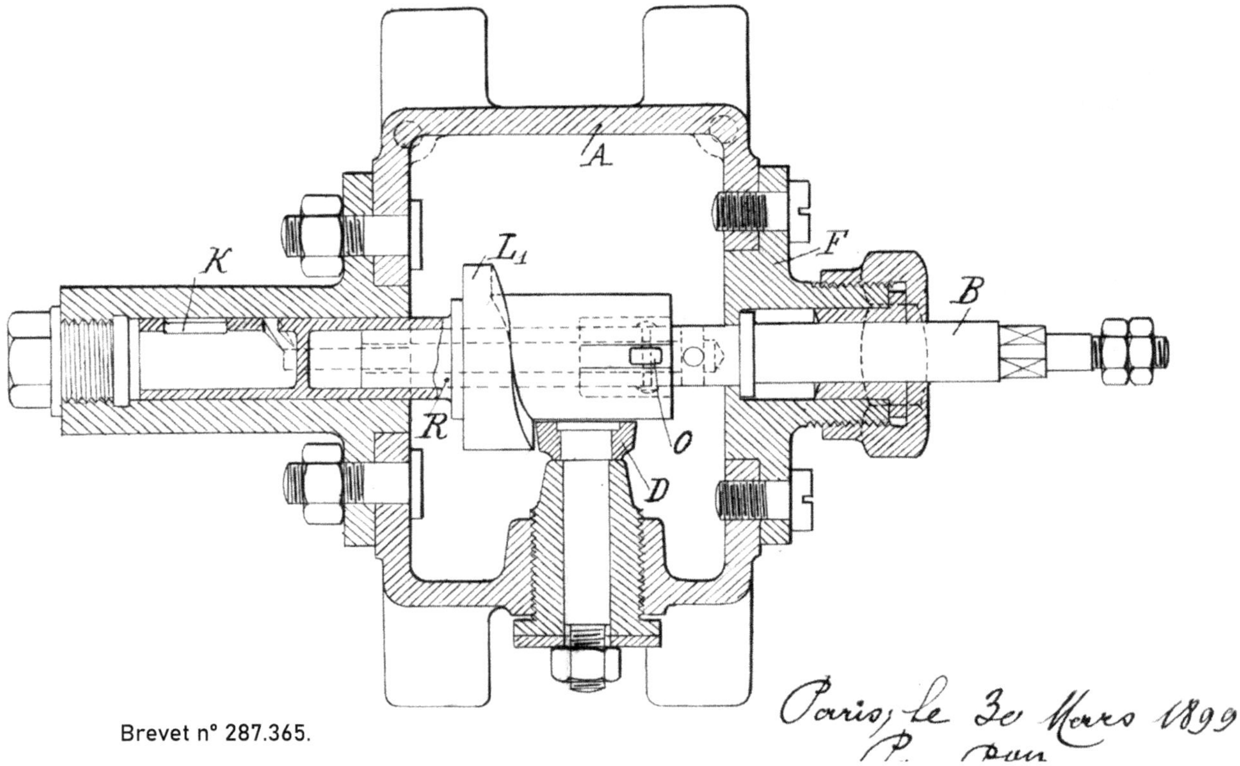

Brevet n° 287.365.

Fig. 2.

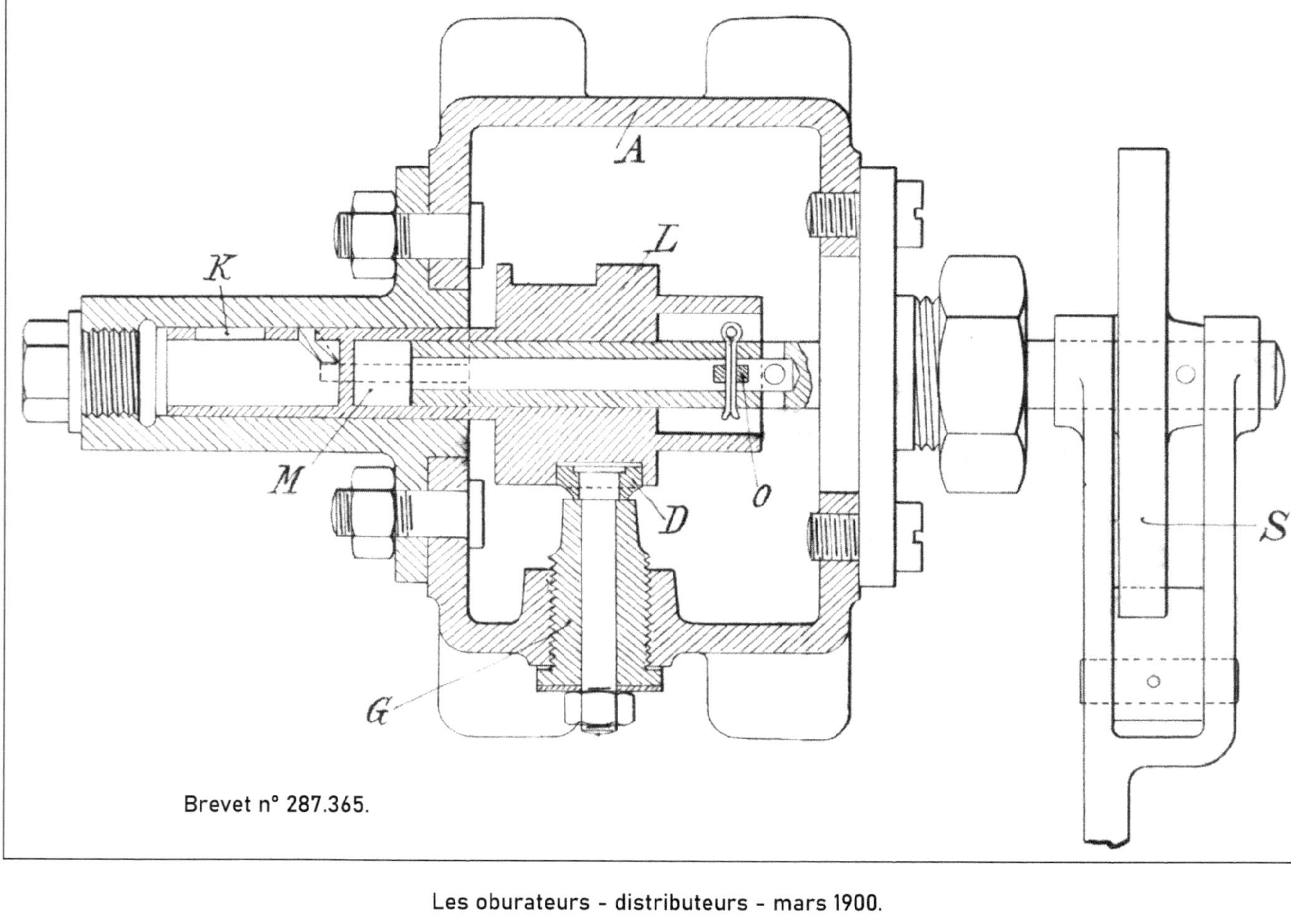

Brevet n° 287.365.

Les oburateurs - distributeurs - mars 1900.

probablement d'un type connu. Cette fois, il est *à multiples débits, l'huile étant distribuée d'une manière efficace par un ou plusieurs orifices et pouvant l'être simultanément à l'air libre et dans un espace sous pression.* Autrement dit, il peut aussi bien assurer le graissage d'organes externes que celui d'organes internes soumis à la vapeur et il ne semble pas avoir son équivalent dans la version pétrole de l'automobile, où le graissage n'a pas manqué non plus de poser des problèmes à ses partisans.

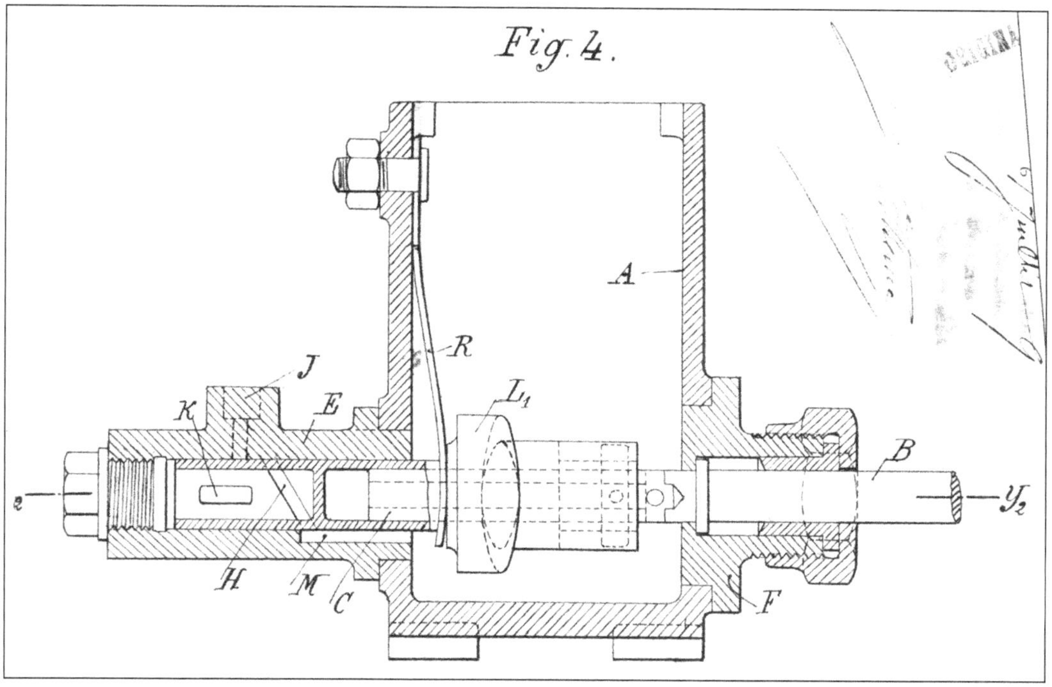

Brevet n° 287.365.

Selon ce brevet, la partie active du dispositif est immergée dans un réservoir d'huile et elle se compose d'un piston creux *animé d'un mouvement alternatif de va-et-vient et rotatif en même temps.* L'extrémité opposée à l'entraînement rotatif forme une chambre engagée dans une douille munie des orifices et des raccords de départ disposés radialement, tandis qu'une rampe hélicoïdale coopérant avec un doigt fixe assure le mouvement alternatif du piston, lui-même relié au moteur par l'intermédiaire d'une démultiplication ou d'une roue à déclic.

Une rainure de la douille, de longueur convenable, est disposée entre le fond du réservoir et la chambre de manière à les faire communiquer lors du recul du piston, constituant un temps d'aspiration pendant une demi-révolution. Par ailleurs, une lumière latérale sur la paroi de la chambre passe en regard de chacun des départs lors du mouvement inverse de refoulement du piston pendant l'autre demi-révolution. L'huile est ainsi poussée successivement dans des conduits aboutissant aux points de lubrification.

Dans le cas d'un graissage d'espace sous pression, le fond de la douille est muni d'un contre-piston à rappel élastique, tandis que les dimensions de la lumière de la douille et de l'espacement des départs sont telles qu'il ne puisse intervenir de communication entre elles par la lumière de la chambre pendant la rotation du piston. Dans ces conditions, l'augmentation de pression entre deux départs lors du mouvement de refoulement du

piston est compensée par le recul élastique du contre-piston ; un canal relie par ailleurs la face postérieure de ce dernier au réservoir pour récupérer toute fuite d'huile.

Ce graisseur, dit *Graisseur Y*, dans ses différentes variantes de rampe hélicoïdale, a dû donner satisfaction du premier coup car il ne semble pas avoir été critiqué : un problème résolu de plus, les réalisations concrètes prennent forme .

À nouvelle alimentation, à nouveau graisseur, nouveau moteur

Les premières voitures légères ont dû être équipées du moteur équicourant de 98, le temps de s'apercevoir de l'échec de cette tentative : encore un obstacle. Dans le domaine de la voiture légère, les inconvénients de ce type de moteur l'ont emporté sur ses qualités, pourtant indéniables.

Du fait de son échappement bien avant le PMB il nécessite la plus longue détente possible, par conséquent de fonctionner avec un point de coupure très bref et de disposer d'une course relativement élevée. Par ailleurs, avec les lourds pistons à jupe réalisés en fonte, le régime de rotation est faible et le couple insuffisant. En régime stationnaire, on ne bénéficie que des avantages, mais les exigences de la route et ses impératifs variables nécessitent un moteur plus souple et plus rapide.

Le 6 Septembre 99 marque sans le dire l'avènement de ce remarquable moteur, avec le brevet **n° 292.338** pour *un dispositif de distribution et d'échappement pour machine à vapeur à simple effet.* En principe ce brevet est censé protéger uniquement le poussoir de soupape, sous la forme d'une *pièce essentielle à coulisse et de longueur réglable* (...) *intercalée entre la came et la tige de chaque soupape*, étant entendu que le dispositif de distribution «*est caractérisé par la combinaison d'une came centrale à actions successives multiples, d'un type généralement connu, avec des soupapes indépendantes d'admission et d'échappement.*

Dès lors, implicitement, le brevet s'applique à un moteur qui n'est plus du type équicourant mais à cycle classique, à distribution par soupapes et, comme indiqué dans le titre, à simple effet. Subsidiairement, tel que représenté, il suggère un quatre cylindres à plat opposés deux à deux.

En fait la description s'étend davantage sur la marche de la vapeur et le fonctionnement de la distribution en décrivant le moteur, que sur *la pièce essentielle*. Il est simplement dit que cette coulisse porte à une extrémité une fourche dans laquelle un galet est destiné à entrer en contact avec la came et, à l'autre extrémité, une vis à tête de réglage de longueur et de jeu, bloquée par un contre-écrou et prenant appui sur la queue de soupape. Par contre, il est plus intéressant de noter que la rampe de la came d'échappement est telle que cette dernière se ferme lorsque le piston qui refoule atteint un certain point de façon que *la vapeur enfermée dans ce qui reste du cylindre à parcourir par le piston se comprime.* Sans rappeler exactement le moteur équicourant, cette compression déjà présente dans tout moteur à vapeur, semble spécialement recherchée car elle assure les mêmes effets salutaires de réchauffement et d'amortissement.

Mécaniquement, ce moteur diffère assez peu de celui de 98 dont il conserve tous les principes de base. Ses différentes versions se distinguent essentiellement entre elles par l'alésage et la course étant entendu qu'il s'agit pour l'instant d'un moteur «carré» dont l'alésage est égal à la course. Très judicieusement le moteur à quatre cylindres à plat opposés deux à deux, avec carter étanche, convient parfaitement pour être monté sous

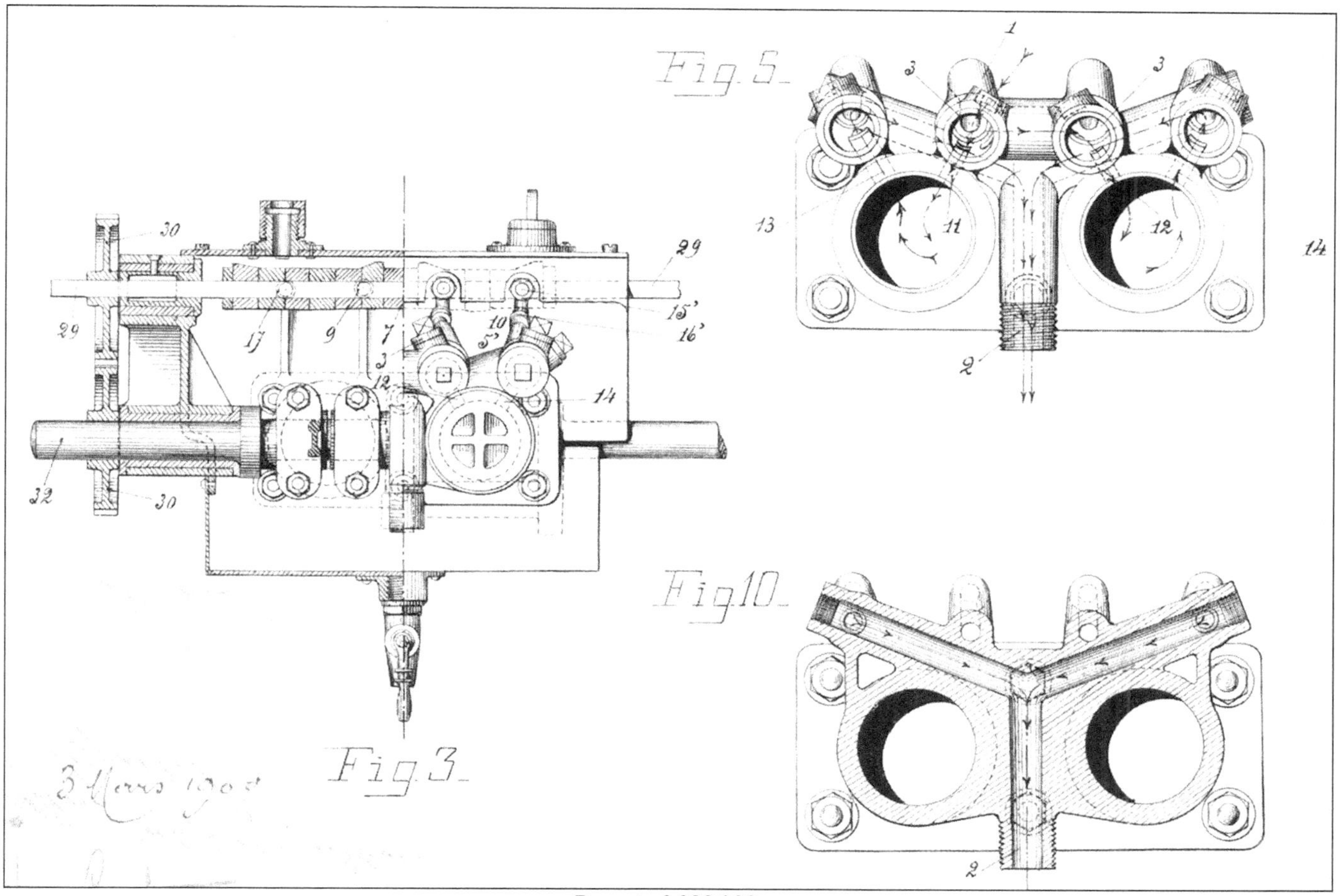

Brevet n° 292.338.

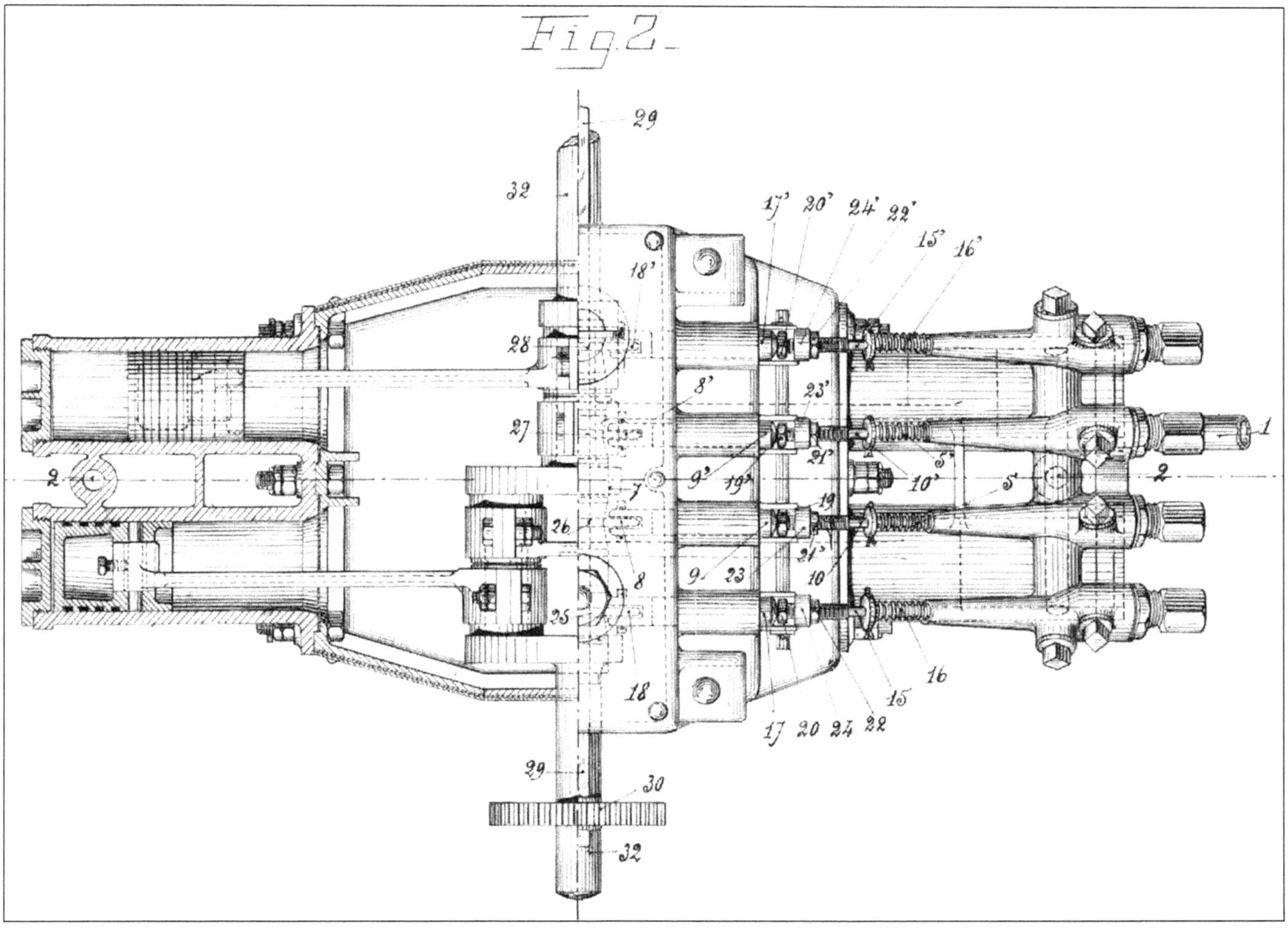

Brevet n° 292.338.

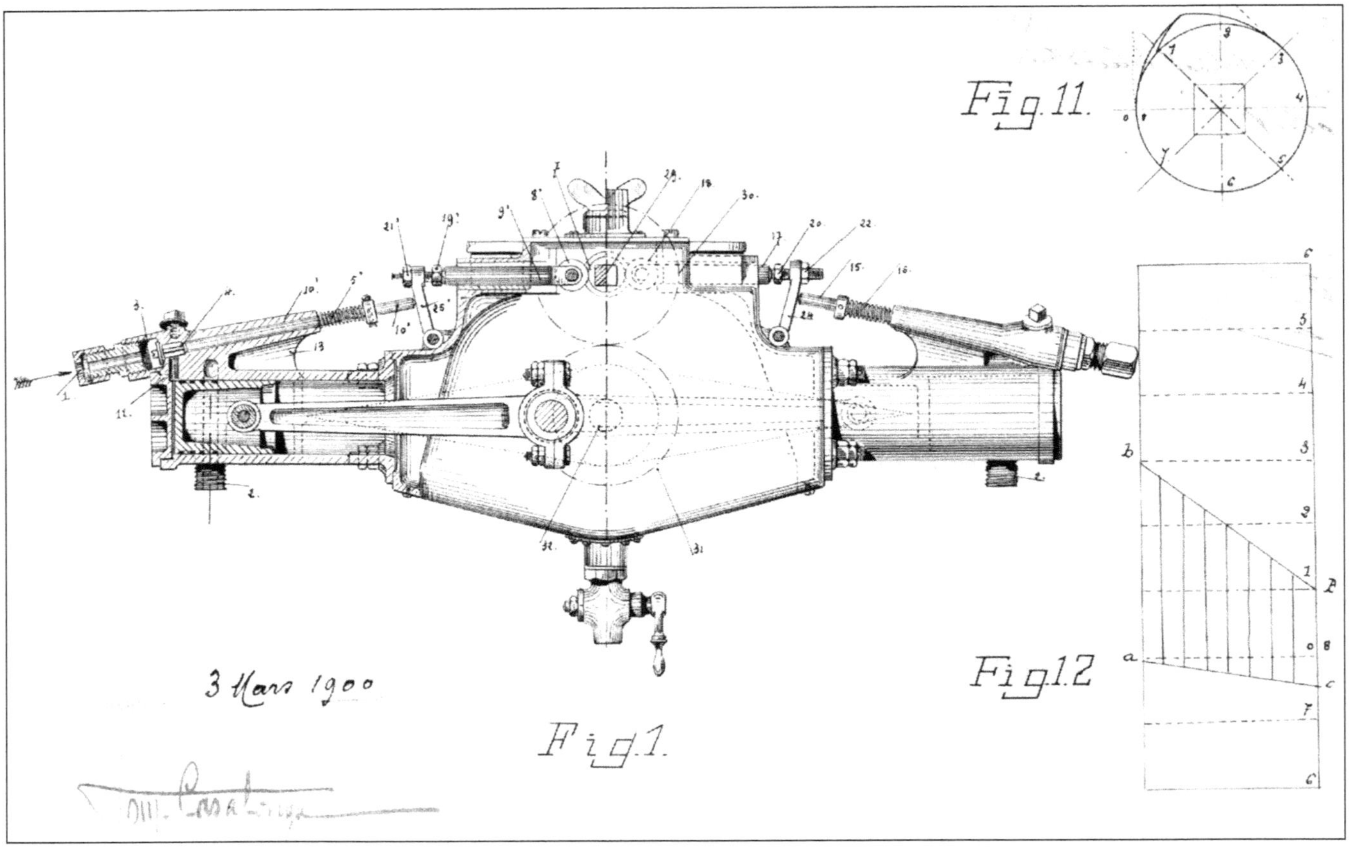

Brevet n° 292.338.

le châssis d'une voiture et il illustre tous les articles de littérature concernant Serpollet : c'est largement mérité.

Les puissances nominales sont de 6, 8 et 10 CV en 99. Toutefois, malgré certaines contradictions dans les comptes rendus, le moteur de 10 CV semble être un 4-cylindres en V dit à 45° (par rapport à l'horizontale), c'est-à-dire en V à 90° et 85 x 85. Tantôt ce moteur est censé avoir été l'un des derniers-nés, tantôt bien au contraire l'un des

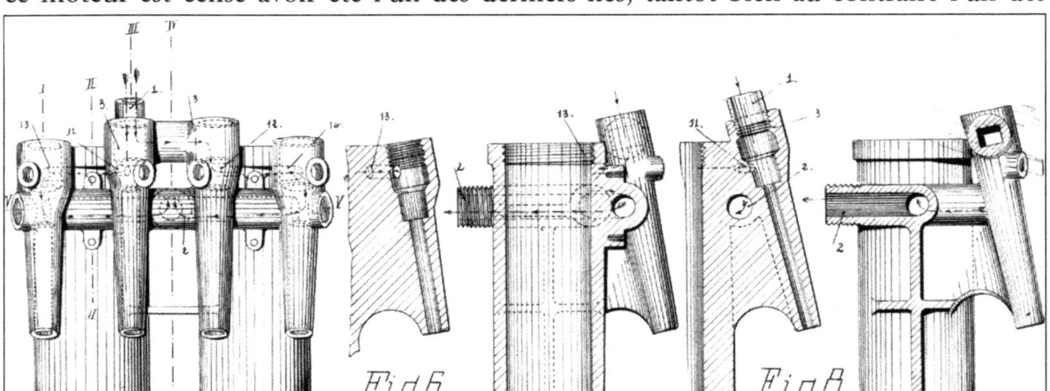

Brevet n° 292.338.

Fig. 3.

BV1E30~1.TIF

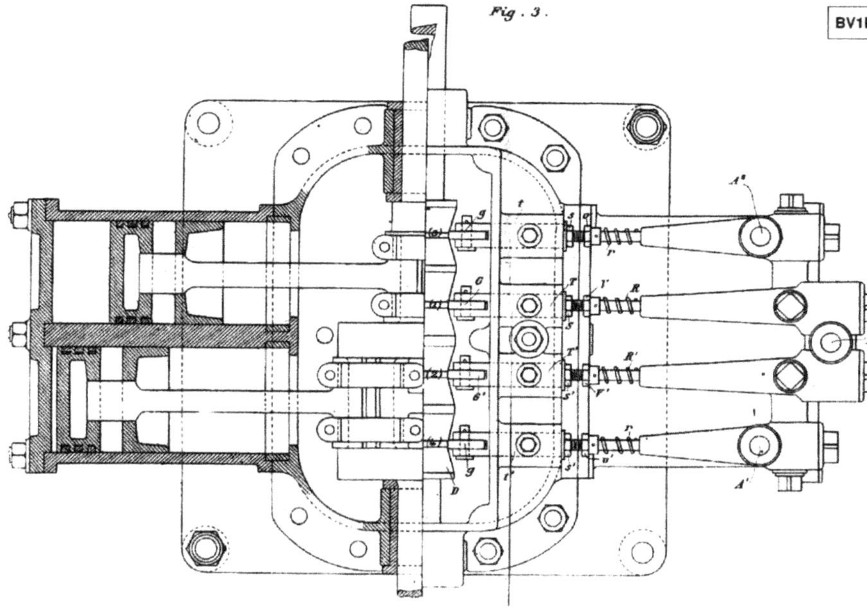

Fig. 4.

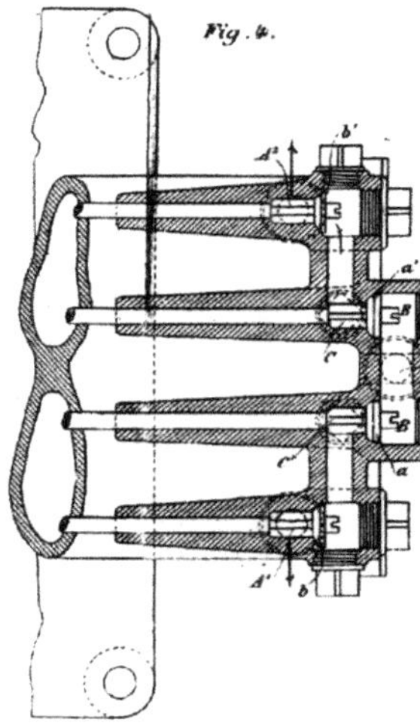

Fig. 1.

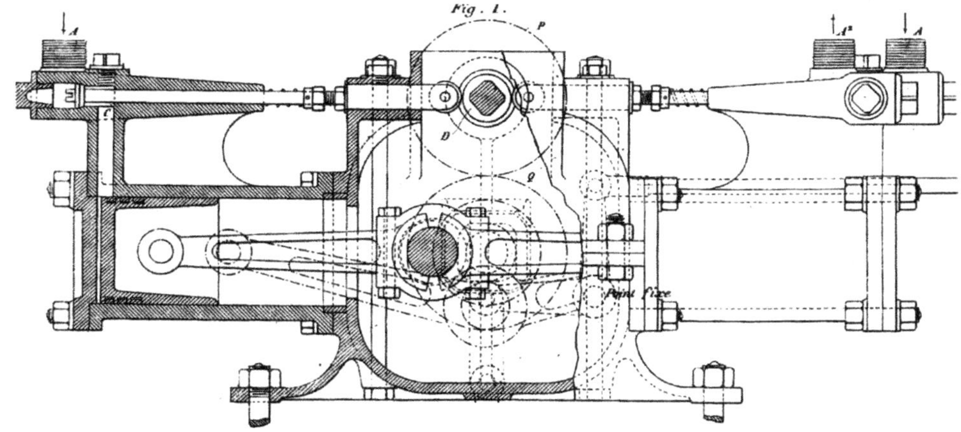

Fig. 3.

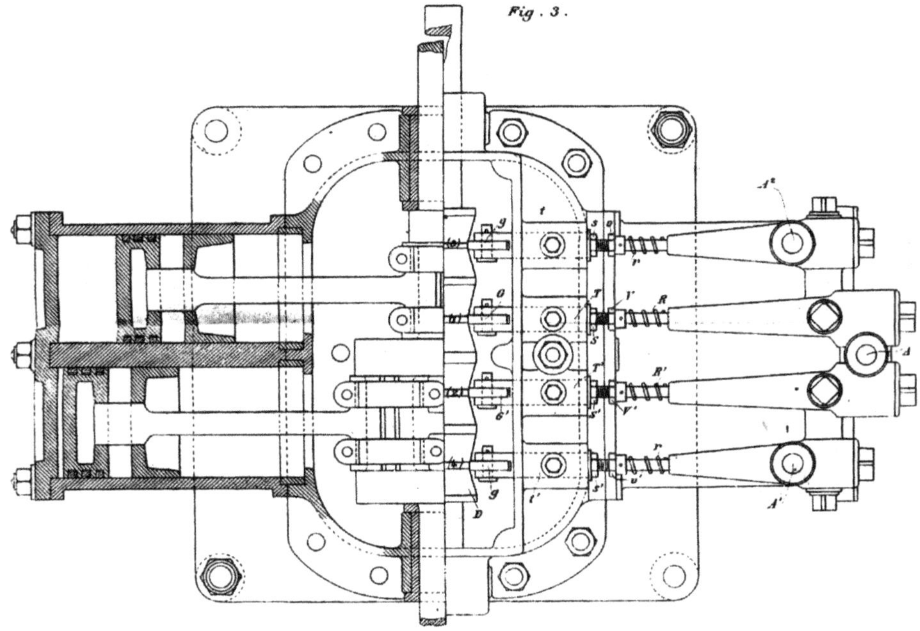

Brevet n° 292.338.

premiers et abandonnés pour cause de difficultés d'équilibrage. Comme on le sait, ce n'est pas mon propos d'établir un historique événementiel, aussi je me contenterai de constater son absence dans les brevets Serpollet. Ce n'est d'ailleurs pas étonnant puisque dans son principe il est déjà couvert par les brevets de 98 et de 99 dont il représente une simple variante, le changement de dimensions n'étant en outre pas brevetable. En réalité il semble avoir été plutôt développé dans une succursale d'Outre-Manche.

On pourrait cependant objecter au dernier brevet une certaine insuffisance de description, qui empêcherait l'homme de l'art de réaliser pleinement d'invention à partir de l'enseignement tiré du brevet: en effet l'arbre à cames est donné comme connu car les rampes sont du type décrit dans le brevet de 98 mais elles sont obligatoirement d'une structure beaucoup plus élaborée devant répondre à d'autres impératifs, par exemple la pente et la longueur des bossages, la commande aisée des galets en translation et la marche arrière. Tel que mais on peut au moins regretter cette lacune au titre de la simple documentation cent ans après.

Si lacune il y a, on peut sans doute la comprendre en se replaçant dans le contexte de septembre 99 où l'abondance des problèmes à résoudre a peut-être entraîné un ordre de priorités des urgences, et de ce fait quelques imperfections. Le 10 mars c'est l'alimentation et le coup de collier ; le 30 mars vient le graisseur puis le 6 septembre c'est le moteur. La route continuant à manifester ses exigences et les vitesses moyennes se devant d'augmenter, on repense l'alimentation : le 8 septembre, deux jours après le moteur, est déposé un premier CA au brevet **n° 286. 693** datant à peine du 10 mars précédent.

Même disposé dans la fébrilité ou l'empressement on peut rendre hommage à la lucidité ayant présidé à l'invention décrite dans ce 1er CA particulièrement intéressant, car ouvrant un nouveau domaine.

Le brevet principal permettant le coup de collier est en effet limité par les performances du brûleur et de son régime normal. Avec ce CA, un dispositif — et l'on pourrait parler d'un procédé — va permettre au brûleur *d'accroître son action chauffante, sans laisser survenir à ce brûleur de la fumée et sans le laisser s'acheminer vers la dépression et l'extinction.* Les trois inconvénients pouvant être reprochés au brûleur en cours de route se trouvent ainsi résumés et avoués : ils vont recevoir une première solution.

Que d'eau, que d'eau

L'ensemble levier oscillant/bras oscillant/levier d'appoint manuel du brevet principal est abandonné au profit d'un levier oscillant unique sur lequel sont rattachées les deux pompes couplées eau-pétrole selon un agencement déjà connu. Toutefois, au point le plus proche du pivot, c'est-à-dire la portion de moindre déplacement, est rattachée une deuxième pompe à eau, tandis qu'une troisième pompe à eau, indépendante, est associée au levier de commande manuelle de mise en marche, désormais bien connu lui aussi. La deuxième pompe à eau est reliée à un tube à circonvolutions placé à la partie supérieure de la chaudière indépendamment du générateur lui-même et dont la sortie est constituée par un ou plusieurs jets placés dans le conduit menant à la cheminée. De cette façon, lorsque la commande de débattement du levier oscillant est à son maximum, cette pompe est sollicitée et des jets de vapeur se forment instantanément produisant un appel d'air fournissant *autour du bec ou des becs de brûleur une augmentation du flux d'air*

nécessaire à un accroissement de combustion, résultat de l'envoi au brûleur d'un surcroît de pétrole par la pompe.

Au-delà des moyens matériels mis en œuvre, le CA expose donc pratiquement un procédé de renforcement de combustion d'un brûleur à pétrole par apport d'air supplémentaire lorsque les conditions normales de combustion risquent d'être dépassées par excès de pétrole. Le dosage air-pétrole est ainsi sauvegardé sur une gamme étendue de fonctionnement et, avec le recul, c'est bien le fait de pouvoir jouer sur ce dosage qui a permis le développement de la voiture à vapeur, même s'il fut relativement éphémère. Pauvre Ravel en 1868, avec ses malheureuses mèches de coton, lui qui avait inventé un véhicule d'avant-garde et qui a buté sur le chauffage.

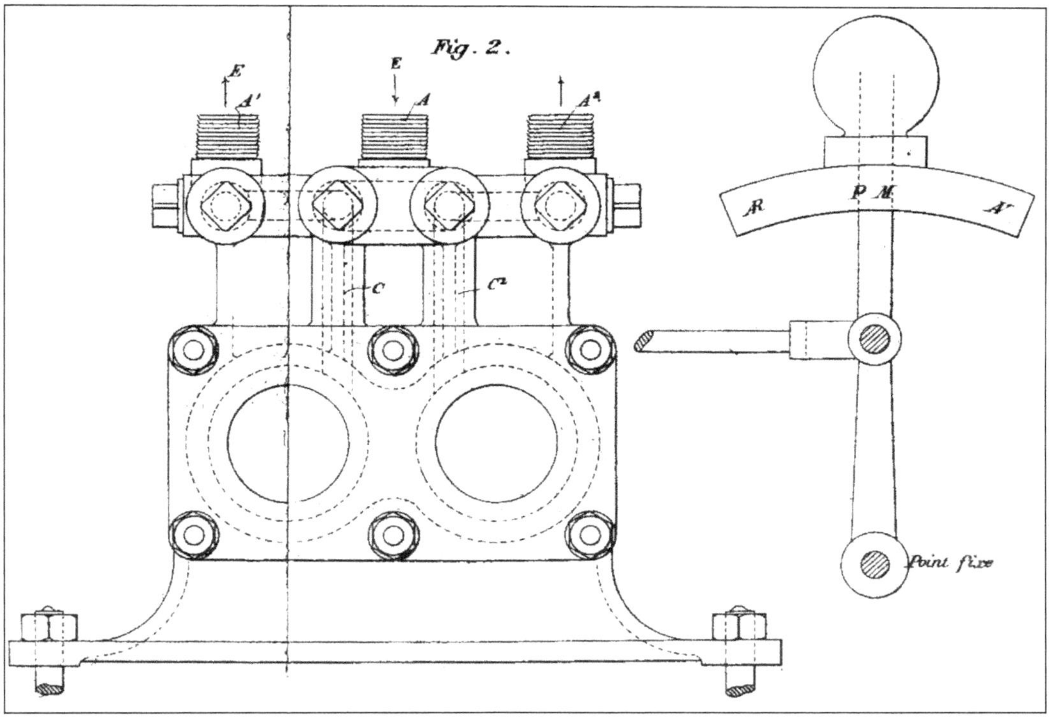

Brevet n° 292.338.
Les obturateurs-distributeurs - Mars 1900.

Pour revenir au CA, le Vaporiste va noter avec intérêt la création automatique et instantanée d'un souffleur, destiné, à l'inverse de celui de la locomotive où il agit sur commande et à l'arrêt, à contribuer en marche à une surproduction momentanée de vapeur. Pour une surproduction momentanée d'air, il va aussi noter la présence de la soupape automatique de refoulement, prévue essentiellement pour limiter la pression d'eau sur le générateur pendant les périodes d'arrêt.

Subsidiairement, on trouve encore dans ce CA le dispositif de commande réglable du débattement du levier oscillant, donc du débit des diverses pompes. Ce dispositif va en quelque sorte faire son chemin puisqu'il va équiper les voitures pendant plusieurs années. La description l'appelle une came caractéristique, *dont la rampe est en gradins, la partie cylindrique de chaque gradin se trouvant, en un certain point, à chaque demi-révolution, de niveau avec la partie plate cylindrique du gradin voisin, ce qui permet à chaque plat d'un gradin de passer aisément en face du galet.* Cette dernière mention nous

fait d'ailleurs relever une critique involontaire des cames à rampes comme celles du moteur, car *ce galet, dès qu'il est sur l'un des étages de la came, n'éprouve aucune réaction latérale comme cela arrive avec les cames à rampes.* Pourtant celles-ci ont duré, sans doute grâce à leur cémentation, mais au détriment des galets, dont les utilisateurs ont parfois rapporté la faiblesse ou l'usure anormale. C'est en tout cas avec attendrissement que l'on peut observer sur les dessins l'installation harmonieuse des quatre pompes et de la came à gradins sur un délicieux châssis de bois.

Le moteur n'avait pas tout dit

Encore des idées entassées dans les cartons. L'exploitation de l'ensemble des concepts de ce CA ne s'est sans doute pas matérialisée, Léon se réservant probablement d'y prélever les éléments nécessaires aux réalisations concrètes. À cet effet, en relisant son brevet de 99 et plus certainement en procédant à des essais sur le terrain, il améliore son moteur tout en profitant de l'occasion pour le décrire de façon plus complète et le représenter par des dessins luxueux, rares en brevet français puisque, simple rappel, ils sont uniquement destinés à l'intelligence de la description et peuvent être très schématiques.

L'année 1900, si faste on le sait pour Léon Serpollet, commence pour nous le 3 mars, avec le dépôt d'un CA à un brevet **n° 292.338** où tout un moteur, parfaitement novateur, est agencé autour du rattrapage des poussoirs des soupapes. Cette fois, le brevet tourne autour d'un *dispositif formant intermédiaire de commande pour le dispositif de rattrapage*, mais il décrit et protège en fait le moteur dans sa forme définitive avec tous les détails voulus. C'est toujours spécifiquement un quatre cylindres à plat opposés deux à deux, distribution par soupapes et arbre à cames coulissant, à simple effet.

Là s'arrêtent les éléments de ressemblance.

Les différences sont moins visibles mais elles sont dictées en particulier par les impératifs d'économie et de souci de conservation de la qualité de la vapeur et de sa chaleur. On a parfois reproché au système Serpollet d'être mal calorifugé. C'est peut-être possible au niveau des tuyaux, mais le Vaporiste va apprécier les efforts déployés dans ce sens au sein même du nouveau moteur.

Afin d'éviter un écoulement de la chaleur vers la masse générale du bloc, les cylindres sont des fonderies individuelles et non plus un groupe de deux. L'écartement entre les cylindres laisse une couche d'air mais à vrai dire il aurait pu loger un habillage isolant: les détracteurs auront été contents. Les cylindres sont boulonnés sur un carton formant le support du moteur mais sa paroi est moins massive qu'auparavant et, surtout, le fond est rapporté et réalisé en tôle mince dont le but est, de la même façon, d'éviter par conduction l'échauffement de l'huile du carter. En toute rigueur, la température de l'huile est également augmentée par l'incursion d'eau condensée à partir de fuites du piston, inévitables même si elles sont faibles, et qui en outre nuisent aux qualités lubrifiantes. Ce n'est sans doute pas pour rien qu'un robinet de vidange est scrupuleusement prévu en bas de ce fond de carter en deux plans inclinés mais la description se tait pudiquement sur cette question.

Chaque fonderie de cylindre comporte sa chambre avec son guide de soupape et c'est vraiment là que se situe l'important élément de nouveauté, justifié par un effet technique indéniable : *Ces perfectionnements consistent principalement à donner aux tiges de soupapes d'admission et d'échappement une obliquité permettant de diminuer l'espace*

nuisible, à séparer les conduits d'échappement et d'admission pour éviter les échanges de chaleur, à augmenter la différence de section entre les conduits d'admission et d'échappement au profit de ceux-ci.

L'espace nuisible étant étroitement fonction de la longueur du conduit entre le haut du cylindre et la chambre de la soupape, l'obliquité rend les deux organes presque contigus et la longueur du conduit est effectivement réduite au minimum.

La queue de soupape étant oblique, son axe ne passe pas par l'arbre à cames qui, lui, conserve sa disposition parallèle à l'axe du vilebrequin et au-dessus de lui. C'est là qu'intervient le *dispositif formant intermédiaire*, placé entre la queue de soupape et la tête de réglage du guide porte-galet ; un simple levier articulé sur le bloc-support du moteur, dont le débattement est commandé par la came et contre lequel *butte* la tige inclinée. On retrouverait d'ailleurs une pièce similaire dans la version-pétrole des moteurs de la même époque.

Pour des raisons évidentes, les chambres des soupapes d'admission et d'échappement sont respectivement reliées à des conduites communes mais séparées, toujours dans le but d'éviter les échanges de chaleur. Enfin, les conduites d'échappement présentent une section supérieure à celles des conduites d'admission, en principe dans le but d'éviter la contre-pression.

Les perfectionnements ne s'arrêtent pas là, car enfin la structure et la fonction des cames sont explicitées. Celles-ci sont enserrées sur l'arbre carré coulissant, à raison de deux cames symétriques, l'une pour la marche avant, l'autre pour la marche arrière, séparées par une zone cylindrique lisse ou zone d'arrêt n'actionnant pas la soupape. Le bossage est généralement conique et son développement présente deux rampes asymétriques respectivement de commande d'ouverture et de fermeture. De ce fait, la distance comprise entre les deux rampes détermine la durée d'ouverture, tandis que l'inclinaison de la rampe d'ouverture agit sur l'avance : de cette façon cette disposition a pour résultat de faire varier à la demande du conducteur l'avance et la durée d'admission *d'une manière inversement proportionnelle* suivant le régime et la puissance requise. L'arbre à cames étant entraîné en rotation par une roue dentée engrenant sur une roue dentée de même diamètre, le calage entre elles permet de provoquer au montage une avance ou un retard dans l'admission ou l'échappement. Enfin, *pour le cas des moteurs dans l'emploi desquels la marche arrière n'est à prévoir qu'accidentellement, la came d'admission pour la marche arrière a une bosse fixe sensiblement égale à la moyenne de la rampe de la came d'admission pour la marche avant.* Il est en effet inutile d'obtenir les mêmes performances dans les deux sens, ce qui est toujours valable de nos jours.

Un mot encore, sur l'embiellage. Deux pistons opposés sont décalés de 180°, les deux têtes de bielles s'articulent sur le même maneton. Dans les moteurs précédents, l'une des têtes était incluse dans la fourche de l'autre, ou bien deux demi-têtes étaient enserrées par un collier. Maintenant, les têtes sont d'égales longueurs pour assurer une meilleure portée, c'est le corps de la bielle qui est légèrement décalé par rapport à l'axe des cylindres. Cet agencement paraît plus robuste, donc le moteur plus performant.

La famille Moteur

On peut dire que ce moteur a fait le tour du monde, équipant dans toutes ses diverses dimensions une gamme étonnamment étendue de voitures et omnibus dans de nombreux

pays. Les diverses puissances nominales représentent tout juste des dimensions globales des différentes versions des moteurs, puisque la puissance au frein est essentiellement fonction de la pression de vapeur qui lui est offerte et pouvant passer couramment de 0 à 25 bars. C'est précisément cette alimentation que Léon Serpollet a tant cherché à constamment améliorer.

Hormis le cas particulier du 10 CV en V, qui a probablement été fabriqué hors de nos frontières, par l'une des succursales, la gamme proposée en 1900 est de 6, 8 et 12 CV en diverses combinaisons de courses et d'alésage mais d'allure similaire portant la marque ou la *patte* de Léon Serpollet. Certains l'ont d'ailleurs comparée à celle, venue beaucoup plus tard, d'Ettore Bugatti.

Pour nous, cette allure similaire permet tout modestement de se rendre compte d'un coup d'œil du modèle d'un moteur Serpollet : avec un guide de soupape unique par cylindre, c'est un équicourant type 98 ; avec deux guides par cylindre, parallèles à ce dernier, c'est un type 99 ; avec un ou deux guides obliques par cylindre, c'est un type 1900.

Qu'il me soit encore permis de m'attendrir, dans un domaine plus reposant hors de la technique. Ce CA est l'un des premiers brevets dactylographiés ; à une époque où toutes les ratures étaient consciencieusement signalées et décomptées, il subsiste dans ce texte une adorable faute de frappe passée inaperçue malgré tout le soin sans doute apporté à la rédaction : *une came centrale* [...] munie du... *distributif de distribution...* où il faut bien sûr lire *dispositif de distribution*. Amusant.

À quoi pensait la dactylo, était-elle fatiguée, était-elle distraite, ou seulement mal installée ? Il serait trop injuste d'oublier un banal aspect humain de tous les jours derrière la notion sévère d'enrichissement du patrimoine industriel, bâti sur les brevets. D'ailleurs, en l'occurrence, cette faute d'inattention n'entache en rien la validité du titre dès lors que l'homme de l'art peut rectifier de lui-même une erreur aussi bénigne.

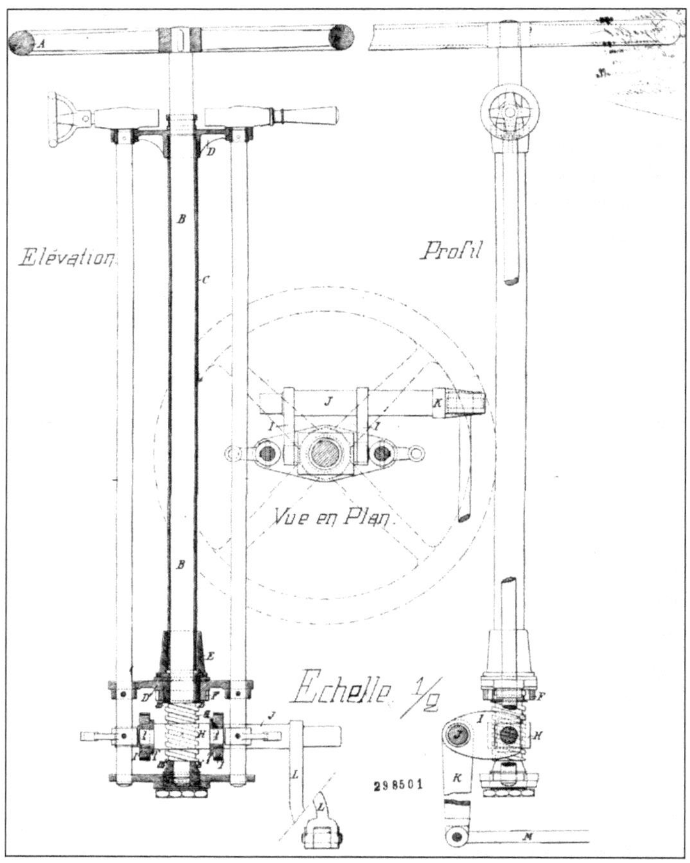

Brevet n° 298.501.

Du châssis au volant

On ne peut pas encore parler de tenue de route, si toutefois on peut parler de route en 1900. Les pneumatiques gonflés à 5 bars lancés sur les cailloux et les nids-de-poule ne rendaient pas la conduite

aisée, où il fallait parfois même faire preuve de force physique tout en arrivant à supporter les secousses et les vibrations. Certes la voiture automobile avait fait des progrès e la direction à queue de vache et cheville ouvrière était déjà une pièce de musée, mais les perfectionnements étaient les bienvenus.

Dans ce contexte, après avoir en quelques mois alimenté, chauffé, régulé, graissé et motorisé, Léon va diriger, lui qui est déjà titulaire du premier en date des permis de conduire remontant au 17 avril 1891. Un brevet **n° 298.501** du 23 mars 1900 concerne donc des *perfectionnements apportés au dispositif de mouvement de direction dans les automobiles*. On remarque en passant que ce dernier terme a maintenant pris sa signification moderne.

Le problème semble suffisamment délicat pour s'obliger à donner d'entrée une définition : *mouvement à l'aide duquel on agit sur les deux roues de devant, pour les faire tourner ou pivoter, plus ou moins, autour de la ligne verticale qui passe par le point de tangence de chacune d'elles avec le soi*. Le problème était connu et un problème n'est pas brevetable mais bien les moyens propres à le résoudre. Des solutions avaient donc été proposées et mises en pratique, en particulier celle d'Amédée Bollé appliqué sur son *Obéissante* trente ans auparavant.

Le dispositif imaginé par Léon ne semble pas révolutionnaire pour une fois, mais il décrit sans aucun doute l'ancêtre de la colonne de direction à vis sans fin à double filet et écrou, avec rattrapage de jeu. Cette dernière disposition est en fait indispensable, pour parer à l'usure causée par tous les chocs encaissés lors du moindre trajet. Ce brevet mériterait peut-être de s'y arrêter plus longuement si l'on s'intéresse aux organes purement mécaniques de l'automobile, mais le Vaporiste, lui, va y relever des points intéressant son domaine : sous le volant, situé à droite et dont la colonne est verticale, se trouvent représentées à droite la commande de la soupape de décharge à la bâche et à gauche la manette de calage du taux d'admission et de renversement de marche. La voiture se conduisait pratiquement à la main, une pédale étant affectée au seul freinage et l'autre à la marche, sorte de clef de contact.

Le grand tournant

Il s'est écoulé cinq jours depuis le dépôt du brevet sur la commande de direction. On peut cependant soupçonner Léon d'avoir pensé beaucoup plus longuement à des *perfectionnements dans les chaudières à tubes de très petits diamètres*, dont le brevet **n° 298.703** est déposé le 28 mars 1900.

C'est dit, plus question d'espace capillaire, l'état sphéroïdal est oublié: c'est le grand tournant, et pas celui de la toute récente colonne de direction. Déjà, plusieurs brevets avaient fait état de tubes semi-capillaires et même de tubes à section ronde sans autre précision. Les progrès du Système Serpollet sont certainement la raison d'un tel bouleversement, dont l'explication est peut-être toute simple; le moteur à régime rapide impose une circulation intense dans le générateur, les pompes alimentaires sont plus efficientes et la vitesse de l'eau empêche l'état sphéroïdal de s'établir dans les tubes les plus chauds. Dès lors il devient inutile de s'évertuer à fabriquer des tubes épais laminés et matricés, dont le dimensionnement a fait l'objet de tant de recherches de la part de Léon et dont la réalisation est souvent confiée à des sous-traitants spécialement équipés: le tube d'acier standard va faire l'affaire. De ce fait le quatrième moyen de réaliser

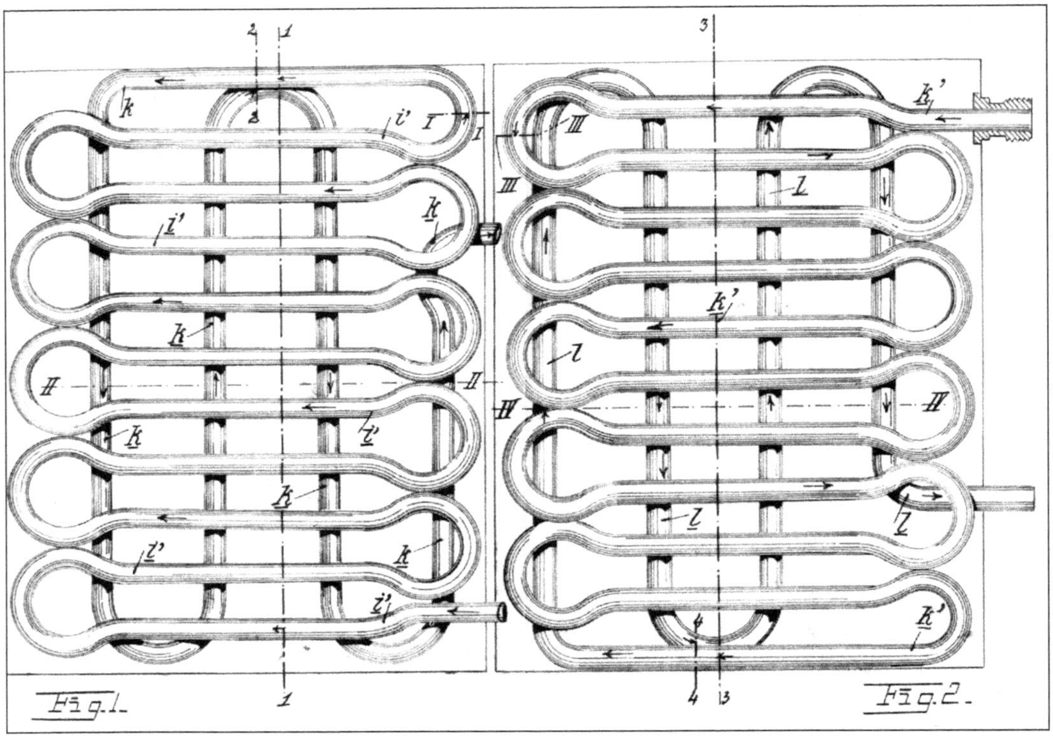

Brevet n° 298.703.

la vaporisation instantanée est finalement le plus simpliste mais il s'appuie sur vingt années d'excursions dans toutes les voies possibles et d'innombrables essais heureux ou malheureux.

Tout en rejoignant de très anciens systèmes, la nouvelle chaudière n'est pas pour autant antériorisée par les précédents serpentins de tube rond Ravel ou Marmonier, respectivement de 1868 et 1882 : le générateur selon le brevet présente en effet des caractéristiques propres dans lesquelles des tubes de très petit diamètre constituent presque subsidiairement l'un des moyens mis en œuvre, les vrais perfectionnements portant en réalité sur leurs combinaisons et leur montage dans une même caisse rectangulaire.

En effet, le générateur comporte trois groupes de tubes superposés, sensiblement de même diamètre extérieur mais d'épaisseurs différentes. Le groupe inférieur, épais, est conformé en un serpentin à spires jointives ou *cadre rectangulaire carré* tapissant la paroi interne de la caisse pour former *comme une partie des parois du foyer*, à la manière de la lame d'eau des foyers de locomotive, recevant le coup de feu du brûleur.

Le deuxième groupe, placé au-dessus du précédent, est également en tubes épais, conformé en plusieurs grils ou serpentins plans dont les branches superposées sont croisées.

Le troisième groupe, à la partie supérieure de la caisse, est un tube de moindre épaisseur et comporte le plus grand nombre d'étages de grils, étant entendu que chaque serpentin est d'une seule pièce et raccordé aux autres extérieurement à la caisse par des raccords vissés permettant son remplacement ou son inspection. Par ailleurs, au sein d'un même gril, le rayon de courbure du tube mince pour former les branches est plus important que celui du tube épais.

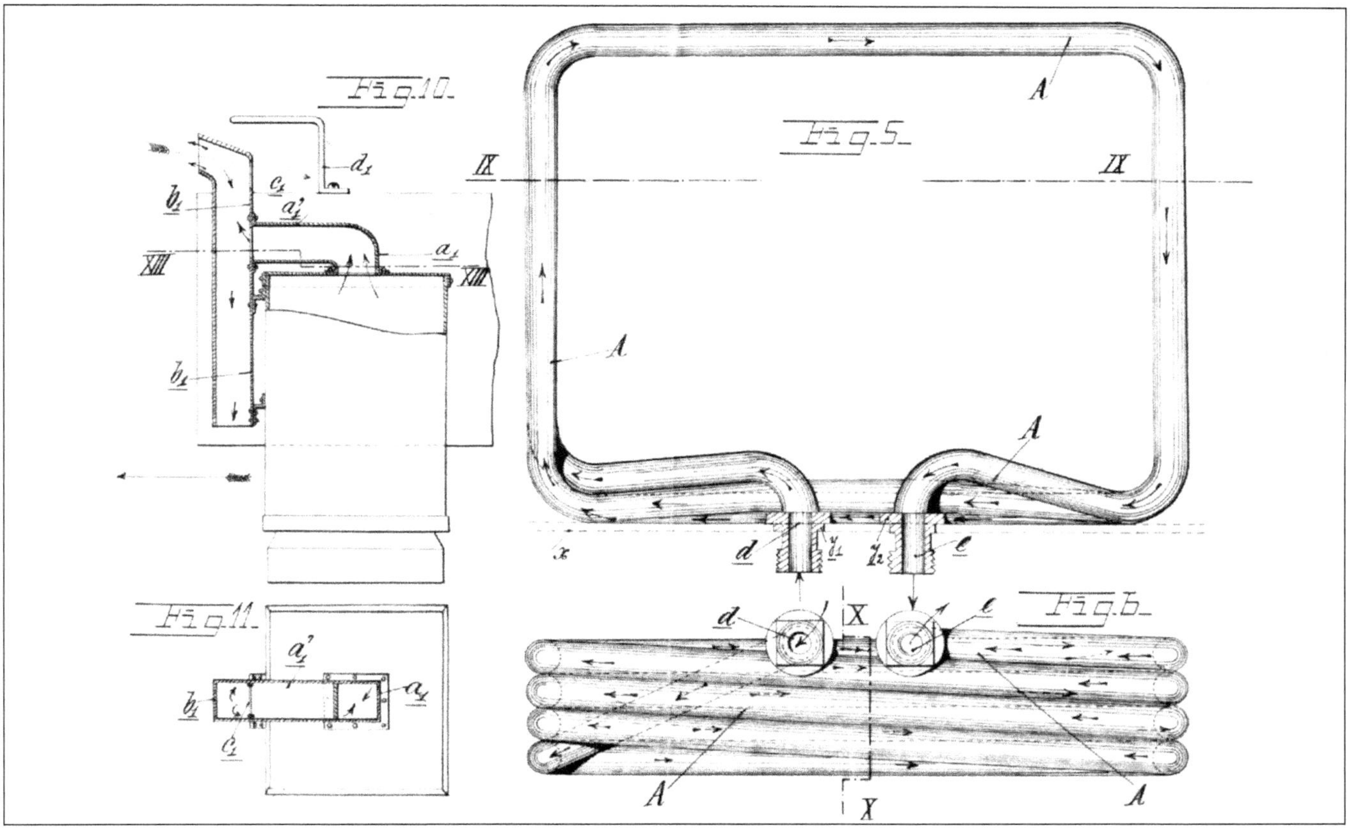

Brevet n° 298.703.

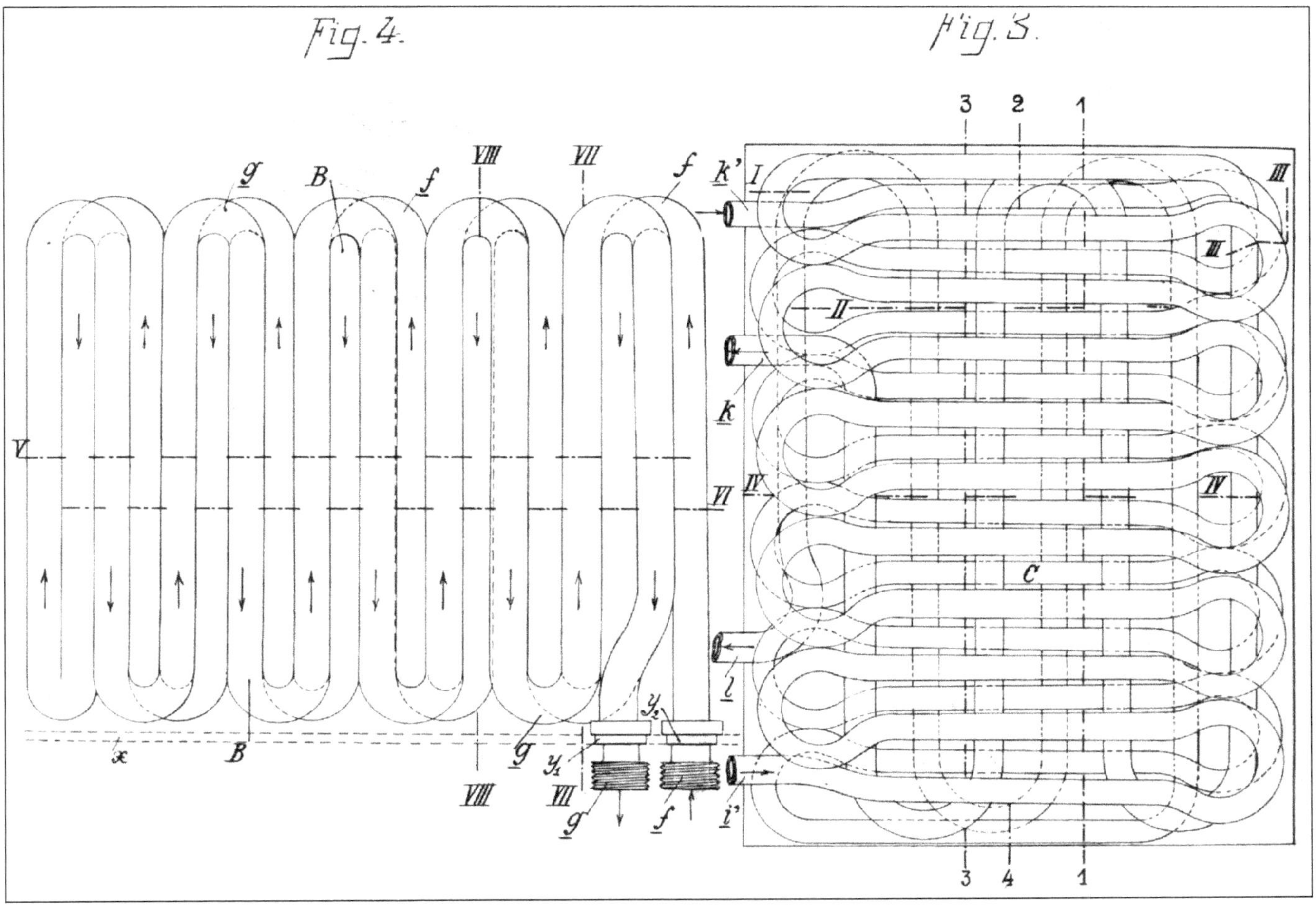

Brevet n° 298.703.

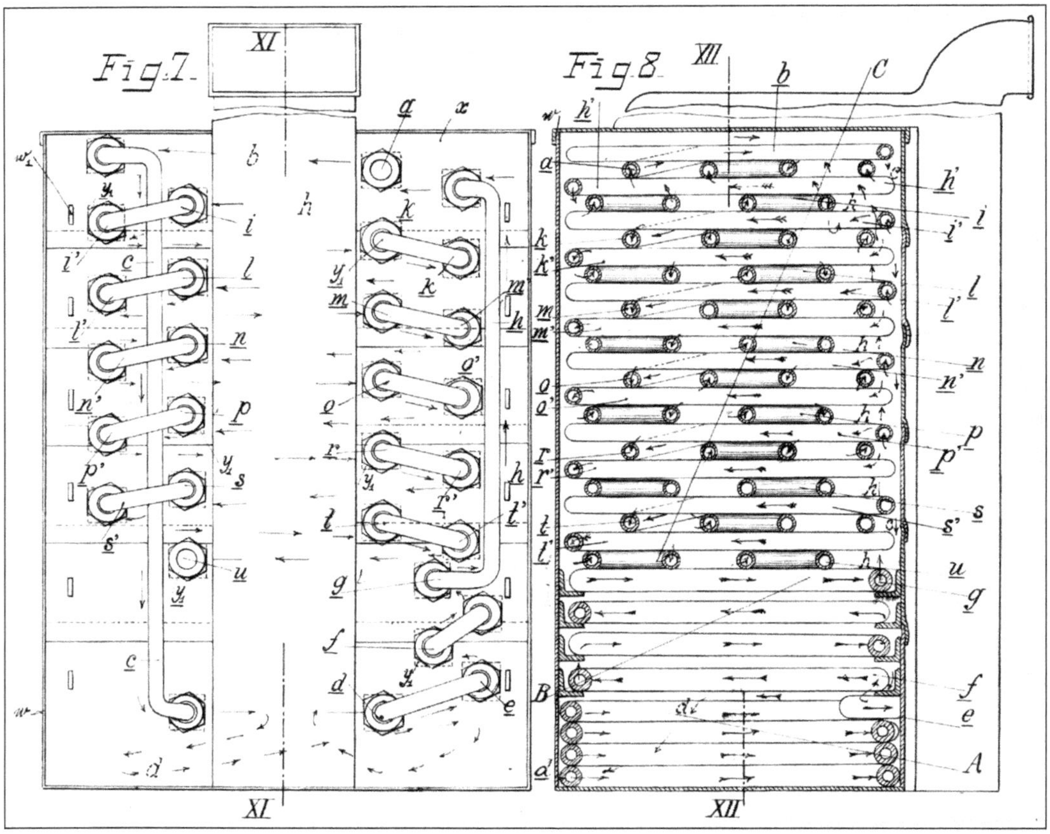

Brevet n° 298.703.

Cette nouvelle structure de générateur ne s'arrête pas là, car elle s'assortit d'un cheminement particulier de l'eau. Venant de la pompe alimentaire, celle-ci entre à la partie supérieure de la chaudière et descend directement sur la spire la plus basse du premier groupe, le cadre rectangulaire disposé autour du foyer ; à sa sortie, elle entre à la base du deuxième groupe où elle commence à se vaporiser ; après ce deuxième groupe où la vaporisation et la surchauffe se complètent pour ressortir à la base de ce troisième groupe sensiblement à mi-hauteur de la caisse, d'où elle est dirigée sur son circuit-moteur.

Ce cheminement à plusieurs sens assure les fonctions de préchauffage de l'eau alimentaire et de protection de la zone du brûleur, puis de la vaporisation et enfin de surchauffe en faisant descendre la vapeur vers une zone plus chaude que son entrée.

Le générateur comporte encore une cheminée particulière, munie d'un conduit ou *paravent formant appel d'air au cas où le vent souffle fortement de l'arrière, tout en empêchant les gaz du foyer de venir brûler le capot de la voiture ou incommoder les personnes qui y sont assises*. Nous sommes déjà loin du poêle cloué sur une caisse.

Cette chaudière semble avoir atteint tous les degrés de commodité voulus, quant à la sécurité, la compacité et l'efficacité. Sa fabrication et son entretien facile ont également milité en sa faveur, car il a fallu attendre plus de vingt ans pour y voir apporter de réelles améliorations. On le sait, équipée d'un tel générateur, la voiture Gardner-Serpollet devenait un concurrent redoutable pour la voiture à pétrole dont elle supplantait souvent les performances, malgré le handicap, depuis Cugnot, du générateur extérieur au moteur.

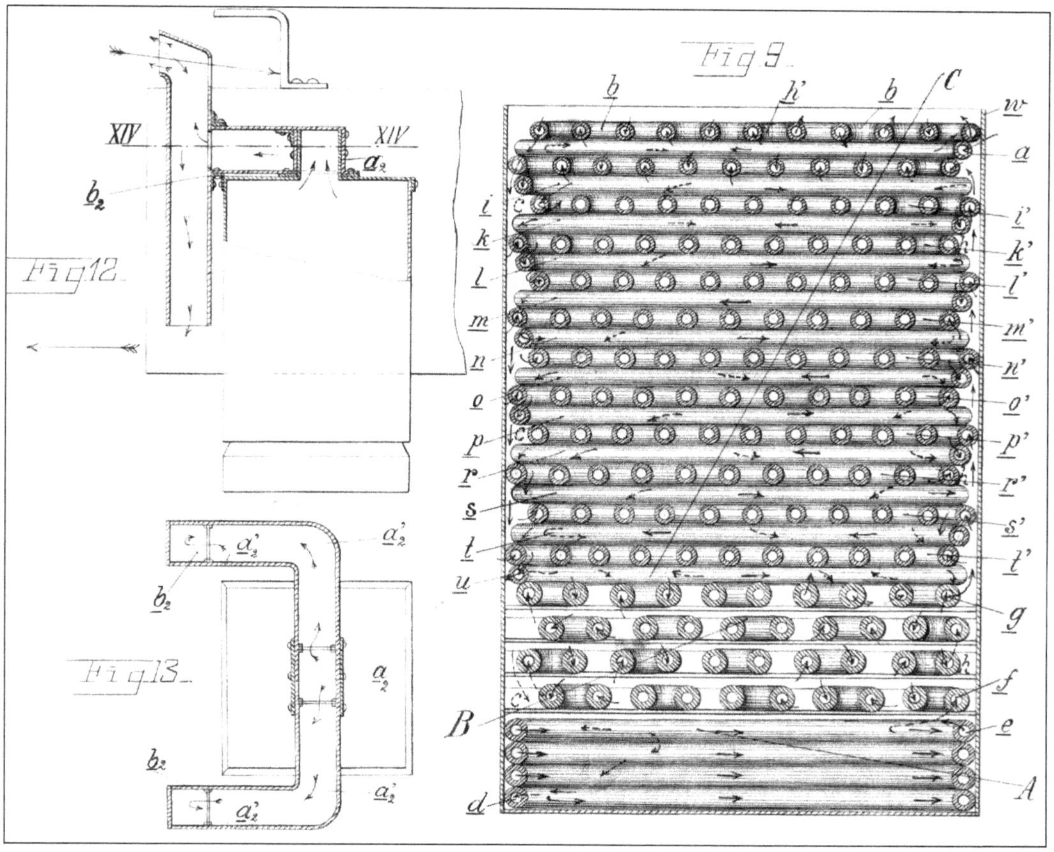

Brevet n° 298.703.

Ce dernier brevet de mars 1900 est donc d'une importance capitale marquant un départ de plus dans l'œuvre Serpollet. Il a été maintenu en vigueur pendant de longues années malgré d'autres pénibles circonstances, ce qui prouve bien tout l'intérêt qu'il suscitait.

La juste récompense

On sait le succès considérable remporté par ces voitures lors de l'Exposition de 1900 où Léon Serpollet arrive au summum de sa gloire. Médaille d'Or dans sa catégorie, Chevalier de la Légion d'Honneur et, si l'on en croit les revues spécialisées de l'époque, comme par exemple *Le Chauffeur*, une autre décoration plus inattendue mais non moins méritée: Officier de l'Ordre du Lion et du Soleil, décernée par le Shah de Perse Monzaffer-ed-Aim qui apprécie les produits de l'industrie occidentale et commande deux voitures du type landaulet de voyage au luxe particulièrement soigné dont les coussins en satin, les glaces en cristal taillé, sans oublier le panier à cannes et autres ombrelles.

Même l'électricité y fait son apparition mais malheureusement pas pour les asservissements des organes moteurs, sous la forme d'un tableau à boutons pour donner des ordres au chauffeur par voyants lumineux. Incidemment, le Shah est séduit par le silence de la voiture mais fait monter un sifflet pour le cas où son passage devant ses sujets passerait inaperçu.

Il profite d'ailleurs de ses entretiens avec Léon Serpollet, requis en tant que constructeur et président du Moto-club, après sa rupture avec l'ACF, pour également commander un

groupe électrogène de 6 kW destiné à *l'éclairage de ses palais*. Le Vaporiste pour une fois un peu électricien sourira quand même devant ces 4 petits kW.

Cette notoriété et ces honneurs n'auraient pu échoir à Léon si celui-ci n'avait pas été maître de ses idées et de ses réalisations depuis des années, c'est-à-dire s'il n'avait pas pris la précaution de se protéger de la concurrence par le dépôt de brevets.

Effectivement, si le succès a déclenché quelques idées parmi des constructeurs potentiels, il ne semble pas que la concurrence ait été très vive, au point d'aller jusqu'à la contrefaçon des brevets. L'avance technique et commerciale de Gardner-Serpollet a sans doute contribué à déconcerter les candidats aux imitations, devant une production annuelle, estimée à deux cents voitures, sans doute difficile à égaler et à contrer.

Pourtant les sous-traitants se sont parfois fait tirer l'oreille avec des délais inconsidérés, mais davantage attribués à des sous-équipements — voire à des grèves dans leur propre entreprise — qu'à une volonté de nuire, cette autre forme de concurrence. À l'époque par exemple, le châssis en acier était formé et riveté en province, tout comme les essieux forgés à la main, sans parler des roues et de la carrosserie prises en charge par un spécialiste agissant au coup par coup, y compris pour la couleur générale et celle des filets... À moins de disposer d'énormes ateliers où l'on produisait déjà autre chose, ou au contraire d'être un bricoleur insignifiant, il était donc difficile de se glisser dans ce marché protégé.

À titre anecdotique toutefois, on a rapporté en 1900 l'existence ou tout au moins les essais d'une automobile Rassinier et Commelin, à vapeur mixte eau/gaz carbonique. À la façon Serpollet, un générateur capillaire en tube de faible diamètre était agencé par un cône formant cheminée et noyé dans une matrice de fonte pour assurer le volant de chaleur : du déjà-vu. Le générateur était chauffé au coke mais la véritable originalité résidait dans la possibilité de bénéficier d'un coup de collier si nécessaire en augmentant la pression du CO^2 sans doute par réglage d'un détenteur, sans avoir à faire varier l'intensité du foyer. Ce concept était certainement intéressant mais il arrivait trop tard lui aussi devant la capacité du couplage eau/pétrole du Système Serpollet.

Auto-école et technique

Incontestablement, les voitures Gardner-Serpollet sont pourtant difficiles à conduire, et l'incompétence des conducteurs du début des années 1900 est encore plus notable que de nos jours, tout en étant plus excusable. La rue Stendhal a produit quelque deux cents voitures livrées à la clientèle particulière et devant certaines récriminations sans fondement Léon recherche maintenant la simplification des manœuvres en passant par les automatismes.

C'est l'objet du brevet **n° 308.516** du 27 février 1901 pour *un dispositif d'alimentation proportionnelle automatique*.

Le préambule de la description ne manque pas d'exposer les fautes du conducteur inexpérimenté, cherchant vainement un surcroît de puissance en noyant son brûleur sans penser à consulter ses manomètres. Le nouveau dispositif va donc en quelque sorte le faire à sa place. Tout en conservant le levier de pompage manuel pour la mise en marche ou un appoint exceptionnel, tout le nouvel ensemble est agencé autour d'un petit-cheval alimentaire asservi aux deux pressions de pétrole au brûleur et de vapeur au moteur.

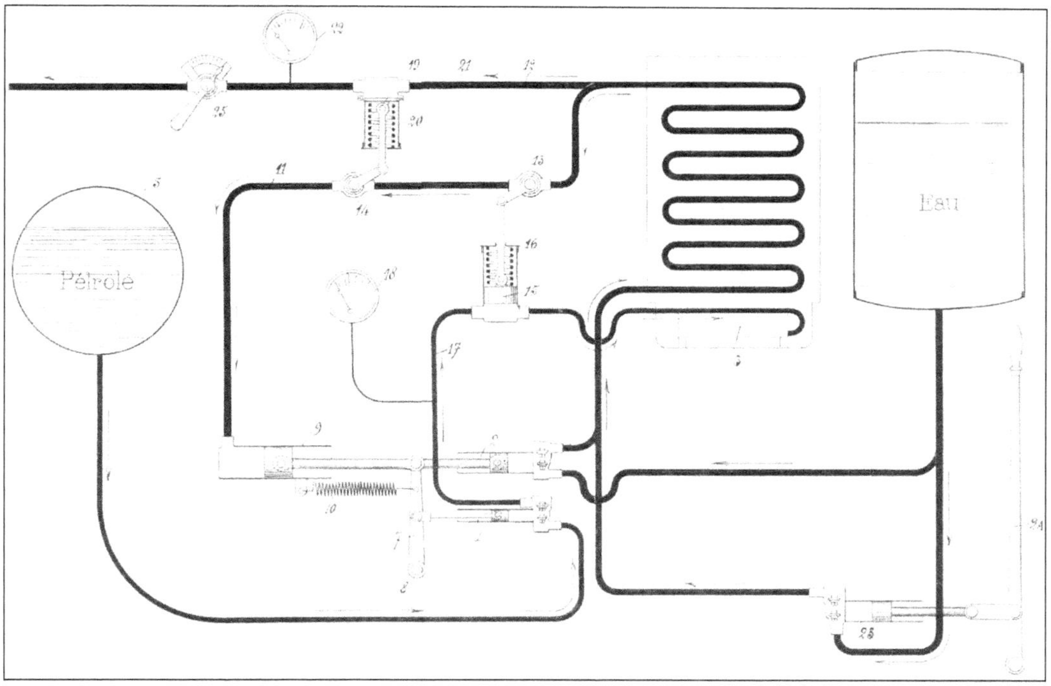

Brevet n° 308.516.

Le petit-cheval avait fait son apparition le 1er avril 97, dans deux curieux CA déjà cités, pour le circuit de commande relativement compliqué d'une machine de tramway. Cette fois l'agencement général est simplifié à l'extrême. Le petit-cheval est relié à une dérivation de sortie du générateur par l'intermédiaire de deux robinets successifs. Sa tige de piston commande le levier oscillant des deux pompes proportionnelles eau/pétrole, lui-même à rappel élastique sous l'effet d'un ressort. On ne peut faire plus simple dans ce secteur, l'excentrique ou les cames étagés sont ainsi supprimées. Les obturateurs des deux robinets sont respectivement reliés par une biellette à un régulateur à diaphragme ou à piston, chargé par un ressort taré. Un premier régulateur est placé sur le circuit de pétrole sous pression, le second sur le circuit de vapeur.

Dans ces conditions, même si le conducteur ne prend pas la peine de surveiller ses manomètres, qui sont d'ailleurs clairement représentés et référencés sur les dessins, une pression limite dangereuse aura pour effet de déplacer les diaphragmes et de manœuvrer les obturateurs de l'un ou des deux robinets d'alimentation du petit-cheval. Celui-ci va donc s'arrêter jusqu'à ce que les pressions reprennent une valeur de service convenable *à leur juste maximum de production.* Exceptionnellement, le brevet donne même des ordres de grandeurs, soit 2 atmosphères pour le pétrole et 25 pour le vapeur. Cette information ne constituait nullement une obligation au sens des brevets mais elle nous est précieuse historiquement.

Subsidiairement, mais c'est une nouveauté dans le Système, un «robinet gradué» est intercalé sur la conduite de vapeur et il constitue l'organe de commande de l'allure du moteur au lieu de la classique soupape de retour à la bâche, ce retour devenant inutile du fait de la commande automatique de l'arrêt d'alimentation. Le Vaporiste l'avait déjà remarqué mais, en cas de troubles de fonctionnement, *le dispositif de soupape décrit dans le brevet du 10 Mars placé sur le circuit de vapeur peut assurer un retour à la bâche.*

De même, un dispositif manuel peut être associé aux pompes proportionnelles, étant entendu que la pompe à main de démarrage existe toujours également. À une époque où les leviers, les raccords et autres biellettes sont soumis à rude épreuve sur la route, le constructeur n'est jamais trop prudent...

La preuve, peut-être à la suite de nouvelles remarques de la clientèle ou de la préparation à la participation personnelle de Léon à la course Paris-Berlin où sa voiture était munie du petit-cheval, le dispositif est encore simplifié, selon un Ca venu quatre mois après le brevet, déposé le 26 juin 1901 veille de départ de ce Paris-Berlin.

Maintenant, les deux diaphragmes ou pistons régulateurs sont purement et simplement supprimés, et le petit-cheval est alimenté par une dérivation de vapeur placée après l'obturateur général. Celui-ci est commandé par une pédale, ladite dérivation comportant un robinet lui-même commandé par un levier à main. Par ailleurs, suivant une première forme de réalisation, la pompe à eau principale est montée en tandem avec la pompe à pétrole et ces deux pompes sont directement reliées dans le même axe au piston du petit-cheval. Ayant de ce fait la même course, les deux pompes sont proportionnées par leur différence d'alésage. Suivant une variante, le petit-cheval ne peut être alimenté que si l'obturateur général est ouvert et sa cadence, dont dépend l'allure du moteur, est réglée à volonté par le conducteur au moyen du levier manuel à sa portée. On ne peut faire plus dépouillé. Et si ça marche, c'est génial.

Comme précédemment, les pompes peuvent être doublées par une commande à main et la pompe de démarrage est maintenue.

Venu du froid

Sans reparler de concurrence réelle, on assiste tout de même à diverses tentatives pour obtenir coûte que coûte de la vaporisation instantanée sans dépendre des brevets Serpollet. Il apparaît en particulier le brevet **n° 315.878** du 13 novembre 1901 avec le titre *procédé nouveau pour empêcher l'état sphéroïdal de l'eau dans les générateurs, à l'aide d'un mélange d'eau et de corps graisseux*. Le dépôt est au nom de Valdemar Taboulévich, résidant en Russie, où d'ailleurs il n'existait pas de vrai titre de Propriété Industrielle à cette époque sauf, à la rigueur un *privilège* de savant ou d'inventeur et un Certificat d'Exploitation. Le *Certificat d'Auteur*, sorte de constat de mérite, n'est venu que bien plus tard, avant que le brevet d'invention n'ait pu autoriser une certaine appropriation des moyens de production. Il n'est cependant pas dans mon propos de rechercher si une exploitation est intervenue en Russie, d'autant qu'elle ne s'est vraisemblablement manifestée en France, dans le domaine de la voiture automobile tout au moins.

Ce brevet expose longuement des justifications un peu confuses et contradictoires de l'invention qui ne s'imposaient d'ailleurs pas, pour en arriver à injecter à chaud une huile épaisse dans l'eau avant pulvérisation sur une surface chauffée à une température où devraient normalement se produire la caléfaction et l'état sphéroïdal, pour obtenir directement de la vapeur surchauffée. Dans quel état se retrouve la surface chaude, quelles sont les propriétés exactes du corps graisseux, quelles sont ses proportions, on confine à *l'insuffisance de description*, cause d'annulation d'un brevet, car même l'Homme de l'Art aura presque tout à trouver s'il veut réaliser l'invention. Seule l'huile de colza est mentionnée, ainsi que les huiles *organiques*. Les huiles *minérales* sont moins efficaces sauf peut-être des résidus d'huiles de naphte. C'est peu d'enseignement et d'exposé loyal

des moyens de l'invention, selon les termes de la loi, étant entendu que *minéral* signifie provenant du sol et *organique* provenant d'un produit vivant, végétal en l'occurrence. De nos jours les substances sont considérées comme ressortissant de la chimie organique et la classification serait très différente. La chaudière décrite paraît à vrai dire très élaborée, le concept ne consistant donc pas en une simple vue de l'esprit mais le Vaporiste aurait aimé en savoir davantage. Il va pourtant retenir un nouveau moyen, inattendu, de vaporisation instantanée.

Léon ne s'est sans doute pas arrêté à l'existence de ce brevet, car lui savait faire sa vapeur depuis longtemps et il avait largement dépassé ce stade dans son unité compacte représentée par une automobile, réunissant notamment générateur, foyer, dosages, mécanique, autonomie et sécurité, autant de problèmes techniques pratiquement résolus.

Partir à point

Les mécanismes ont été simplifiés au maximum et, apparemment, ils permettent une conduite exempte de vigilance autre qu'envers les obstacles de la route. Pourtant, une marge de sécurité est préférable et le dispositif, aussi bien du dernier brevet que de son CA, est avantageusement compliqué d'une soupape de retour à la bâche, par sécurité.

Précisément, si cette soupape est apaisante par sa limitation automatique d'alimentation, elle présente l'inconvénient de vider le générateur parfois intempestivement. Ainsi, lors d'un court arrêt où la pression tend à augmenter momentanément, la soupape va la faire tomber puis il sera nécessaire de réalimenter à l'aide de la pompe à main pour la rétablir au moment de repartir. Outre ce désagrément, le système ayant déjà le défaut de fonctionner sans réserve de vapeur, on ne peut se permettre d'en perdre inutilement une quantité non négligeable.

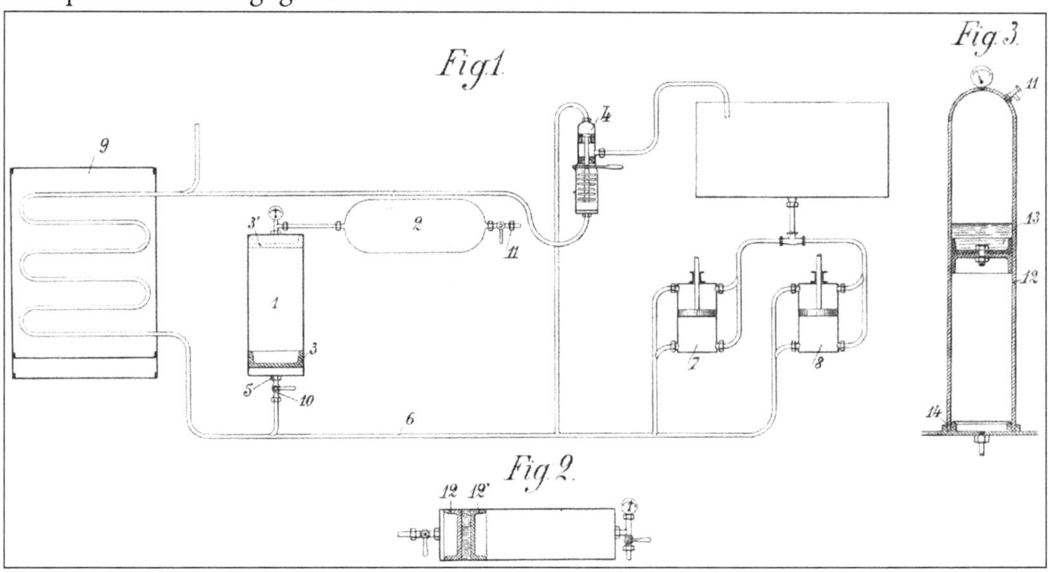

Brevet n° 316.402. L'appareil démarreur décembre 1903.

Alors nouveaux progrès, nouveaux automatismes, le brevet **n° 316.402** du 30 novembre 1901 pour *un accumulateur régulateur applicable aux chaudières à vaporisation instantanée* va permettre d'obvier à cet inconvénient.

Indépendamment de l'alimentation proportionnelle *qui fait l'objet de brevets antérieurs,* c'est-à-dire considérée comme suffisamment connue pour ne pas être à nouveau décrite, le nouveau dispositif est essentiellement constitué par un cylindre relié par une extrémité à une dérivation de la conduite d'eau sous pression issue des pompes alimentaires et, par l'autre extrémité, à une bouteille d'air comprimé. L'intérieur du cylindre comporte un piston libre chargé par l'air contenu dans la bouteille. Par ailleurs, le circuit comporte à nouveau une soupape tarée de retour à la bâche, connectée entre deux dérivations, l'une en sortie de chaudière et l'autre sur la conduite d'eau sous pression. Tout le fonctionnement et même la fiabilité jouent sur la différence de tarage entre la soupape de retour et la bouteille d'air comprimé, cette dernière devant obligatoirement être inférieure à la pression de tarage de la précédente, elle-même étant la limite de ce que peut admettre le générateur.

Dans ces conditions, lors d'un bref arrêt, la pression monte dans la chaudière et, en dépassant celle de la bouteille d'air, l'eau alimentaire, y compris celle de la chaudière, va faire monter le piston libre et va s'accumuler sous lui dans le cylindre. En supposant bien entendu que la soupape de retour ne se déclenche pas, l'eau encore chaude contenue dans le cylindre constitue une réserve déjà sous pression, immédiatement utilisable lors du démarrage par envoi dans la chaudière sans avoir à recourir au pompage manuel. Là encore, le brevet donne des indications chiffrées à titre d'exemple : tarage de la soupape, 45 kg ; pression d'air, 20 kg. On constate que la marge de tarage est très confortable et, cent ans après, on aimerait essayer pour voir si ça marche aussi bien que sur le papier, car ce système est séduisant.

Un minuscule élément représenté sur les dessins mais sur lequel la description est muette va cependant attirer l'attention du Vaporiste : la soupape de retour bien connue comporte une manette entre le ressort de tarage et le clapet. On peut d'ailleurs trouver un schéma de ce type de soupape dans la littérature dès fin 1900. La manette est en fait un simple levier pouvant soulever le clapet à volonté sur commande manuelle, indépendamment du ressort de tarage. Cette manœuvre a pour effet non seulement de renvoyer l'eau à la bâche, mais encore de mettre le contenu du générateur en communication avec ladite bâche, la vapeur repassant alors par la dérivation de la conduite d'eau alimentaire. Ce processus a été préconisé en vue d'un arrêt prolongé pour vider le générateur et en profiter pour le débarrasser de ses incrustations sous l'effet de la violence du retour de vapeur. Ce perfectionnement de la soupape était d'ailleurs parfaitement brevetable en soi car ce moyen, par sa structure et sa fonction de soulèvement du clapet, concourait à un résultat nouveau.

Mais Léon Serpollet a préféré sans doute mettre en œuvre ce qu'il a déjà protégé, pour se consacrer à la construction. Outre les voitures particulières presque fabriquées sur mesure à partir du Système Serpollet avec quelques variantes mineures, Léon réalise des voitures capables de battre des records en vitesse pure, en endurance et en côte, où les pétroliers ont parfois peine à suivre. Il n'est qu'à citer entre autres le fameux kilomètre lancé de 120 km / h à Nice, Paris-Vienne, ou la côte de Gaillon.

Pétrole et Pétroliers

Pour la petite histoire, des Gardner-Serpollet ont participé à l'original Circuit du Nord dont le combustible unique pour tous types de moteurs était l'alcool, carburant

vert avant la lettre mais pas pour les mêmes raisons que de nos jours. Aux environs de 1900 en effet, l'essence est un vulgaire résidu de la fabrication du pétrole rampant, lui-même résultant de la distillation du pétrole brut.

Or celui-ci constitue un monopole détenu par les Américains et les Russes : pour s'en affranchir et aussi par grande idée de générosité à la française on a donc cherché à la remplacer par l'alcool issu de produits organiques locaux et renouvelables dans l'espoir de produire un carburant dans des pays privés de pétrole et de houille pour actionner un *moteur universel.*

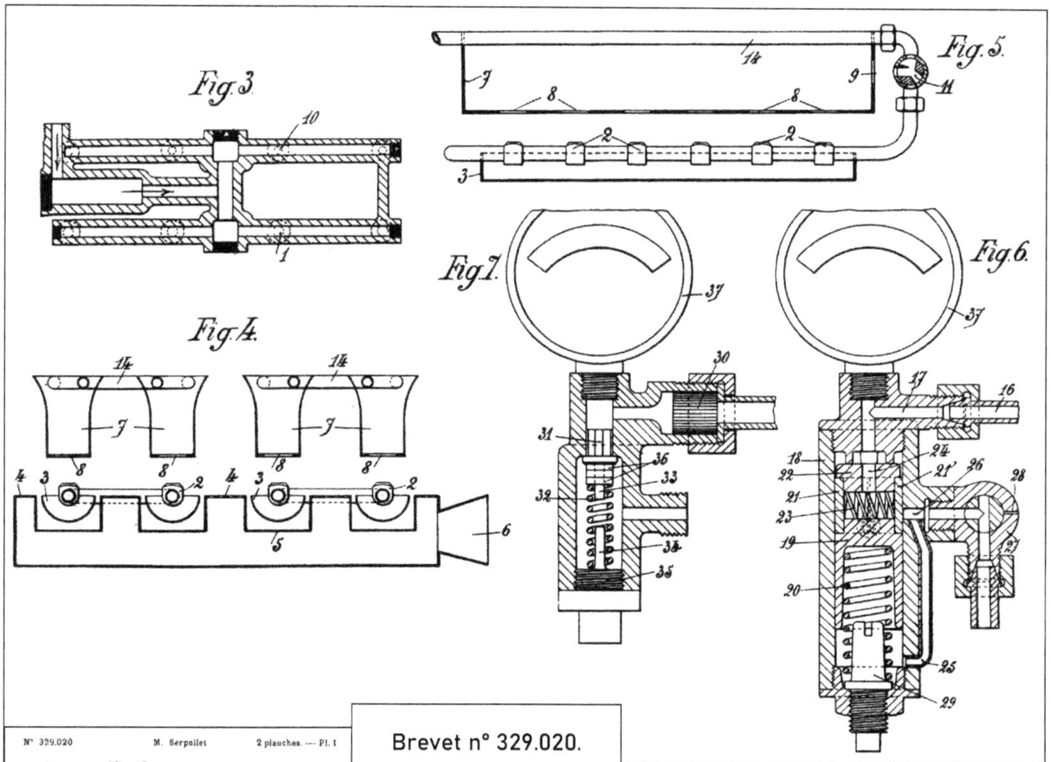

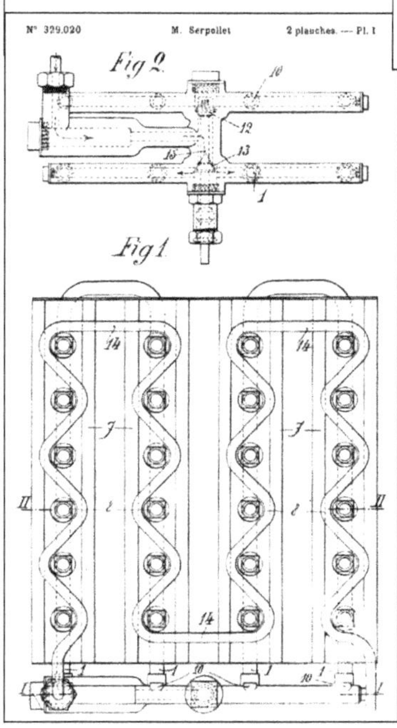

Brevet n° 329.020.

Cette grande option a soulevé des polémiques pendant plusieurs années et elle a par exemple conduit à un carburant vendu sous l'appellation « Electrine ?? Leprêtre » qui a eu quelque vogue mais qui gommait dans les brûleurs des vaporistes. Il consistait en 60 % de benzine de houille provenant de la distillation de goudrons et de 40 % d'alcool méthylique. La pollution atmosphérique — en dehors des *émanations désagréables des moteurs à hydrocarbures* — n'était pas encore à l'ordre du jour mais il est étonnant d'assister à ce genre de raccourcis dans la genèse des techniques, où des causes différentes entraînant de mêmes effets.

Les pétroliers sont donc toujours à la recherche de leur combustible, mais pour l'instant les vaporistes s'en tiennent au pétrole lampant pour les véhicules légers. Alors que Léon cherche inlassablement à en exploiter

toutes les possibilités dans ses différents brûleurs, Valdemar Taboulevitch fait confiance à son procédé de vaporisation instantanée et dépose un CA le 25 mars 1903. Il en profite pour redonner des explications tout aussi complexes mais sa chaudière se perfectionne en se miniaturisant, ce qui peut impliquer une utilisation dans le domaine de la voiture où, par contre, Léon poursuit ses succès en compétition. Pourtant, les victoires ne sont pas gratuites, il faut sans discontinuer améliorer au sens de la mécanique et perfectionner au sens des brevets. En particulier, les efforts doivent porter sur le brûleur, dont les performances suivent mal celles des bolides et qui ne peut décidément pas être mis entre toutes les mains. Depuis le 31 janvier 97, Léon dépose son quatrième brevet de *nouveau brûleur*, **n° 329.020** du 2 février 1903.

Nouveau globule

Jusqu'à maintenant les brûleurs Serpollet étaient constitués de becs Bunsen agencés de diverses façons sur diverses rampes, avec tube vaporisateur du type Longuemare. Le nouveau brûleur maintient l'inévitable ensemble rampe / tube pouvant être considéré comme connu, mais agencé de façon nouvelle pour former globalement un bec Bunsen unique. Subsidiairement, ce bec comprend un moyen de mise en veilleuse et une soupape de limitation de pression afin d'éviter les défauts de combustion par suralimentation.

Il est essentiellement constitué de rampes parallèles de tube étiré sur lesquelles sont brasés des *portebecs*, disons des porte-gicleurs pour éviter toute confusion. Ces rampes sont disposées dans des cuvettes pouvant contenir l'alcool d'allumage et formant coupe-vent de protection contre le refroidissement par l'air *qui s'engouffre* dans un boîtier, occupant la partie inférieure. Au-dessus de chaque rampe est disposée une gaine en tôle percée d'admission d'air, chaque gaine formant ainsi un bec Bunsen unique commun à tous les gicleurs d'une même rampe.

Encore au-dessus est disposé le serpentin vaporisateur dont le tube *de forme sinueuse* évite *le phénomène de caléfaction, par l'écrasement du globule contre la paroi du tube à chaque changement de direction.* L'allusion au globule était presque oubliée depuis longtemps. Au passage, voilà donc l'explication du quatrième moyen de réaliser la vaporisation instantanée, parfaitement semblable évidemment à celle de l'eau dans les grils du générateur.

Le bec s'assortit encore de gicleurs de veilleuse à flamme horizontale destinés à maintenir le vaporisateur en température et commandés par un robinet à deux voies permettant leur allumage en fermant l'alimentation des gicleurs principaux, et réciproquement. Enfin, un dispositif important disposé entre la pompe et le brûleur est constitué par une soupape de retour similaire à celle du circuit d'eau mise en œuvre depuis longtemps et destinée de la même façon à limiter une fois pour toutes une suralimentation du brûleur.

Tel que représenté, ce brûleur comporte 24 gicleurs et devait probablement être prévu pour des véhicules importants comme certains omnibus réalisés dans les années 1900, mais il ne semble pas avoir été monté sur des voitures particulières.

Un tour autour

Dans ce domaine, la concurrence est toujours là. Tout-à-fait incidemment, André Bondeville dépose son brevet pour la magnéto à haute tension, qui va faire faire des

progrès décisifs chez les pétroliers. Mais au sein même des vaporistes le nouveau nom de Marie-Edmond Philbert Chaboche fait son apparition, avec notamment un brevet **n° 329.757** du 26 février 1903 pour une *chaudière à vaporisation instantanée pour véhicules à vapeur et autres applications*, à vrai dire très étroitement inspirée de la Serpollet du 23 mars 1900.

Le tube générateur est de faible diamètre, enroulé en serpentins agencés en grils et il est réparti en trois sections, dont une arrivée d'eau, un évaporateur à la partie supérieure et un surchauffeur à la partie médiane, monté de manière à pouvoir être retiré comme un tiroir en vue de leur maintenance. La chaudière s'assortit d'un régulateur automatique avec cloche à eau intermédiaire, un peu compliqué et peut-être peu fiable, mais assurant le retour d'eau à la bâche. Il est intéressant de noter ici aussi une explication de la vaporisation, selon laquelle la vitesse de circulation étant de 200 à 300 km/h, si une goutte d'eau passe à l'état sphéroïdal sa force centrifuge et sa vitesse la font s'écraser et se vaporiser contre la paroi des spires.

On sait que Chaboche a effectivement construit des voitures puis des utilitaires jusqu'en 1906, le seul d'ailleurs avec Serpollet ayant spécialement conçu des modèles de course à vapeur. Chaboche a également breveté un brûleur à pétrole, du type Longuemare, et il a peut-être, sinon gêné, du moins poussé Léon dans la recherche d'efficacité et de commodité de ses productions.

Sur le plan des brevets, étaient-ils réellement dans le domaine public en février 1903, il est difficile de le savoir de nos jours, mais il paraît certain que ce brevet Chaboche constitue un perfectionnement brevetable dominé par des brevets Serpollet. Aucune procédure ne semble cependant avoir été menée par ce dernier car, à vrai dire, l'avance commerciale prise par Gardner-Serpollet valait mieux que de s'enliser devant les Tribunaux.

Simplification complexe

D'ailleurs, Léon ne se laisse sans doute pas distraire par de telles considérations et il cherche toujours à simplifier, en particulier dans les dispositifs d'alimentation : le 21 novembre 1903 il dépose le brevet **n° 336.885** pour un *nouveau distributeur d'eau et de pétrole pour générateurs à vaporisation instantanée chauffés au moyen de brûleurs.*

Dans son principe, la simplification semble de taille : ...*il permet de supprimer le mécanisme compliqué usuel dans lequel on emploie deux pompes d'alimentation à courses variables, l'une pour l'eau, l'autre pour le pétrole.*

Effectivement, le dosage proportionnel eau / pétrole est obtenu de manière statique au moyen d'un distributeur comprenant *deux organes obturateurs solidaires qui, sous l'action de la même commande, découvrent simultanément des orifices dont les sections ou dimensions sont dans le rapport des quantités d'eau et de pétrole qu'il s'agit d'envoyer au générateur et au brûleur.*

Ces organes obturateurs peuvent revêtir plusieurs formes de réalisation, tiroirs plans à mouvement rectiligne ou angulaire, tiroirs coniques rotatifs, pointeau ou aiguilles, mais ils comportent toute une tringlerie de commande paraissant fragile et source de jeu. Dans tous les cas, les orifices respectifs sont calibrés de manière à toujours ménager un léger excès de pétrole pour assurer la surchauffe. Par ailleurs, un orifice supplémentaire côté pétrole reste toujours ouvert, afin d'alimenter une veilleuse. À l'évidence, des pompes

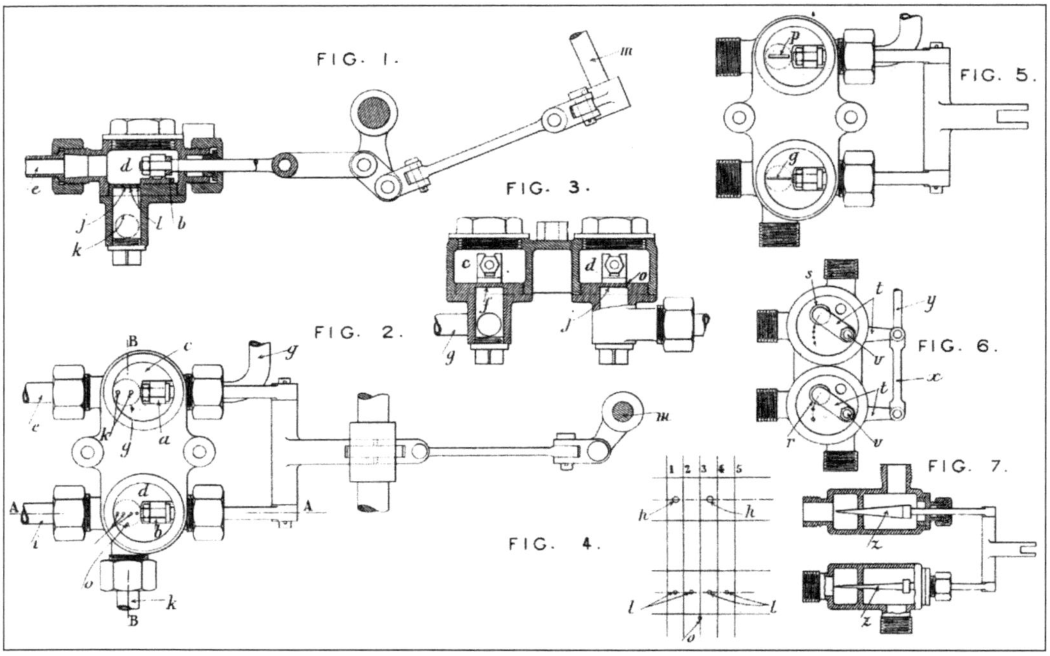

Brevet n° 336.885.

doivent mettre en pression l'eau et le pétrole en amont du distributeur, la description règle rapidement la question en mentionnant sans plus *la pompe d'alimentation* pour l'eau et *une pompe à main, une pompe à commande mécanique ou un petit-cheval* pour le pétrole.

Finalement, le distributeur nécessite de toute façon deux pompes, ce qui ne simplifie pas tellement le problème, mais celles-ci ont uniquement la fonction la plus simple de mise sous pression, la fonction du dosage leur étant retirée et affectée au seul distributeur. Les pompes paraissent ainsi plus faciles à commander, sans le cortège de cames étagées, de leviers et de ressorts. Le Vaporiste va quand même se plaindre comme autrefois de l'obturation placée sur leur refoulement, faisant peiner inutilement le moteur. Même le premier brevet de 1879 faisait varier le débit par réglage de la course du piston et non par obstruction du conduit de refoulement.

Quel était l'agencement exact de l'alimentation des voitures de 1903, il est difficile de le retrouver dans une production presque réalisée au coup par coup avec des modèles différents de l'un à l'autre en fonction des perfectionnements. Il n'en reste pas moins que l'année 1903 est encore une période faste où les voitures démontrent surtout leur fiabilité. Chapitre V Quatrième départ

Avec aussi un cinquième *nouveau brûleur* : c'est du moins le titre du brevet **n° 337.188** du 30 novembre 1903, huit jours après celui du distributeur.

Ce brûleur est constitué par une rangée de becs horizontaux sur une rampe à chicanes intérieures en combinaison avec un serpentin à spires jointives formant une gaine *au centre de laquelle débouchent les becs en produisant l'appel d'air*. Selon une variante, le serpentin est remplacé par une *chambre de dilatation en fonte*. Il est spécifié que le serpentin est destiné à la vaporisation du pétrole, tandis que la chambre en fonte est prévue pour la distillation préalable d'huiles légères, c'est-à-dire en fait plus *lourdes* que le pétrole.

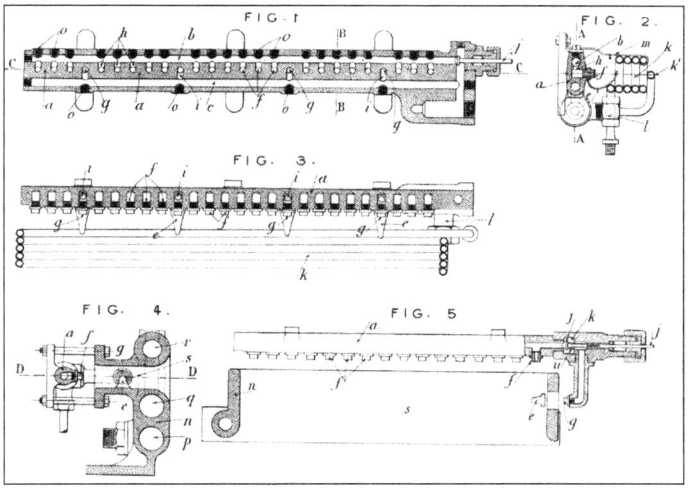

Brevet n° 337.188.

Cet agencement recrée une sorte de bec Bunsen unitaire mais il est surtout intéressant de noter l'importance donnée à l'appel d'air mentionné plusieurs fois dans la description : Léon s'aperçoit de la part jouée par l'air dans la combustion du pétrole et autres hydrocarbures. Il l'avait déjà très bien traitée dans son CA de septembre 99 avec l'apport d'air supplémentaire en cas d'effort excessif, mais curieusement il a à se consacrer à l'amélioration du brûleur en soi, alors qu'il était très près de la solution. Il y reviendra mais il se préoccupe pour l'instant d'une question essentiellement pratique certainement soulevée par la clientèle.

Prêts ? Partez

Au 30 décembre 1903, ses voitures étaient munies de dispositifs de démarrage ou de suralimentation momentanée, ayant *l'inconvénient d'être compliqués s'ils sont automatiques et pénibles à commander en même temps que disgracieux s'ils sont tenus à la main.*

Les dispositifs se résument essentiellement à la pompe manuelle, en dehors de quelques automatismes insuffisants. Alors ce brevet **n° 338.548** déposé ce jour-là concerne un *appareil pour le démarrage des voitures à vaporisation instantanée*, dont le passage mentionné ci-dessus est extrait du préambule de la description :

« Pénibles à commander » : effectivement il n'est qu'à considérer le bras de cette commande manuelle de la pompe alimentaire, outre sa construction particulièrement robuste. Le brevet pionnier de 1879 n'avait pas prévu de moyen de mise en marche mais depuis 1886 dans toutes les représentations du système, la longueur du levier côté poignée de préhension par rapport au pivot est au moins cinq fois supérieure à celle du côté pompe, ce qui laisse supposer sur ce levier du premier ordre ??? l'importance de l'effort à exercer pour actionner valablement ladite pompe. Dans les installations fixes domestiques ou d'atelier, cet effort est laissé à la compétence et à la peine du préposé à la machine, dont chacun a dû trouver dans son coin la meilleure façon de procéder. À bord d'une voiture, en tenue de ville et entouré de badauds, la dignité impose d'opérer sans effort apparent et ce n'est pas facile. À ce sujet, la véritable Bible de Clouët Des Pesruches, le *Manuel du Conducteur de Voitures Serpollet*, plus que jamais consulté de nos jours par des heureux collectionneurs, mentionne des pressions de 25 à 40 atmosphères à atteindre, tout en prodiguant les recommandations nécessaires sans dissimuler l'intensité de l'effort à fournir.

« En même temps que disgracieux » : dans le cadre de la rivalité et du dénigrement systématique exercés par les pétroliers, ce geste de pompage était considéré comme plus que disgracieux et tout simplement obscène. Lorsqu'il s'agissait de s'arc-bouter sur une manivelle récalcitrante et de dissimuler la foulure et parfois une fracture du poignet après un retour de manivelle, ils refusaient sans doute le ridicule de leur situation et se rattrapaient comme ils le pouvaient en se moquant des autres. C'est classique. Il n'en reste pas moins que cette atteinte à la bienséance

a été suffisante et bénéfique pour accélérer la création d'un organe de démarrage, que les pétroliers ont d'ailleurs dû attendre encore des années de leur côté.

L'appareil démarreur se compose essentiellement de deux cylindres en tandem, l'un pour l'eau avec refoulement sur la chaudière, l'autre pour la vapeur avec sortie vers le condenseur - mentionné pour la première fois - les deux pistons respectifs étant montés sur une tige commune à rappel par un ressort principal, associé à un levier de commande manuelle - car il en faut tout de même une. De son côté, le cylindre à vapeur est muni d'une soupape d'admission et d'une soupape d'échappement, montées de sorte que l'une soit fermée quand l'autre est ouverte sous l'action d'un basculeur manuel à rappel élastique en position d'échappement. Dès lors, quelques impulsions sur le levier injecteur, une quantité minimale d'eau dans le générateur, suffisante pour faire mouvoir le piston-vapeur sur commande du basculeur réitérée à chaque fin de course où les pistons sont rappelés par le ressort principal. Ensuite, *par deux ou trois manœuvres de la manette (le basculeur), on a produit la quantité de vapeur nécessaire pour actionner le moteur et l'on peut dès lors démarrer.*

Cet appareil constitue en quelque sorte un petit-cheval pilote, non sans rappeler l'action d'un relais électro-magnétique si je puis me permettre ce rapprochement incongru pour le Vaporiste. *La main sert encore il est vrai* [...] *mais cette opération exige à peine deux ou trois tractions ou poussées avec un effort insignifiant sur une poignée ou un levier placés à la portée de la main.* Voilà bien de quoi faciliter la tâche du chauffeur et apaiser les esprits offusqués ou simplement apitoyés des ricaneurs et autres grincheux.

Mettre le turbo

Cela n'empêche pas Léon de continuer à poursuivre l'amélioration des performances de son brûleur. Pour situer l'état de la technique, je ne peux faire mieux que de citer intégralement le rédacteur d'un 2e CA du 1er mars 1904 au brevet **n° 286.693**, qui a magistralement résumé dans son préambule les tenants et les aboutissants du problème non sans rappeler que le brevet principal est en date du 10 mars 99 pour des *perfectionnements dans les moyens de chauffer et d'alimenter les chaudières à vaporisation instantanée.*

L'inventeur a décrit dans son brevet principal et dans l'addition du 8 septembre 1899 des moyens pour l'alimentation des chaudières à vaporisation instantanée et de leurs brûleurs, comprenant notamment un groupe de pompes attelées à un levier oscillant par une extrémité autour d'un axe, l'autre extrémité étant sollicitée par la tension d'un ressort et ce levier étant déplacé par une coulisse de Stephenson ou par une came à gradins qui peut coulisser sur son arbre commandé par l'arbre moteur, de manière à faire varier l'amplitude des oscillations du levier; la plus importante de ces pompes alimente d'eau la chaudière, pendant qu'une autre alimente proportionnellement le brûleur de pétrole et qu'une troisième pompe à eau, de plus faible volume, envoie dans un tuyau surchauffeur distinct, placé après la chaudière, une faible quantité d'eau qui se transforme en vapeur à haute pression que l'on injecte en un point convenable de la cheminée pour en augmenter le tirage et provoquer au brûleur une combustion plus complète et plus intense.

Conformément à l'invention, le perfectionnement consiste maintenant à remplacer la troisième pompe par une pompe à air ou un ventilateur, pour fournir au brûleur une quantité d'air en rapport avec la quantité de pétrole injectée *de manière à assurer à chaque instant la complète combustion de ce pétrole.*

Car c'est bien ça le cœur du problème : à quoi sert d'affiner matériellement le brûleur si l'on ne respecte pas les rapports immuables existant depuis des millions d'années entre

le pétrole et l'air pour le faire brûler convenablement ? C'est ce à quoi va s'employer Léon, comme le feront aussi tous ses successeurs, chacun avec la technologie de son époque.

Pour l'instant, la solution est la plus simple mécaniquement et elle est décrite selon deux variantes : dans l'une la pompe à air est attelée sur le même levier oscillant qui commande les pompes à eau et à pétrole, dans l'autre le ventilateur est entraîné par *une petite turbine placée sous la tuyauterie d'échappement du moteur*. On sait à quel point cette dernière idée, encore théorique, va faire son chemin.

Dans le cas de la pompe à air, celle-ci peut être formée par un double soufflet accordéon avec un piston plein mobile placé entre les deux soufflets, le volume du soufflet devant être 1.100 fois environ celui de la pompe à pétrole. Le calcul a dû être fait en son temps.

Dans le cas du ventilateur, l'axe de ce dernier est monté sur l'axe d'une *petite turbine* disposée sur la conduite d'échappement du moteur et il est relié par une gaine à la chambre placée sous le brûleur. Il est douteux que cet agencement ait été réellement monté, compte tenu de nombreux problèmes matériels qui auraient pu se poser, mais le principe était parfaitement protégeable en son temps et l'on pourrait bien voir là l'ancêtre, sur papier, des locomotives à condenseur Henschel des années 30 dont les ventilateurs assuraient une circulation forcée sur les radiateurs tenant tout un wagon. On pourrait aussi penser à ce que nous appelons niaisement de nos jours le *Turbo*.

Dans les deux formes de réalisation il est intéressant de noter la dépendance directe de l'ensemble des alimentations par rapport au moteur, dans son déclenchement et dans son régime. Dans la version mécanique le Vaporiste va toutefois remarquer le

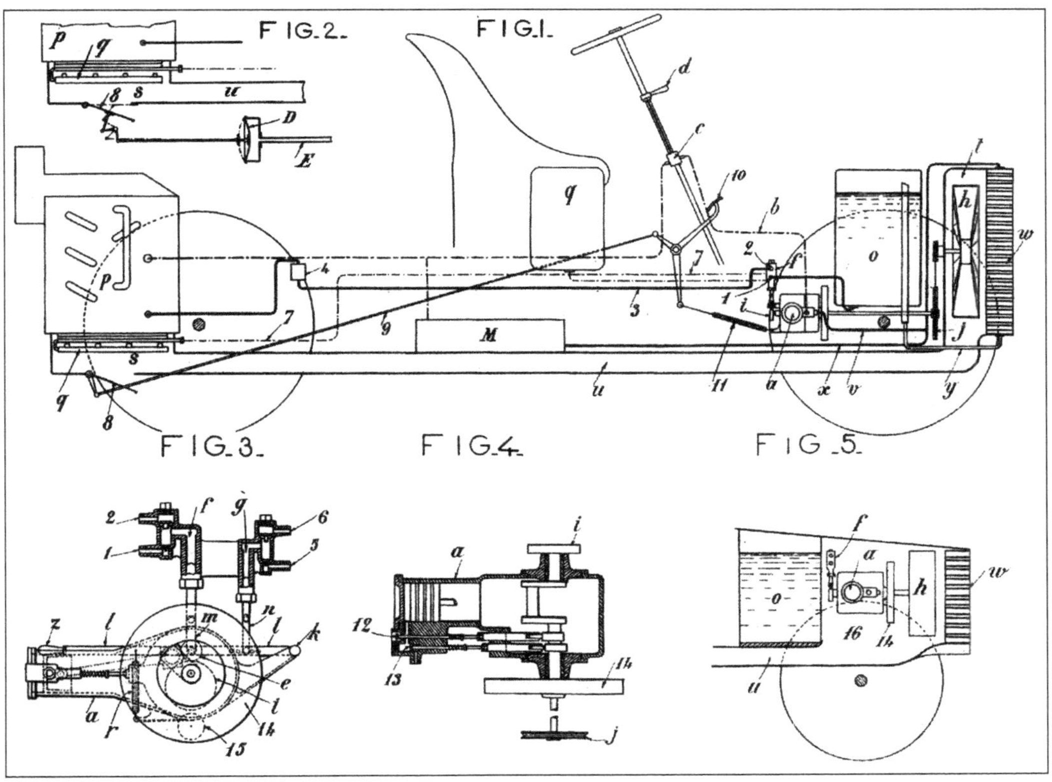

Brevet n° 340.847.

surcroît d'organes annexes demandant de l'énergie au moteur, depuis l'arbre à cames dont les frottements ne sont pas négligeables, en passant par les cames à gradins jusqu'aux différents organes à biellettes et ressorts de rappel. C'est peut-être pourquoi Léon va mettre de l'ordre dans toute cette variété de mécanismes en créant un *système d'alimentation rationnelle des chaudières à vaporisation instantanée*, titre d'un brevet **n° 340.847** déposé le même jour 1er mars 1904 que le précédent.

L'unité centrale

Ce document prend explicitement en considération le brevet **n° 308.516** et son CA, tous deux de 1901, selon lesquels les pompes sont commandées par un petit-cheval soumis à des automatismes tendant à rendre l'alimentation indépendante de la vitesse de marche. Mais cela ne suffit pas : pour prendre l'alimentation *absolument rationnelle* il faut l'affranchir des automatismes et de leurs préréglages pour la soumettre entièrement aux commandes du conducteur, seul maître à bord. En outre, cette alimentation comprend désormais l'air nécessaire au brûleur en toutes circonstances ainsi que le fonctionnement d'un condenseur apparaissant d'ailleurs explicitement pour la première fois dans un brevet Serpollet comme si elle tombait sous le sens. En fait les voitures Gardner-Serpollet en étaient équipées depuis cinq ans et l'on pourrait se demander pourquoi Léon n'avait pas cherché à protéger ce moyen certes connu en soi, mais combiné de façon nouvelle. Qu'importe, aujourd'hui c'est un organe de plus à gérer et le seul moyen de tout commander *rationnellement* à la fois est de *placer l'alimentation sous la commande d'un petit moteur indépendant dont l'admission de vapeur est réglée par un robinet placé sous la main du conducteur.*

Pompes proportionnelles à eau ou à pétrole, adduction d'air, ventilateur, condensateur sont donc associés à ce moteur auxiliaire agissant comme une unité centrale de commande. Certes la mise en marche nécessite toujours quelques coups de pompe à main, mais la suite de la mise en œuvre n'est plus soumise aux embûches de la chute de pression, du défaut de tirage, de l'extinction du feu, de la vitesse ou même de la direction du vent.

Le moteur auxiliaire est un petit monocylindre à simple effet, distribution par soupapes, avec ceci de particulier que son volant comporte une masselotte excentrée destinée à placer le piston hors d'un point mort lors de l'arrêt, de sorte qu'il puisse repartir à la première admission. L'histoire ne dit cependant pas si les vibrations fatalement engendrées en fonctionnement sont supportables ou non et si elles n'entraînent pas à la longue d'autres dégradations mécaniques. Il est vrai que le régime ne devait pas être très élevé : 500 t/mn étaient déjà une *grande vitesse.*

Le ventilateur doit être calculé pour fournir la quantité d'air nécessaire à tous régimes et il est inclus dans une chambre prolongée par une gaine de refoulement aboutissant elle-même dans une autre chambre disposée sous les becs et protégeant ceux-ci des projections de la route. Une trappe ménagée dans cette chambre du brûleur permet une prise d'air en position de veilleuse et peut même être solidaire d'un organe automatique de commande à diaphragme déformable par la pression de la vapeur d'échappement du moteur auxiliaire, de façon à être en position d'ouverture lors de son arrêt. Laissons le Vaporiste douter de la fiabilité de ce dispositif, où peut-être la condensation aurait aussi son mot à dire. Enfin, quatre lignes anodines dénotent un souci de modernisme qui pourtant a peut-être contribué à nuire à la voiture à vapeur : *le ventilateur sera placé de*

préférence [...] *à l'avant de la voiture derrière le radiateur-condenseur de manière à aspirer l'air à travers ce radiateur avant de l'envoyer au brûleur.* Le groupe alimentaire peut même être enfermé dans le capot avant, pour former une chambre étanche fermée à l'avant par le radiateur. Techniquement, cet agencement serait tout à fait judicieux, à condition bien entendu que la capacité de refroidissement de condensation soit convenable. Malheureusement, les puristes n'ont plus trouvé aucun attrait à cette nouvelle forme ressemblant par trop aux voitures à pétrole fumantes et pétaradantes qu'ils méprisaient. On ne peut pas lutter facilement contre les goûts et les habitudes : même de nos jours certains collectionneurs adoptent cette position.

Pourtant, à partir de 1904, Léon ayant abandonné la compétition où il n'avait plus rien à prouver, les voitures Gardner-Serpollet vont atteindre un degré de fiabilité et un luxe technique et esthétique devant rester inégalés pendant au moins deux décennies avant l'apparition outre-Atlantique des voitures à vapeur Doble.

Car les voitures Gardner-Serpollet donnent sans doute à réfléchir à d'autres constructeurs potentiels, nombreux mais éphémères. Certains ont déposé des brevets pour des installations diverses à vaporisation rapide ou instantanée, en prenant bien garde de ne pas mentionner explicitement d'application aux véhicules, et qui pourtant crève les yeux.

Dans cette optique, le plus intéressant paraît être le **n° 350.066** de Louis-Adolphe Hayot, en date du 19 juillet 1904 pour une *chaudière inexplosible à vaporisation instantanée.* Elle est constituée d'un empilement de tubes droits horizontaux reliés par des raccords extérieurs, chacun représentant une âme massive munie de rainures capillaires rayonnantes et incluse dans une frette résistante. C'est encore une nouvelle forme de réalisation possible de tube à espace capillaire mais qui arrive bien en retard. Le brevet veut en principe porter spécifiquement sur cette disposition, mais il en profite pour décrire toute une installation avec alimentation couplée eau/pétrole, pompe à main, et robinet à trois voies de vidange du générateur dans la bâche à eau: en somme, le Système Serpollet. Il n'est pas fait mention d'une vanne-régulateur mais, par contre, une originalité intéressante réside dans le dispositif de réglage de débit des pompes couplées: celles-ci sont commandées par des excentriques dont l'excursion est définie par des sortes de coins portés par un arbre à coulissement par crémaillère. Limité *à la forme de réalisation décrite,* le brevet reste aussi lui aussi dominé par les brevets Serpollet mais on peut retenir la structure nouvelle en soi du dispositif de couplage d'alimentation. Parmi d'autres *systèmes,* probablement moins performants, on peut relever celui de Henri Marfaing d'août 1904, faisant suite à plusieurs brevets antérieurs et qui tend à une régulation de pression de vapeur par asservissement du clapet de la pompe alimentaire, ou encore celui d'Albert Douilhet muni d'un organe équivalent et, en outre, d'un thermostat à dilatation de mercure agissant sur l'arrivée de pétrole.

Certaines de ces dispositions paraissent ingénieuses, voire utiles, en elles-mêmes, mais elles n'ont visiblement pas pu concurrencer la richesse des réalisations Serpollet.

La guerre du feu

Le luxe de ses voitures n'empêche pas Léon de chercher à les alimenter en un combustible le meilleur marché possible. Après tout, l'économie fait aussi partie du luxe. À la suite de l'épisode stérile du carburant à l'alcool et de ses diverses recettes, les

pétroliers semblent revenus à l'essence légère, Léon s'étant spécialisé, lui et ses brûleurs, dans le pétrole lampant. Il a certainement effectué des essais avec d'autres hydrocarbures encore moins chers, en particulier le bas de gamme représenté par l'huile lourde. Cependant à l'époque, celle-ci ne provient pas du pétrole brut mais de la distillation de goudrons forment un sous-produit de l'industrie du gaz d'éclairage obtenu à partir de la houille. Une telle huile, de composition irrégulière, peu volatile, visqueuse et difficile à enflammer la rend impropre à l'utilisation directe dans des brûleurs basés sur la vaporisation sans résidu d'un hydrocarbure relativement léger.

La solution proposée pour l'instant est un peu étonnante et fait l'objet d'un brevet **n° 347.626** du 3 novembre 1904 pour un *liquide combustible à base d'huiles lourdes utilisable dans les brûleurs ordinaires sans les encrasser.* La nature des huiles lourdes de goudron *du commerce* n'est pas spécifiée mais le brevet décrit et protège en fait un procédé de fabrication, de portée assez générale. Pour l'utilisation en brûleur ordinaire à pétrole, on commence par mesurer la densité de l'huile lourde au densimètre, puis l'on réalise séparément un mélange d'eau et d'alcool, sans doute méthylique, de même densité. On introduit ensuite le mélange dans l'huile en brassant énergiquement, moyennant quoi le liquide obtenu reste stable après repos, la proportion de mélange eau-alcool représentant 1/10 environ de la composition totale, car il s'agit bien d'une composition au sens des brevets et non d'un mélange. Un mélange n'est pas brevetable car il n'implique aucune œuvre d'invention, alors qu'en l'occurrence, le combustible liquide, obtenu ici répond à des caractéristiques strictes de nature des constituants, de proportions et de propriétés physiques telles que la densité, la miscibilité et la stabilité, peur concourir à un résultat bien précis. À l'évidence cette composition va cependant redistiller lors de sa vaporisation, mais l'eau faciliterait *par sa chaleur spécifique élevée la bonne combustion*, à vrai dire on ne voit pas bien en quoi. Peut-être en maintenant le liquide à une température modérée pendant la vaporisation et en l'empêchant ainsi de se décomposer ??? Par ailleurs, *la vapeur d'eau par sa vitesse d'écoulement élevée facilite l'appel d'air nécessaire à la combustion*, même en veilleuse. Le Vaporiste demanderait bien à essayer, mais où trouver de nos jours les mêmes produits de base ? C'est comme les neiges d'antan.

Le petit-cheval dressé

Sans remonter si loin et plus prosaïquement, les possibilités du petit-cheval ne sont décidément pas encore épuisées. Tout en considérant uniquement le pétrole, Léon propose, à nouveau, un automatisme avec un brevet **n° 347.662** du 4 novembre 1904, le lendemain de celui du combustible liquide, pour un *système d'alimentation des chaudières à vaporisation instantanée par petit-cheval avec régulateur automatique.*

Les utilisateurs du groupe alimentaire à moteur auxiliaire s'en étaient peut-être mal tirés, ou bien l'idée n'a pas vu le jour pour diverses raisons. En tout état de cause, c'est un retour aux asservissements ou alors une contribution à une gamme d'agencements laissée au choix de la clientèle.

Lancé comme auparavant par un léger pompage manuel, le petit-cheval est destiné à assurer les fonctions usuelles d'injection proportionnelle d'eau et de pétrole, mais aussi de commande du tirage par appel d'air variable en fonction des besoins, tout en étant lui-même asservi à la pression requise par le moteur. Sur le papier, le dispositif paraît

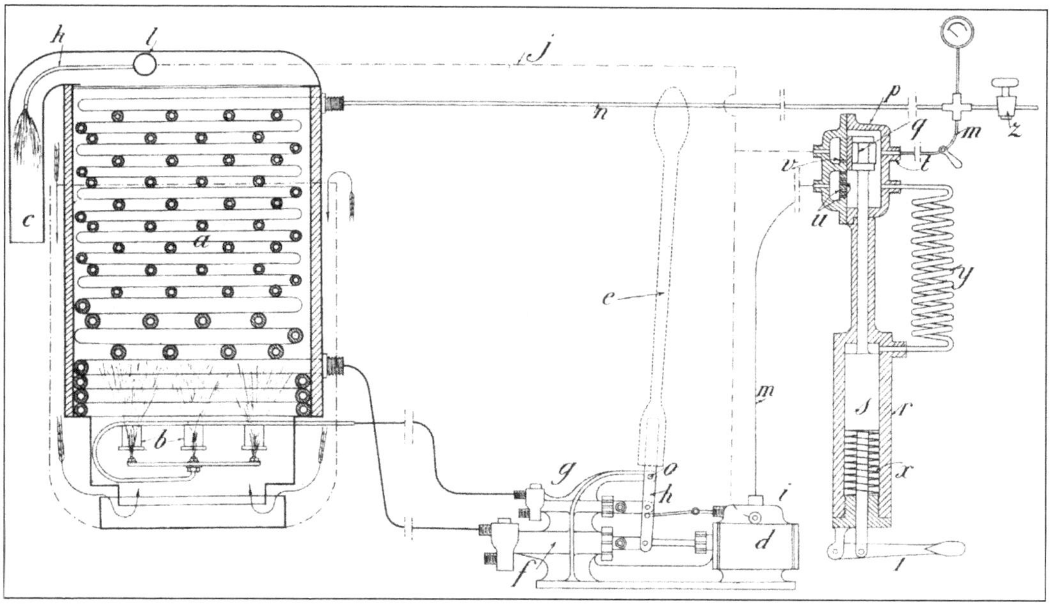

Brevet n° 347.662.

remarquablement simple : le petit-cheval est alimenté en vapeur par une dérivation disposée en amont du robinet de commande du moteur, par l'intermédiaire d'un régulateur automatique permettant de doser son alimentation en fonction de la quantité de vapeur dépensée par le moteur, *c'est-à-dire suivant les besoins*. Ce régulateur comprend un tiroir de distribution solidaire d'un piston à rappel élastique communiquant par un serpentin rempli d'huile avec la boîte du tiroir, celui-ci pouvant découvrir ou obturer des orifices d'alimentation du petit-cheval. Dans ces conditions, si le robinet du moteur est fermé, la pression dans la boîte et dans le serpentin va augmenter : le piston comprime progressivement son ressort taré, le tiroir obture les orifices et coupe l'alimentation du petit-cheval, découvrant seulement une lumière d'échappement d'auxiliaire. Inversement, lorsque le robinet est ouvert, la pression diminue et le piston découvre les orifices d'alimentation pour rétablir les conditions de fonctionnement.

Le conduit d'échappement du petit-cheval est relié à un souffleur disposé dans la cheminée de la chaudière par l'intermédiaire d'un détenteur, produisant ainsi l'appel d'air variable et, en principe, proportionnel à la quantité de pétrole injecté. À l'arrêt de la voiture, la pression au générateur va diminuer mais le tirage est assuré par l'échappement auxiliaire. Ensuite, *dès que cette chute de pression est suffisante le petit-cheval entre à nouveau en jeu et alimente la chaudière* jusqu'au maximum prévu : la voiture peut repartir instantanément après un arrêt prolongé.

Vers l'utilitaire

Et pour démarrer plus puissamment, autant essayer l'objet du brevet **n° 356.781** du 9 août 1905 intitulé très explicitement *moteur à vapeur avec cylindres à double effet et distribution par soupapes*.

Le moteur équicourant de 98 avait essentiellement pour avantage de pouvoir enfin s'accommoder de vapeur surchauffée à haute pression grâce à sa distribution par soupapes

et à son cycle à simple effet supprimant tout presse-étoupe source de fuites. Malgré ses qualités de conception il avait été rapidement abandonné pour son application sur véhicule à cause de ses irrégularités de couple.

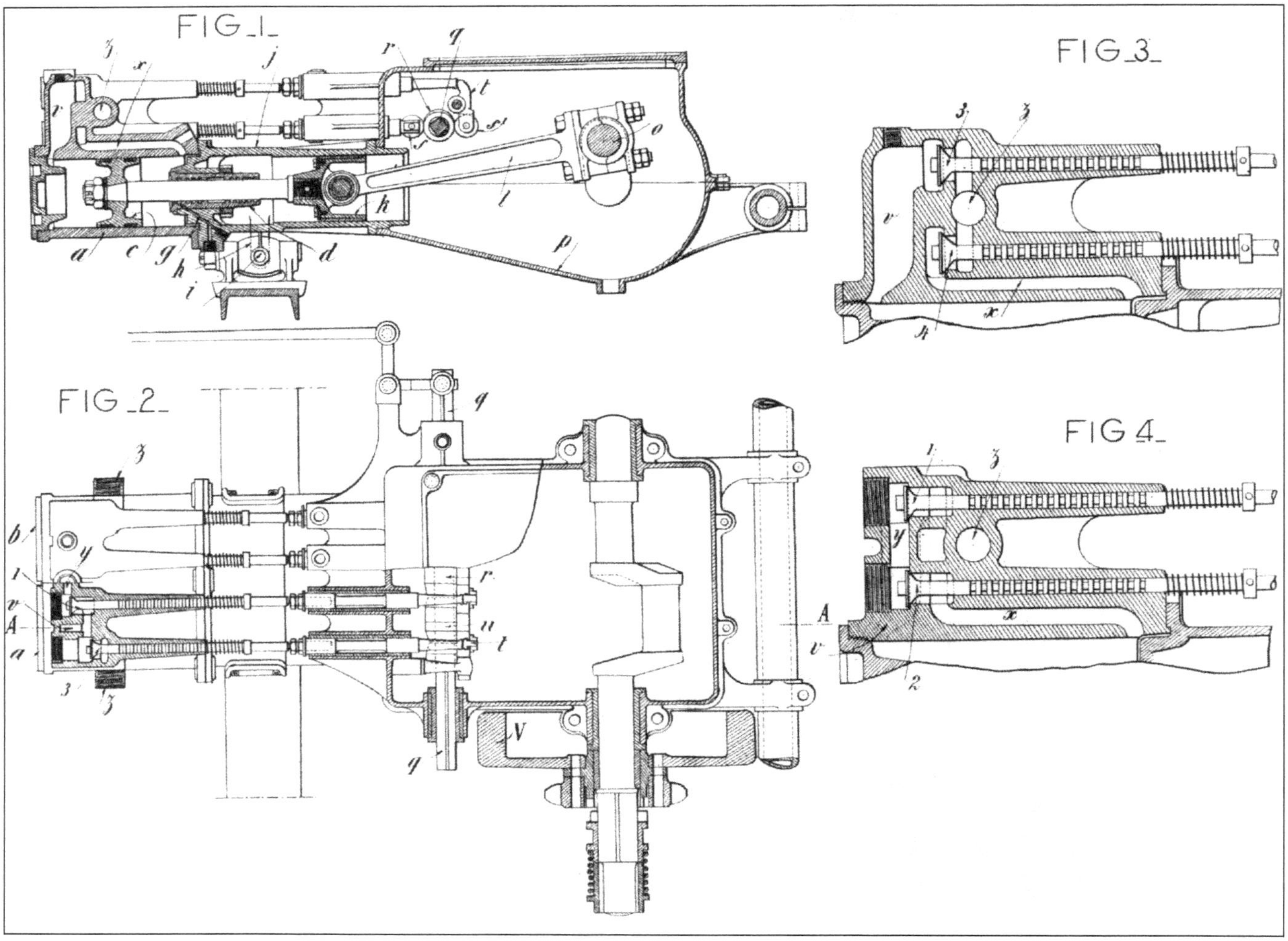

Brevet n° 356.781. – Le moteur à double effet et distribution par soupapes, août 1905.

Son successeur de 99 remédiait à cet inconvénient par sa distribution totale par soupapes à l'admission et à l'échappement, puis se perfectionnait lui-même fin 99 avec l'agencement de soupapes obliques raccourcissant le conduit d'admission et d'une structure améliorant le confinement de la chaleur. Tous deux restaient cependant à simple effet, le graissage étant assuré par barbotage de l'huile du carter. Toutefois un défaut spécifique à ce processus avait déjà été relevé et en partie corrigé entre ces deux derniers types de moteur : le carter du second était moins massif et comportait un couvercle inférieur en tôle mince afin de refroidir plus facilement pour ne pas nuire aux qualités de l'huile par réchauffement excessif. Soit dit en passant, la société en profitait pour recommander sa « Serpolléine » comme huile la mieux adaptée.

Tous les records, tous les succès en course ont été obtenus avec des voitures équipées de ces moteurs, déclinés en plusieurs puissances. Cependant, d'après le préambule du dernier brevet, ils souffraient tous d'un défaut commun quant à la lubrification. En effet, les projections d'huile contre les parois des cylindres produisaient des condensations

nuisibles de vapeur, élevant rapidement la température de cette huile, donc des pièces en mouvement et des coussinets. De plus, les fuites inévitables de vapeur au-delà des pistons viennent l'émulsionner, outre que les parois des cylindres sont tapissées d'huile qui est entraînée par l'échappement : autant de causes de mauvaise lubrification et de consommation considérable d'huile.

Le nouveau moteur est donc essentiellement basé sur la lubrification et le maintien de la qualité de l'huile, dont il découle un agencement tout à fait original et nouveau, dans lequel les cylindres sont isolés du carter par une chambre intermédiaire. Du fait que cette séparation, autant adapter le cycle à double effet qui se heurtait aux défauts du presse-étoupe, tout en conservant la distribution par soupapes, donc en pouvant diminuer de moitié le nombre de cylindres : le moteur de base peut être monocylindrique en ligne disposé horizontalement.

Chaque cylindre comporte donc deux soupapes d'admission et deux soupapes d'échappement, respectivement disposées à la même hauteur mais dont l'une commande un conduit plus long que l'autre pour communiquer avec l'autre extrémité du cylindre. Les soupapes de même fonction sont disposées parallèlement l'une au-dessus de l'autre dans le plan de rotation du moteur et elles sont commandées par une même came, l'une directement, l'autre avec levier de renvoi, par l'intermédiaire de l'agencement antérieur à galet et guide ajustable.

La chambre intermédiaire est définie par un fourreau fixe dans le prolongement du cylindre et dans lequel est ajusté un *coulisseau plein*, pour ne pas dire un piston, solidaire de la tige du piston principal d'une part et articulé d'autre part sur le pied de bielle, celle-ci étant disposée dans un carter où sont également agencés l'arbre à cames et ses galets ainsi que le vilebrequin.

Au lieu d'un presse-étoupe classique et imparfait, la tige du piston est engagée à glissement dans un guide muni d'une série de cannelures ou gorges parallèles, alimentées en huile par un canal relié à un graisseur à refoulement. L'huile en excès et une fuite éventuelle de vapeur s'évacuent par un second canal débouchant dans cette chambre intermédiaire définie entre le guide et le coulisseau.

Ainsi emprisonnée dans le carter, l'huile n'est pas projetée contre les parois des cylindres et elle ne peut *ni se perdre ni s'échauffer*.

Il semble que ce type de moteur ait équipé certaines des dernières voitures et certainement les ultimes omnibus et autres véhicules utilitaires genre voiture de livraison, les courses et alésages étant à la mesure. Incidemment, de même que le guide central, les queues de soupapes bien que non décrites, sont représentées munies de gorges parallèles destinées à assurer l'étanchéité, mais fragilisant ainsi lesdites queues, ce qui a entraîné quelques récriminations véhémentes de la part de certains clients.

Toujours la chaleur

L'huile est sauvegardée. Cependant, d'un autre côté, les mécanismes, les automatismes, voire les prouesses techniques, rien ne peut modifier les propriétés physiques de l'eau, liquide très anormal par ailleurs mais dont le Vaporiste va surtout retenir la chaleur spécifique, ou plus simplement le coût de son réchauffage et de sa vaporisation. À l'inverse, à l'état de vapeur surchauffée, l'eau nécessite un état de refroidissement intense pour se condenser ou retourner à l'état liquide.

Sur un condenseur de voiture, la chaleur cédée par la vapeur d'échappement est absorbée par l'air ambiant et donc perdue. Par ailleurs *la condensation par circulation de l'air extérieur devient moins active lorsque la vitesse de la voiture ralentit comme dans les montées* [...] *et il arrive alors que la plus grande partie de la vapeur d'échappement n'est pas condensée, elle s'accumule dans le condenseur créant une contre-pression au moteur et s'échappe par le trop-plein du réservoir d'eau de sorte que l'eau de ce réservoir est rapidement épuisée* : de l'eau mais surtout de la chaleur encore perdues. C'est l'explication de la raison d'être du brevet **n° 357.308** du 28 août 1905 pour un *cycle de condensation et de récupération de toute la chaleur utilisable à l'échappement.*

L'invention concerne donc l'interposition en un point déterminé d'un condenseur-récupérateur destiné aux calories provenant de la chute de température entre la vapeur d'échappement encore surchauffée et le réservoir. Le dispositif étant constitué d'une batterie de tubes, il n'existe pas sur une voiture une multitude de *points déterminés*, aussi importe-t-il essentiellement de disposer l'entrée le plus près possible du moteur. Ces tubes sont des échangeurs classiques formés chacun d'une enveloppe pour un faisceau de conduits à faible diamètre qui débouchent dans une chambre disposée à chaque extrémité. Des raccords convenables relient les enveloppes en série, tandis que d'autres raccords relient les chambres également en série. L'agencement est tel que la vapeur d'échappement est admise au sein des enveloppes, l'eau d'alimentation étant introduite à contre-courant par la pompe dans les chambres et les conduits intérieurs. Il s'ensuit naturellement une récupération de la chaleur de l'échappement, transférée à l'eau d'alimentation avant son introduction dans le générateur. Un radiateur à ailettes complémentaire ou «refroidisseur» achève la condensation et ramène l'eau à son réservoir.

Il y a lieu de noter que les éléments échangeurs sont du type *condenseur à surface* appliqué notamment aux machines marines. La validité du brevet n'en est cependant pas entachée car elle réside en fait dans l'introduction et la coopération de ce moyen connu en soi dans une combinaison nouvelle, ce qui reste valablement brevetable.

Au prix d'une certaine complication mécanique et aussi d'un certain poids supplémentaire à bord d'une voiture, ces dispositions semblent très intéressantes, même si elles ne résolvent peut-être pas le problème de la totalité de la récupération. C'est encore cependant un atout de plus pour l'attrait exercé par ces voitures et il faudra encore longtemps pour trouver mieux.

C'est à ce moment que Taboulevictch, toujours en Russie et qui se prénomme maintenant Vladimir, reparaît avec un brevet **n° 358.009** du 25 septembre 1905 pour des *perfectionnements aux chaudières à vaporisation instantanée.* Mettant toujours en œuvre son procédé désormais connu, il modifie complètement son générateur, pour en faire une copie quasiment servile du gril Serpollet de mars 1900. Le perfectionnement peut à la rigueur se découvrir dans l'agencement des raccords extérieurs formant des conduits verticaux de descente d'eau liquide — ou de son mélange avec l'huile — et présentant un diamètre inférieur à celui des tubes afin de ralentir la vapeur aux endroits où elle doit être surchauffée : le Vaporiste ne devrait y voir réellement que les clauses de style.

Il est maintenant inutile de revenir sur le sort des brevets dits de perfectionnements et des impératifs d'exploitation qu'ils entraînent, mais cette fois on relève une situation quelque peu suspecte, heureusement prêtant de nos jours à sourire. En 1904, un certain général Freedrickz, ministre à la cour de Russie, achète sa troisième Gardner-Serpollet, un landaulet de 40 CV. Et l'ingénieur Taboulévitch a peut-être soulevé le capot...

La synthèse

Léon Serpollet, lui, va réellement perfectionner : en effet, il reprend ses ingrédients les plus performants et y apporte des améliorations qui touchent au confort de conduite. Ayant regroupé ces ingrédients avec discernement il dépose le 5 décembre 1905 un brevet **n° 360.117** tout simplement intitulé *Automobile à vapeur*.

Comme déjà indiqué, le titre d'un brevet ne définit nullement l'étendue du domaine technique réservé, car il serait exorbitant de couvrir dans un document unique tout un groupe d'éléments constitutifs tels que l'ensemble de ceux d'une voiture. En outre, un brevet doit respecter une unité d'invention et ne peut se disperser dans une multiplicité d'organes disparates. C'est pourquoi le rédacteur du brevet a très judicieusement situé et délimité l'invention dans le préambule de la description, où il fait résider son objet dans une installation de production et d'utilisation de la vapeur dans un véhicule automobile, consistant en une combinaison englobant des moyens dont certains sont nouveaux et emplissent un *rôle particulier*. On retombe donc sur une coopération de moyens concourant à un résultat, selon un agencement dont l'objet est bien délimité sans s'étendre indûment et respecte l'unité d'invention.

D'ailleurs la description distingue tout de suite ce qui est connu de ce qui est nouveau et nous pouvons même identifier au passage des brevets couvrant les moyens connus. *En commençant par l'avant*, sont fixés: d'abord le radiateur-condenseur (**n° 340.847**), puis la chaudière à vaporisation instantanée bien connue (**n° 298.703**), un obturateur-régulateur qui, lui, est nouveau, le petit-cheval (**n° 308 .516**), les pompes à eau et à pétrole (**n° 280.69?**), la commande du graisseur automatique (**n° 287.365**), le moteur, ici représenté dans sa première version (**n° 356.781**) et enfin les réservoirs d'eau et de pétrole.

Au sein de cette combinaison, le moyen nouveau est l'obturateur-régulateur. Sa structure et sa fonction sont telles, en coopération avec les autres moyens, qu'il définit une combinaison nouvelle protégeable, d'où le titre apparemment si large du brevet alors que la description porte plus spécialement sur ce dispositif.

Il est constitué par un boîtier comportant une glace percée le long d'un arc de cercle, d'une part de trois ouvertures de petit diamètre débouchant dans un conduit relié au petit-cheval et, d'autre part, d'une quatrième ouverture de plus grand diamètre débouchant dans un conduit relié au moteur. Un levier double est monté à pivotement sur un axe situé au centre du cercle et porte des tiroirs circulaires pouvant se déplacer suivant l'arc pour fermer à volonté tout ou partie des ouvertures respectives. On obtient de ce fait quatre positions, à savoir :

1. tout fermé, aucune alimentation en vapeur ;
2. une ouverture au petit-cheval aucune au moteur: on peut alimenter la chaudière à l'arrêt ;
3. deux ouvertures au petit-cheval, ouverture sur le moteur : régime réduit ;
4. trois ouvertures au petit-cheval et ouverture sur le moteur : alimentation intense pour coup de collier.

La commande du levier de cet obturateur est prévue au pied, tandis qu'un réglage plus fin de l'alimentation du petit-cheval est assuré par une vanne commandée à la main sous le volant de direction.

Incidemment, la répartition des différents organes sur le châssis a encore quelque peu changé : le radiateur reste à l'avant, le ventilateur est supprimé et le générateur passe de

l'arrière à l'avant. Enfin, un récupérateur (brevet **n° 357.308**) est disposé sous le châssis et supplée à l'absence de ventilateur.

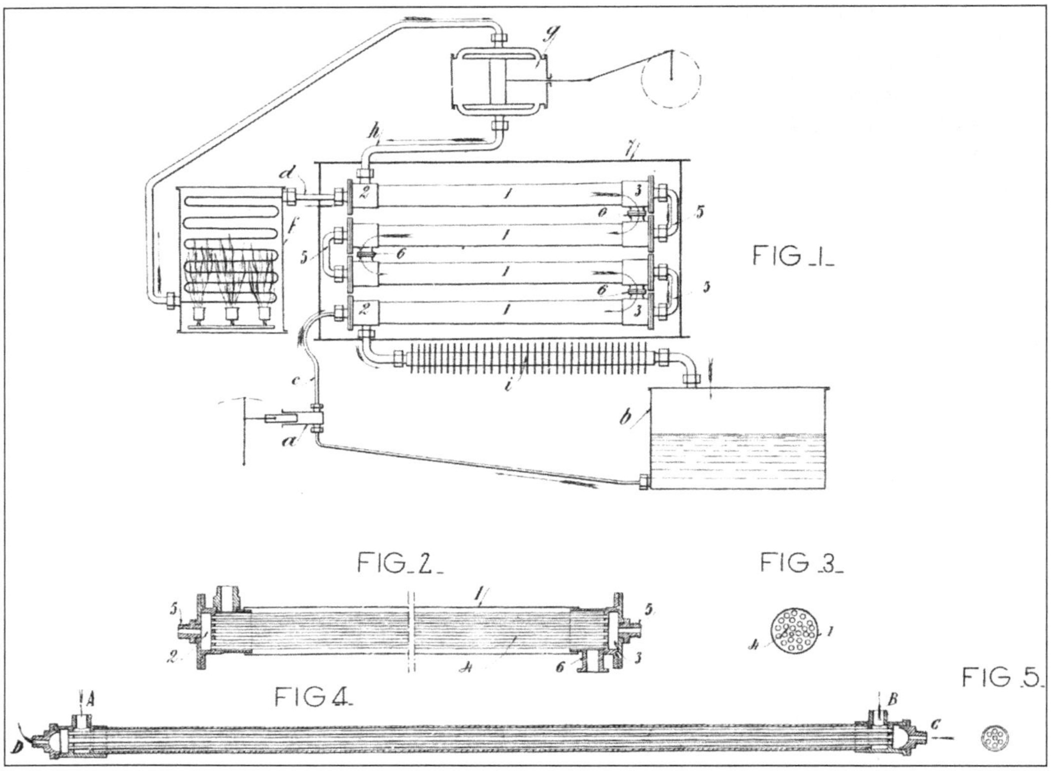

Brevet n° 357.308.

Le possesseur d'une ancienne Gardner-Serpollet d'avant 1900 doit peut-être réapprendre à conduire, mais cette fois un sommet de commodité et de souplesse semble atteint. Sauf, bien entendu, l'allumage à l'alcool des brûleurs dont on ne parle plus depuis un bon moment, mais que Léon repense radicalement.

Avance à l'allumage

Radicalement, car son brevet **n° 363.007** du 5 février 1906 concerne généralement un *système de chauffage des générateurs de vapeur, etc., au moyen des combustibles liquides* prévus pour *l'emploi des huiles lourdes de goudron, de schiste non rectifié, du mazout etc., destiné aux générateurs d'automobiles, wagons automoteurs, bateaux* etc. Fini le pétrole lampant et limpide, on passe aux liquides bon marché et non inflammables pouvant même contenir *en suspension des corps qui ne peuvent pas être vaporisés.* Le système que j'appellerai toujours un dispositif, met en œuvre un procédé connu appliqué explicitement à des brûleurs de mazout pour locomotives, bateaux ou machines fixes et selon lequel on pulvérise l'huile délivrée par un injecteur, au moyen d'un jet de vapeur ou d'air. Il est toutefois spécifié que ces brûleurs connus sont alimentés par un volume de vapeur constant et ne peuvent pas s'adapter aux changements de régime fréquents des générateurs à vaporisation instantanée actionnant des véhicules automobiles routiers.

Conformément à l'invention, tendant à résoudre ce problème nouveau, l'ensemble de l'alimentation est actionné par un petit-cheval et le brûleur est du type injecteur,

comprenant un ajustage de pulvérisation d'huile sous pression, disposé dans un conduit conique resserré et autour desquels débouche de l'air refoulé par une pompe actionnée par le petit-cheval. Le cône est bien entendu calculé de façon que la vitesse d'écoulement soit suffisante pour assurer le mélange intime liquide pulvérisé/air. Comme déjà vu, le brevet n'a d'ailleurs pas à exposer des calculs ni à donner des dimensions. Un brevet est fait pour être lu par le spécialiste, non par l'homme de la rue : le spécialiste saura donc calculer son cône sans avoir à faire œuvre d'invention. Le conduit conique resserré est prolongé par une chambre conique évasée dans laquelle débouche une veilleuse reliée à son réservoir. Pour l'allumage, on verse quelques gouttes d'alcool ou d'essence qu'on enflamme, puis on met en mouvement au moyen du levier manuel le petit-cheval si le générateur est froid et *immédiatement le brûleur fonctionne dans les conditions de la combustion la plus parfaite.*

Une fois de plus, le Vaporiste demanderait à voir, mais ce n'est plus là ce qu'il doit retenir : en effet on enflamme *cet alcool ou essence d'amorçage soit au moyen d'une allumette, soit en faisant jaillir une étincelle électrique...*

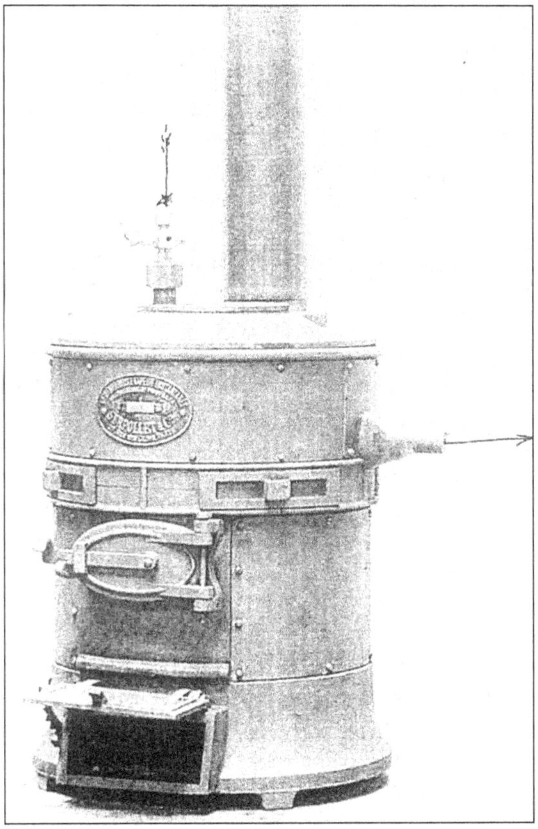

Les premiers générateurs
à vapeur instantanée.

Enfin de l'électricité dans la vapeur ! Léon a vu juste et il entrouvrait là une immense porte dont ses héritiers techniques mettront plus de dix ans à saisir la portée mais sauront l'exploiter. Il leur a suffi de 6 volts à bord d'une voiture pour assurer l'allumage, l'atomisation du combustible, l'entraînement du ventilateur et des pompes de l'alimentation en air et autres servitudes, même si la recharge de la batterie consommait sa part de vapeur et de chaleur.

À vrai dire, il avait déjà été fait mention d'électricité dans la vapeur, selon un brevet **n° 330.233** Guyot, de Manchéville, Noël et Person, déposé le 13 mars 1903 pour un agencement très intéressant de combustion intérieure délivrant au cylindre un mélange de gaz chauds et de vapeur. Celle-ci était formée par contact direct desdits gaz et de lames minces d'eau circulant sur des chicanes, version modernisée des vieux brevets Pascal de 1852 et 54 repris d'ailleurs plusieurs fois entre-temps. La combustion est celle d'un mélange gazeux traversant une masse catalytique préalablement chauffée *par un moyen connu quelconque, soit par échauffement électrique, soit par étincelle d'induction ou de rupture...* Mais les pionniers sont-ils toujours écoutés ?

Avant les grands projets de développements, Léon se retarde un peu en perfectionnement son système du côté de la pulvérisation du combustible, car c'était bien là le

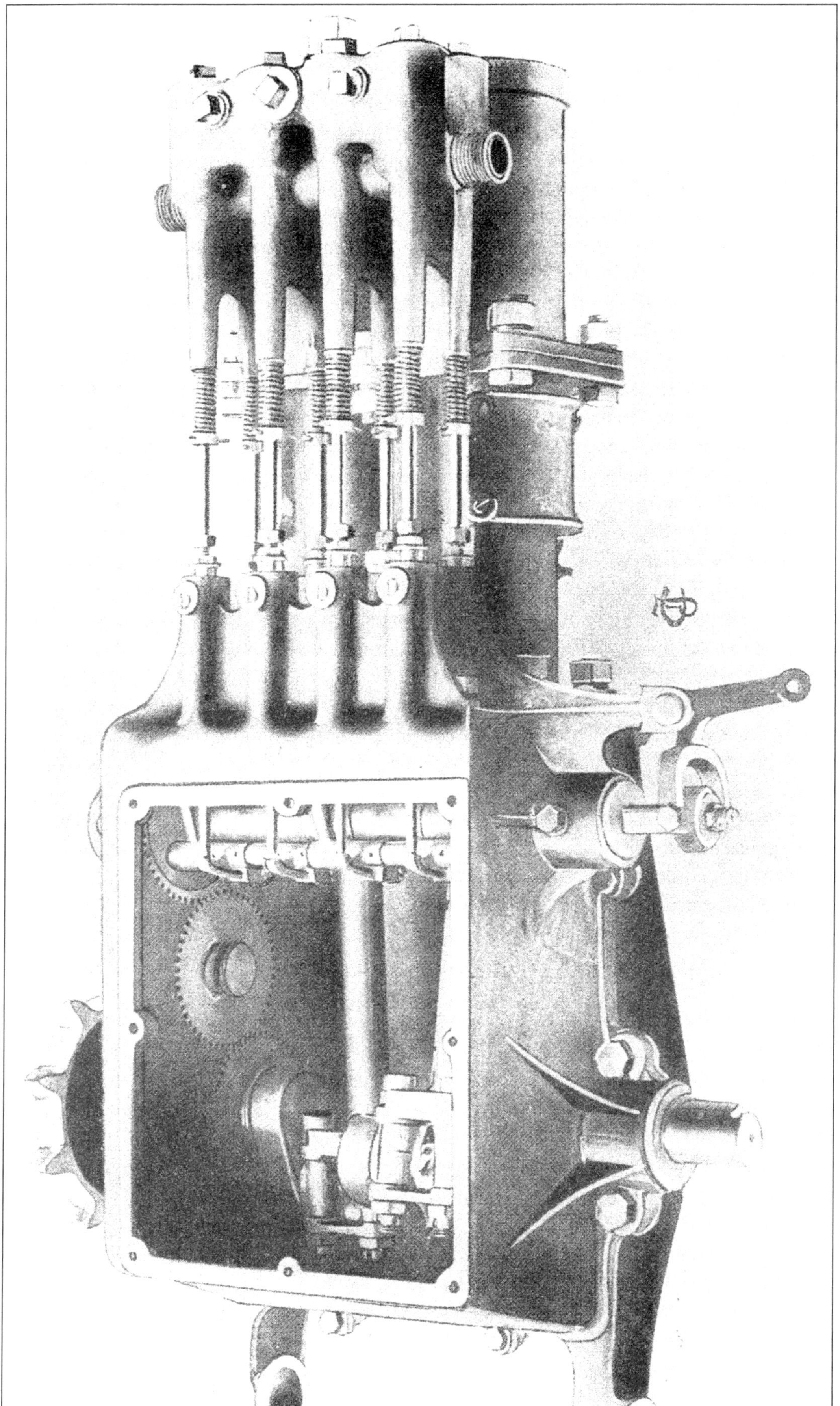

Le moteur 1906.

point délicat. Il dépose donc au dernier brevet un CA **n° 6.132** en date du 31 mars 1906. La pompe à air a certainement posé des problèmes quant à ses performances et son encombrement, car déjà le brevet principal prévoyait subsidiairement la configuration convergent-divergent au brûleur de manière à en faire un injecteur pouvant aspirer directement un complément dans l'air ambiant. Selon le CA l'entrée d'air sous pression est alors disposée juste en amont de l'ajutage ou à son niveau afin d'opérer la pulvérisation avant le mélange intime avec l'air pour donner le fluide combustible final.

Ce brûleur a sûrement donné satisfaction. Même s'il a nécessité des perfectionnements, il représentait certainement, par son changement radical de principe par rapport au vieux type Longuemare et Bunsen amélioré, le point de départ d'une nouvelle génération de brûleurs adaptable au régime intermittent de la locomotion routière, en particulier sur les véhicules utilitaires et les premiers poids lourds et autres omnibus. D'ailleurs Léon Serpollet lui-même, dans sa célèbre conférence de 1906 au «Troisième Congrès International Automobile» à Milan, en avait largement vanté les mérites. Outre la question du prix de revient du combustible, de la simplification de fabrication et d'entretien due à la suppression des becs, l'influence de la vitesse et du vent n'intervenait plus puisque la flamme était alimentée sous pression. De même, la cheminée d'évacuation, sa section et son orientation ne représentaient plus d'impératifs majeurs. De surcroît, le temps de mise en pression du générateur, déjà très amélioré avec le pétrole rampant, tombait de six à deux minutes grâce à l'allumage instantané des deux brûleurs. Implicitement, Léon Serpollet attribuant légitimement à ce brûleur les plus prometteuses perspectives de développement.

Hélas, c'est précisément à ce moment-là que l'inconstance du marché, la mode et l'impatience de la clientèle — voire l'ingratitude — scellent la fin définitive des commandes de voitures rue Stendhal.

On le sait, Gardner cède ses parts à Darracq et Léon se retrouve l'associé de ce dernier, déjà constructeur apprécié de voitures de course et grand public à pétrole. Son usine s'agrandit spécialement sur 10 000 m^2 à Suresnes, mais en vue de produire seulement des utilitaires et des omnibus à vapeur.

- VI -
Cinquième et dernier départ

La transition ne semble pas avoir été si brutale, car déjà Garner-Serpollet avait lancé des omnibus dès 1904 en France et aux « Colonies ». Malgré l'abandon forcé des voitures particulières, le domaine est donc défriché et des compétitions sont même gagnées.

Le projet de la nouvelle association est de produire 1000 véhicules par an et les premières réalisations sont concluantes, bien qu'en 1906 la société soit encore provisoirement installée rue Stendhal en attendant les nouveaux locaux de Suresnes.

Les dernières voitures et les camions sont équipés du surpuissant moteur bi-cylindrique à double effet du brevet de 1905, nécessitant d'ailleurs un circuit condenseur important. Les châssis les plus modernes sont équipés de trois étages de condensation, avec récupérateur-réchauffeur au centre, condenseur proprement dit à l'arrière, formé d'un serpentin de laiton d'une vingtaine de spires bobinées sur toute la largeur du châssis, et enfin le radiateur à ailettes à la partie avant. Le Vaporiste va noter au passage des températures de ces trois étages, 130° C pour le récupérateur, 100° C pour le condenseur et 60° C pour le radiateur.

Moteur, condenseurs, générateur-gril, brûleur à huile lourde de goudron, circuit à petit-cheval, pointeur-soupape, graisseur, tout est protégé par des brevets et il ne semble pas que d'autres dispositions aient donné lieu à de nouveaux dépôts. Léon aurait-il cependant participé à l'élaboration d'un brevet **n° 382.354** du 25 septembre 97 au nom de cette curieuse société Darracq-Serpollet Omnibus Company Limited, résidant en France, pour un *système d'équilibrage des ressorts de châssis à trois essieux* ? C'est fort douteux.

En effet, à la date de dépôt de ce dernier brevet, Léon Serpollet, déjà épuisé et de surcroît miné par une longue maladie, s'était éteint depuis le 11 février 1907 alors qu'il n'avait pas fini d'écrire l'*Histoire de l'Automobile.* La nouvelle production surnage jusqu'en 1908 où Darracq-Serpollet finit d'exploiter les brevets qui lui avaient été cédés puis elle s'arrête à son tour. Des dates, j'ai eu à en citer beaucoup dans les pages qui précèdent. Celle du 11 février 1907 reste la plus pénible car tout chroniqueur s'attache à son personnage et celui-ci n'était pas une fiction. D'autres ont magnifiquement fait l'éloge de ce *poète de la mécanique* mais aussi forçat de la créativité, venu trop tard dans l'élan industriel du pétrole et trop tôt pour en défier les inconvénients et les méfaits : c'est de nos jours qu'il nous manque un Léon Serpollet. Pour honorer sa mémoire, il

restait à ma disposition ces froids documents datés et numérotés que sont les brevets mais dont la progression fait ressortir tout le côté humain et parfois touchant d'une œuvre passionnée. Si je l'ai mal fait, c'était au moins mon intention, celle qui compte.

Après lui

On chercherait vainement un nouveau départ, un flambeau qui aurait changé de main. En France tout au moins, un certain nombre de constructeurs déposent des brevets pour diverses installations à vaporisation instantanée, on assiste à quelques perfectionnements sur le papier, mais on ne retrouve plus de productions de voitures à vapeur autres que sporadiques et éphémères, encore moins le poids émotionnel de l'œuvre de toute une vie. Sur leur lancée des constructeurs fabriquent encore quelques utilitaires, y compris Darracq, les vieilles automotrices de tramways prennent une à une leur retraite, même Chaboche abandonne la partie.

Léon connaissait bien ses concurrents, ou tout au moins ses homologues étrangers et leurs *systèmes*, lorsqu'ils mettaient en œuvre la vaporisation instantanée. Parmi ceux qui ont survécu dans l'immédiat pendant quelques années, on peut citer la firme anglo-belge Turner-Miesse avec son générateur à grils de tube rond et surtout, la firme américaine White jusqu'en 1911. Dans ce très proche après-Serpollet, le générateur White constitue un perfectionnement certain, consistant en spirales de tube rond superposées, dont les sorties remontent extérieurement pour redescendre dans la cheminée centrale et alimenter la spirale inférieure suivante, éliminant ainsi toute possibilité d'entraînement de particules d'eau dans le courant de vapeur. Cet agencement avait d'ailleurs été précédé par un brevet Chenowetch et William, résidant aux USA **n° 379.860** du 12 juillet 1907, décrivant une forme très proche de ce principe intéressant et qui a été largement exploité.

Aux USA encore, les frères Stanley ne fonctionnent pas en vaporisation instantanée mais ils ont fait parler d'eux jusque dans les années 20, avant que les frères Doble n'aient repris le flambeau après 1912, pratiquement là où Léon avait dû le lâcher, en introduisant la commande électrique de toutes les servitudes, pour n'abandonner que tard dans les années 30. Curieuses destinées d'ailleurs de certains frères dans le cursus propre à la vapeur ; les frères Périer introduisent la pompe à feu à Paris en 1780 ; les frères jumeaux Stanley et les frères Doble produisent des voitures mondialement connues, sans oublier les frères Williams beaucoup plus tard et grands spécialistes du moteur équicourant, ou bien encore les frères Stirling dans le domaine très voisin du moteur à air chaud. Les frères Serpollet œuvrent enfin de manière inoubliable après le travail dont nous avons pu nous faire une idée.

Mais il y avait aussi la destinée père et fils, à la manière des Bollée : Paul Buard, un collaborateur de la rue Stendhal a lui-même développé de très intéressantes réalisations, notamment une motocyclette à vapeur remarquable de compacité et initié son fils Louis bien au-delà des brevets en matière de machinisme agricole. Ses recherches l'ont conduit à se protéger sur un nouveau générateur à vaporisation instantanée sur des brûleurs, y compris à charbon pulvérisé, et autres dispositifs, sans compter la concrétisation de ses idées avec une voiture à moteur Serpollet qui fonctionnait normalement dans les années 40. Mais là encore, avec la disparition de Louis, la veine semble s'être tarie, en dehors de quelques nostalgiques qui restaurent et d'encore moins — mais il en faut peu — de vrais chercheurs sachant faire plier la technologie contemporaine et la mettre au service de la grande aînée la vapeur.

Et Henri ?

Henri Serpollet est resté longtemps le consultant de Léon qui avait certainement besoin de lui pour se lancer dans son aventure. Aux temps héroïques du Système, Henri a essayé la collaboration directe à Paris où Léon l'avait réclamé. On le sait, il n'a pas pu succomber aux charmes de la Capitale et il a préféré retourner à une situation modeste chez lui auprès de sa famille: correspondre avec son frère et traiter avec les artisans locaux en fonction des décisions communes faisaient pour lui largement l'affaire.

Pouvait-on le lui reprocher, alors qu'il avait déjà largement payé de sa personne à la défense des États Pontificaux en Italie, à la guerre de 70, au siège de Paris, puis à la Commune? Il avait légitimement le droit de penser à développer son invention sans pour autant bouleverser davantage ses habitudes et ses repères. Mais il tomba dans l'oubli.

Les brevets

Indéniablement, le procédé du brevet de 1879 est son invention. Même si l'on retrouve la griffe professionnelle de son Conseil Casalonga dans la rédaction formelle, c'est lui qui a découvert l'application pratique des défauts de la caléfaction, réalisé diverses machines expérimentales, démontré leur bon fonctionnement, sans oser invoquer la réalisation de cet hypothétique prototype de tricycle, ancêtre d'une grande lignée. Puis il s'est acharné avec Léon sur l'amélioration des plaques, sur le tube mince, sur l'agencement de la pompe, tout en extrapolant toujours sur des projections futuristes de son procédé.

Par la suite il est difficile de déterminer la part exacte d'Henri dans les inventions ultérieures puisque les brevets ne mentionnent pas le ou les inventeurs. Il semble cependant que ses avis aient été suivis par Léon jusqu'à la période tramway, encore que l'idée de la spirale épaisse puis du tube-croissant résulte sûrement des propres travaux de Léon. Globalement, on peut alors considérer une participation certaine d'Henri jusqu'aux brevets de 1892-93, soit une vingtaine de titres. La cessation aide des deux frères, chacun décidé ou contraint par les événements à défendre ses propres intérêts.

Malheureusement pour lui, Henri est resté persuadé d'être le seul à pouvoir disposer de la vaporisation instantanée pour la bonne raison qu'il en avait découvert le principe et breveté le procédé. Les informations en sa possession sur le régime des brevets étaient sans doute incomplètes, à commencer par l'inutile respect de l'obligation du bon fonctionnement de la machine avant de pouvoir déposer ou, plus tard, pour la crainte de ne pouvoir *sauver le brevet*, probablement à cause du principe théorique de l'obligation d'exploiter. Le plus regrettable fut sans nul doute la méconnaissance de l'importance du domaine public et du principe de l'enrichissement du patrimoine industriel du pays lorsque le brevet n'est plus en vigueur. La règle du jeu définie par la loi était pourtant simple dans son esprit : le gouvernement confère un monopole d'exploitation au breveté en lui délivrant SGDG son titre de propriété industrielle, moyennant quelques obligations dont le maintien en vigueur pendant la durée prévue, par paiement d'annuités. En contrepartie, le breveté met son invention à la libre disposition de l'industrie du pays après la durée de vie du brevet et donc l'extinction de ses droits.

Ainsi, à partir de la déchéance anticipée du brevet de 1879 Henri s'est probablement cru injustement possédé de son invention, que personne ne lui a pourtant contestée, par *une loi inique* selon sa propre expression, qui ne le défendait pas. Il a dû en concevoir

une tristesse bien compréhensible et sa droiture ne pouvait ni concevoir ni admettre une telle injustice. Que d'autres, y compris Léon lui-même, aient profité des droits qui leur étaient ainsi ouverts, n'ont pu que le conforter dans son isolement. Les usines Serpollet ou les lignes d'omnibus Serpollet dans la région de Culoz sont restées un beau rêve jamais réalisé et c'est Henri, sur place, qui finalement en subissait les reproches de ces concitoyens. L'aventure aurait pu se terminer plus glorieusement, c'est certain. Reconnaissons tout de même que s'il avait réellement participé à toutes les inventions Serpollet brevetées, comme certains l'ont prétendu, n'aurait-il pas pu dans une certaine mesure, reprendre le flambeau? Mais sans doute, à la mort de Léon, était-il depuis longtemps écarté des entreprises Serpollet ? C'est à l'Historien de parler.

Écarté, Henri n'est cependant pas resté inactif. Il n'avait sans doute pas la hardiesse réalisatrice de Léon, son cadet de dix ans, mais son esprit posé restait à l'écoute du progrès, son imagination sans cesse en éveil l'amenant à explorer des domaines en pleine expansion qui suscitaient les innovations.

Ainsi, il avait toujours été intéressé par les développements de l'aviation. Déjà, en 83, il avait débattu la question avec Léon qui avait été tenté — certes un peu prématurément — de fournir une machine de propulsion pour un ballon dirigeable de la société Edison. Mais Henri ne faisait pas confiance au *moulinet*, c'est-à-dire un ancêtre de l'hélice, et heureusement, car à cette époque on sait le long chemin que devait encore parcourir la machine : c'était courir à un échec certain. Mais l'idée a dû suivre son cours, car on retrouve un brevet **n° 319.640** du 15 mars 1902 au nom de Serpollet, sans prénom malheureusement, pour un *appareil destiné à s'élever, à se soutenir, à se diriger dans l'atmosphère.*

En guise de *moulinet*, cet appareil prévoit des sortes de roues à aubes articulées pouvant *s'appuyer* sur l'air, tout en restant parallèles au plan horizontal. À une époque où l'on pensait encore aux ailes battantes, l'invention ne semblait pas insensée. Indépendamment de ce côté pratique, ce qui militerait à mon avis en faveur de l'attribution à Henri de ce brevet est le dessin schématique du moteur, un 4-cylindres à plat typiquement Serpollet, et le minuscule générateur dans sa nacelle. En outre, c'est au même conseil Casalonga qu'ont été confiés la rédaction et le dépôt de ce brevet. Léon, en plein développement de la voiture automobile n'a certainement pas examiné les possibilités dans ce domaine, occupé qu'il était à cette époque entre son accumulateur-régulateur et l'un de ses nouveaux brûleurs.

Nouvelles plaques

L'idée de l'exploitation de *sa* vaporisation instantanée n'a pas davantage quitté Henri, pas plus que la réalisation de générateurs de vapeur compacts et autonomes pour application domestique d'alimentation de moteurs ou de chauffage. En fait foi le brevet **n° 466.088** du 10 décembre 1913, déposé conjointement avec son ami Ernest Lasigue, intitulé *appareil pour la production de vapeur instantanée.* Incidemment, il s'agit en fait de l'extension à la France d'un brevet primitivement déposé en Belgique. Cette façon d'opérer n'était pas très régulière, car un Déposant français devait d'abord déposer en France. En cherchant bien, mais je m'y refuse, on pourrait retrouver les traces d'un projet — sans suite — de création par Henri d'une autre société bien à lui, ce qui pouvait expliquer ce choix de la Belgique mais ce n'est là qu'une pure hypothèse.

Fidèle à son idée première de plaques et d'espace capillaire, Henri reprend et perfectionne son ancienne forme de réalisation de cônes emboîtés l'un dans l'autre presque *à blocs* figurant dans le brevet-pionnier de 1879. L'ensemble devient une sorte de système mortier-pilon, dont le mortier est un vase chauffé par le foyer et le pilon *une pièce lamineuse* rotative s'adaptant dans la forme dudit vase. Entre ces deux éléments un *interstice* assure à l'évidence la vaporisation instantanée, l'eau y étant introduite par un conduit de l'axe en rotation de la pièce lamineuse, lui-même animé en outre d'un mouvement alternatif de translation associé à une pompe d'injection. Des clapets de retenue sont disposés aux endroits voulus, tandis que le mouvement est assuré par un cylindre-moteur alimenté par une fraction de la vapeur produite. C'est un peu compliqué mais très compact et l'on retrouve dans cet agencement les moyens de base du brevet de 79 dont il constitue un perfectionnement brevetable. Toutefois, était-ce un générateur bien pratique et bien moderne en 1913 ? Quels ont été ses débouchés, probablement un projet d'une application ponctuelle dans une fabrication bien particulière n'ayant vraisemblablement pas laissé de traces notables.

Rémanences

Henri a survécu deux ans à ce dernier brevet, lui-même le dernier de tout l'ensemble de l'œuvre des deux frères, puis il s'est éteint. D'Henri subsistant à Culoz des menuiseries et des meubles de haute qualité, où tout l'amour de l'art et le savoir-faire leur donne une âme tout à fait perceptible. Mais il reste aussi de très nombreux écrits, des lettres, des notes, des témoins plus personnalisés que les brevets, dont le dépouillement par ses descendants permettra j'espère un jour d'amener d'autres lumières sur cet attachant personnage et les circonstances dans lesquelles il s'est débattu. Si c'est en contradiction avec mes propos, l'Histoire y aura pour le moins gagné.

De Léon, il subsiste une certaine auréole à l'usage des initiés, y compris cette statue de la place St Ferdinand à Paris, jugée hideuse depuis longtemps par beaucoup de riverains et d'esthètes de l'urbanisme. En se gardant d'entrer dans la polémique, le Vaporiste, une dernière fois, aura noté le soin du sculpteur Jean Boucher à représenter un nuage de vapeur enrobant une voiture normalement équipée d'un condenseur, connaissant l'opinion de Léon sur le panache. Et pourtant le sculpteur avait raison, peut-être sans le savoir: le record d'Avril 1902 honoré par cette œuvre a été battu par une 12 CV, alimentation doublée et... condenseur supprimé pour l'occasion.

De Léon subsistent encore quelques lettres manuscrites, quelques éléments matériels disparates et encore moins de véhicules, certains dans des musées, d'autres beaucoup plus rares amoureusement — parfois jalousement — restaurés et détenus par des collectionneurs éclairés. C'est loin d'être à la mesure de l'activité de toute une vie et du prestige aussi mérité qu'il fut éphémère.

Ainsi se referme le Clos Serpollet,
dont les brevets nous avaient un moment procuré une clef.
Oserais-je pourtant rappeler
que ces brevets sont maintenant tombés dans le domaine public...
Leur mémoire force le respect, mais il existe obligatoirement
des perfectionnements brevetables.
Alors tous les espoirs sont permis.

Précurseurs ?

En piochant dans le riche clos Serpollet qui fut bien protégé par ses quelque soixante brevets, on trouve des idées réellement majeures marquant les grandes étapes de trente ans de création continue : écrasement du globule, haute pression et surchauffe instantanées, pointeau-soupape, tubes inexplosibles, alimentation couplée, générateurs, moteurs et autres brûleurs. Elles ont débouché sur des installations motrices domestiques, des véhicules légers, des automotrices lourdes, des voitures particulières souples et rapides, puis enfin des utilitaires : autant de sources de progrès.

Il serait donc regrettable de n'en retenir que le côté spectaculaire, certes éblouissant, celui de la voiture qui ressemblerait presque à la nôtre dont nous sommes si fiers. Ce serait quand même tourner le dos à toutes les innovations et les réalisations des pétroliers de la même époque, dont précisément notre voiture automobile actuelle hérite plus directement.

En fait l'immense mérite de l'œuvre de Serpollet réside dans la confiance en la vapeur et dans la mise en œuvre acharnée de tous les moyens pour tenter de la faire triompher définitivement. C'était encore possible car le générateur à vaporisation instantanée, puis le Système Serpollet dans son entier, ont incontestablement représenté une innovation révolutionnaire en leur temps au sein même du domaine de la machine à vapeur, seul interlocuteur valable à l'époque. À ce titre leurs créateurs méritent d'être considérés globalement comme des précurseurs de toutes les applications et des formes perfectionnées qui en ont découlé.

Certes, même si notre voiture automobile descend plus directement des concurrents pétroliers contemporains des Serpollet, le tricycle du brevet de 89 et les divers véhicules des années 90 qui en sont dérivés ont été ses devanciers. La vapeur classique d'alors ne permettait pas la réalisation et la fiabilité de cette technique, tandis que le moteur à essence lui-même ne perçait pas encore. Alors les pétroliers auraient-ils réussi sans l'exemple et la voie tracée par les Serpollet et les voitures de Léon, qui en dernier lien leur tenaient même la dragée haute, et les forçaient à progresser ?

Surtout si le tricycle d'Henri Serpollet a réellement fonctionné dès la fin des années 70, nos deux frères, précurseurs car ils ont annoncé et ont suscité le goût de l'automobile, sont de surcroît pionniers car ils se sont lancés les premiers dans cette entreprise à l'échelle industrielle où les embûches ne leur ont pourtant pas été épargnées.

De nos jours, il n'existe pas de petites unités motrices domestiques à vapeur dont les frères Serpollet auraient fait leur spécialité. Là encore, ils en avaient été tout à la fois les instigateurs et les créateurs mais le moteur électrique et le secteur sont venus annexer ce domaine. Les petits générateurs électriques ont eux-mêmes été vaincus par l'électricité

qu'ils engendraient à petite échelle. Mais aurions-nous les groupes électrogènes compacts portatifs actuels si ces précurseurs n'avaient pas apporté leur première solution et peut-être créé le besoin ?

Il n'existe pas davantage de tramways à vapeur, que le trolley et l'électricité avaient déjà balayés du vivant des Serpollet. Dans un curieux retour des choses, les tramways réapparaissent mais leurs caractéristiques actuelles n'ont plus rien de commun dans leur principe avec leurs ancêtres thermiques à vaporisation instantanée. À vrai dire, les premières automotrices n'ont pas donné à penser aux créateurs des *autorails*, jusqu'à Ettore Bugatti lui-même ? À nouveau, on ne peut que s'incliner devant les vrais précurseurs.

Seulement le propre des précurseurs est précisément d'être les premiers puis de disparaître pour faire la place aux successeurs. Les nôtres ont accompli cette tâche et ils ont eux aussi apporté leur pierre à un édifice, même redevenu muet.

LÉON SERPOLLET

Le monde automobile porte, depuis le 12 février, le deuil d'un grand homme dont on ne sait que regretter le plus, du génie ou de la bonté.

Ceux qui connaissaient Léon Serpollet de réputation se contentent d'évaluer la perte que subit en sa personne l'humanité intelligente ; ceux qui avaient eu, de plus, la satisfaction de l'approcher, partagent avec sa famille éprouvée, une douleur sincère et profonde, car on trouvait réunis chez Serpollet — coïncidence rare — un esprit supérieur et une modestie sans égal. Sympathique, il charmait ceux qui l'abordaient en se mettant au niveau de tous et s'en faisait des amis.

Léon SERPOLLET (1858-1907)
Un des précurseurs et promoteurs de l'automobile.

La maladie qui l'a emporté avait durement sa vaillante constitution depuis quelques mois et lorsqu'il me causait, pendant le dernier Salon, je voyais avec peine son visage défait et empreint d'une grande souffrance.

Pauvre Serpollet, que de belles choses il avait encore en projet !

Il nous avait montré récemment — j'allais dire avec orgueil, mais c'était plutôt avec bonheur — ses expériences sur l'utilisation des huiles lourdes pour l'alimentation en combustible de ses chaudières ; c'était un nouveau progrès qui devait servir la cause de la vapeur, dont il fut l'apôtre fidèle et convaincu. Son grand front rayonnait ; c'était plaisir de suivre ses explications et l'on comprenait que cet homme travaillait plus pour l'idée que pour lui-même.

D'autres auraient, plus vite que lui peut-être, tiré parti de ses inventions géniales, car c'est seulement à la veille de sa mort qu'il trouvait, dans une brillante situation, vraiment

digne de lui, la récompense de ses mérites ; la célébrité l'avait touché depuis longtemps, la fortune se faisait attendre. Cependant Serpollet a fait de toutes pièces la voiture à vapeur, tout comme Watt, son ancêtre, avait mené à ses destinées la machine à vapeur : l'origine en remonte à ses années de collège ; c'est là que son cerveau enfanta la chaudière à vaporisation instantanée, point de départ de toute son œuvre.

De Culoz, son pays d'origine, il vint bientôt à Paris, en 1881, il avait alors vingt-trois ans, mais peu soutenu moralement et pécuniairement par son père, brave menuisier, qui ne pouvait ni le comprendre ni payer ses frais d'études, il dut lutter pour vivre et se fit ouvrier modeleur ; ses loisirs étaient absorbés par ses travaux mécaniques.

Bref, après avoir mis sur pied un tricycle à vapeur, il obtint en 1891, le premier permis de circulation que le service des mines eut à délivrer. Il avait matérialisé son rêve : le monde suivit ses traces, mais peu à peu, le moteur léger à pétrole ayant gagné du terrain, sa vie fut une lutte perpétuelle pour le triomphe de son idée. Nous savons de quels éclats il la fit briller, non seulement en gagnant des courses — Serpollet fut le premier qui fit du 120 km à l'heure — mais en construisant des voitures de tourisme et les dotant chaque année, de nouveaux perfectionnements.

En 1906, il s'associait à M. Darracq, sous la firme Darracq-Serpollet, pour se consacrer exclusivement à la construction des poids lourds. Serpollet, déchargé de ses soucis commerciaux qui lui mangeaient son temps, allait pouvoir donner libre champ à son esprit inventif et multiplier ses productions, quand la mort inflexible nous l'enleva. Pleurons tous cette belle figure qui disparaît. Une statue va lui être élevée ; c'est un juste hommage rendu à son génie.

SERPOLLET est mort, mais SERPOLLET est immortel.

Pol Ravigneaux

Article de *La vie automobile*
16 février 1907

Le plus ancien véhicule à vapeur vendu par Serpollet.
Il avait été acheté par Gaston Meunier (des chocolats du même nom).

Gardner-Serpollet 12cv à carrosserie Kellner.
L'automobile n'a pas encore vraiment pris ses distances avec l'hippomobile.

Le couple délivré par le moteur à vapeur était très utile pour les transports lourds en montagne (Collection privée Cl. Mainy).

Gardner Serpollet 1902 6HP.
Générateur à vaporisation instantanée, chauffé au pétrole «lampant».
Moteur 4 cylindres à plat opposés deux à deux, à simple effet.
Distribution par soupapes. Condensateur et radiateur. Entraînement direct par chaîne unique.
Autonomie : 80 à 120 km. Vitesse : 65 km/h.
(Collection privée - France)

Omnibus 30-40 HP 34 places (16 à l'intérieur et 18 à l'impériale)

Biplace de course type H de 1902.
Avec l'aimable autorisation du musée national de l'Automobile
(photo H. Maertens).

« Le Torpilleur »
Obtint à Nice le record du monde de vitesse pure à 120.771 km/h de moyenne.

Le Blon devient le recordman du kilomètre en côte en couvrant les 1000 mètres de la côte de Gaillon en 36 secondes, soit à 100 kilomètres à l'heure sur sa voiture à vapeur Gardner-Serpollet.

POSTFACE

L'autre jour j'étais invité à dîner. À la fin d'un repas où rien ne manquait pourtant, il a fallu absorber un dessert compliqué avec du chocolat fondu. Vous savez, ce genre de mets qu'on se promet sur le moment de ne plus accepter de sa vie et qu'on regrette dès le lendemain lors d'un petit creux...

Après un mystérieux conciliabule entre nos hôtes ayant vainement cherché à retrouver l'alcool à brûler pour la lampe du service à fondue, ceux-ci ont opté en rougissant pour un réchaud de campeur. J'étais comme toute l'assemblée en admiration devant cet appareillage, mais en réalité j'étais fasciné par le brûleur à gaz et, l'auriez-vous deviné, je pensais à Léon Serpollet. Lui qui a tant cherché à perfectionner ses brûleurs à pétrole, depuis son premier.

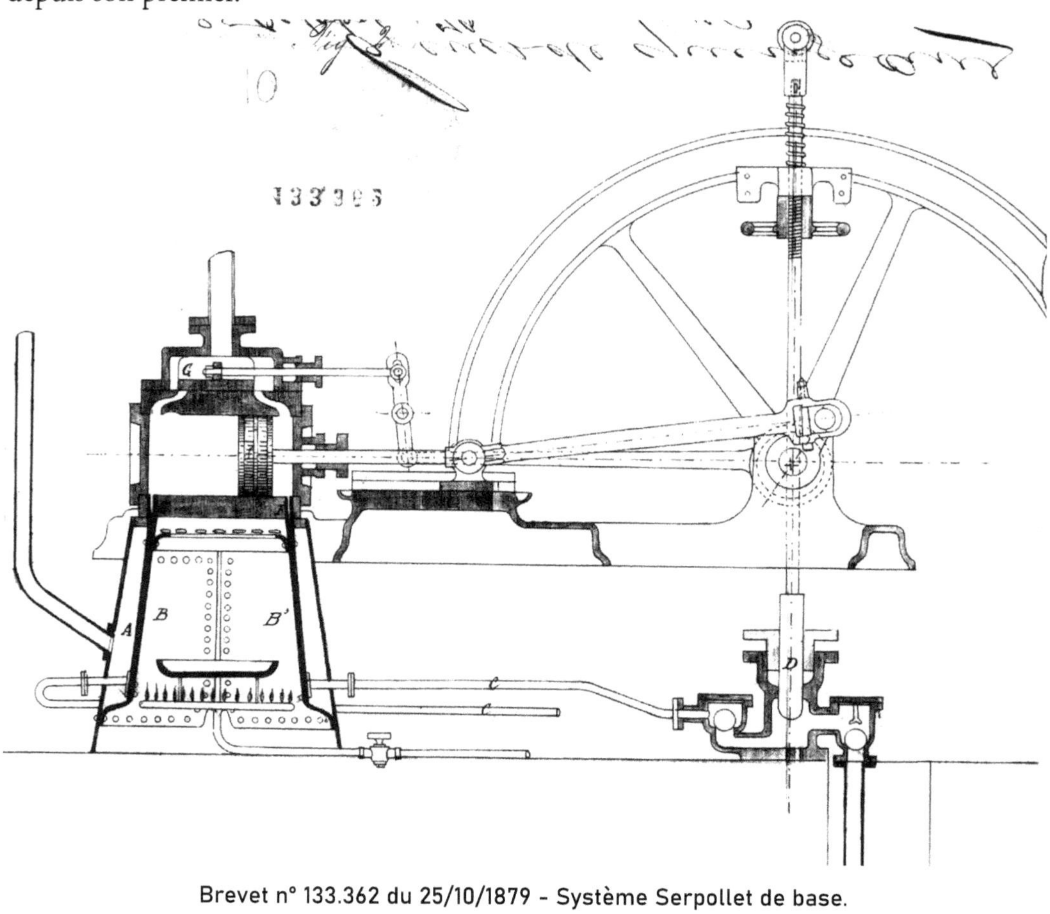

Brevet n° 133.362 du 25/10/1879 - Système Serpollet de base.

Quatre-vingts ans après, il avait la solution[1] sur la table au milieu des rires. Avons-nous le droit de décider de l'abandon de travaux aussi acharnés que les siens lorsque nous avons sous la main ce qui l'avait tant aidé et qui pourrait relancer tout un processus inventif, fructueux et utile ?

---

[1] Parce que le butane en question est naturellement sous pression. En fait le tout premier brevet de 1879 prévoyait le « gaz de houille ou de pétrole », mais c'est sur la mise en pression que le problème et les difficultés persistaient.

À propos du gaz, les amateurs actuels de « Steam Automobile Club of America » (SACA) dont j'ai l'honneur de faire partie, butent toujours sur de nombreux écueils avec le propane.

Il leur manque l'intuition et l'expérience de Léon.

Chap.		Date du brevet	N° du brevet	Intitulé	Nom du déposant
I	1	25/10/1879	133.362	Système de production instantané de vapeur.	Henri Serpollet et Claudius Richard
Il	2	19/10/1886	179.334	Perfectionnements dans les machines	
III	3	21/09/1887	1er CA	vapeur.	Léon Serpollet
III	4	21/09/1887	185.985	Perfectionnements dans la production et	
III	5	27/03/1888	1er CA	l'application aux moteurs de la vaporisation	Léon Serpollet
III	7	19/07/1888	2e CA	instantanée de l'eau.	
III	6	27/03/1888	189.632	Un nouveau mode de pulvérisation, de division	Léon Serpollet
III	8	19/07/1888	1er CA	ou de gazéification des liquides.	
III	9	13/12/1888	194.759	Perfectionnement dans les générateurs V.I. tubes concentriques. (Cohen)	St des g. n. V.I Système Serpollet
III	10	14/03/1889	196.718	Système de perfectionnement de générateur vapeur V.I. (Cohen)	St des générateurs V.I
III	11	18/05/1889	CA		
III	12	31/05/1889	198.630	Perfectionnements dans les véhicules vapeur (Cohen)	St des générateurs V.I
III	13	05/09/1889	200.591	Système de perfectionnement des générateurs V.I (Syt. Serpollet)	St des générateurs V.I
III	14	27/03/1890	204/639	Détendeur-surchauffeur de la vapeur d'échappement des machines. (Casalonqa)	St des générateurs V.I
III	15	21/06/1890	206.540	Perfectionnement dans les générateurs V.I. (Casalonga) V.I	St des générateurs
III	16	29/07/1890	CA		
III	17	05/11/1890	CA		
III	18	25/09/1891	CA		
IV	19	17/05/1892	221.679	Nouveau système de tubes de générateurs V.I	St des générateurs V.I
IV	20	27/07/1892	223.262	Un conduit surchauffeur	Léon Serpollet
			CA 221.679	Nouveau système de tubes de générateurs	St des générateurs
IV	21	19/12/1893	du 17/05/1892	V.I (casalonga)	V.I
				Perfectionnements dans la manière de chauffer	
IV	22	22/12/1893	235.016	les chaudières V.I. appliquées aux machines pour véhicules roulants sur rails. (Casalonga)	St des générateurs V.I
				(ANNÉE 1894 : NEANT)	
IV	23	08/02/1895	244.971	Perfectionnements aux chaudières Vaporisation Instantanée.	St des générateurs V.I.
				Perfectionnements apportés dans la	St des générateurs
IV	24	08/11/1895	251.540	construction et la conduite des voitures mécaniques de tramways.	V.I.
IV	25	11/01/1896	1er CA	Détendeur dans le foyer.	
IV	26	30/01/1897	263.585	Perfectionnements apportés aux brûleurs de pétrole et autres combustibles liquides.	St des générateurs V.I.
IV	27	30/01/1897	263.588	Perfectionnements dans la construction et le fonctionnement des chaudières V.I.	St des générateurs V.I.
IV	28	01/04/1897	CA	Petit-cheval/tramway	
			2e CA	Petit cheval/tramway et mention	
IV	29	01/04/1897	251.540 du 08/11/1895	quasi-capillaire.	
IV	30	03/04/1898	CA 263.585		
			du 30/01/1897	Brûleur	

IV	31	20/04/1898	277.172	Une machine compression complète et échappement automatique.	St des générateurs V.I.
IV	32	04/05/1898	277.624	Système d'alimentation simultanée des générateurs V.I. et des brûleurs qui servent leur chauffage.	St des générateurs V.I.
IV	33	20/05/1898	3e CA 251.540 du 08/11/1895	Ensemble commande tramway.	
IV	34	21/06/1898	279.075	Perfectionnements apportés aux brûleurs pétrole.	St des générateurs V.I.
IV	35	16/12/1898	CA 277.172 du 20/04/1898	Moteur équicourant	
V	36	10/03/1899	286.693	Perfectionnements dans les moyens de chauffer et d'alimenter les chaudières vaporisation instantanée.	Léon Serpollet
V	37	30/03/1899	287.365	Nouveau graisseur	Léon Serpollet
V	38	06/09/1899	292.338		
V	39	08/09/1899	1er CA	Dispositif de distribution et d'échappement pour	Léon Serpollet
V	40	8/09/00	CA	machines vapeur simple effet.	
V	41	23/03/00	298.501	Perfectionnements apport s au dispositif de mouvement de direction dans les automobiles	Léon Serpollet
V	42	28/03/00	298.703	Perfectionnements dans les chaudières tubes de très petit diamètre.	Léon Serpollet
V	43	27/02/01	308.516	Dispositif d'alimentation proportionnelle	Léon Serpollet
V	44	26/06/01	CA	automatique.	
V	45	30/11/01	316.402	Accumulateur-régulateur applicable aux chaudières vaporisation instantanées.	Léon Serpollet
V	46	2/02/03	329.020	Nouveau brûleur	Léon Serpollet
V	47	21/11/03	336.885	Nouveau distributeur d'eau et de pétrole pour générateurs V.I. chauffés au moyen de brûleurs.	Léon Serpollet
V	48	30/11/03	337.188	Nouveau brûleur	Léon Serpollet
V	49				
V	50	1/03/04	2e CA 2.974 286.693 du 10/03/1899		
V	51	1/03/04	340.847	Système d'alimentation rationnelle des chaudières vaporisation instantanée.	Léon Serpollet
V	52	3/11/04	347.626	Liquide combustible base d'huiles lourdes utilisable dans les brûleurs ordinaires sans les encrasser.	
V	53	4/11/04	347.662	Système d'alimentation des chaudières V.I. par petit-cheval avec régulateur autonome.	
V	54	9/08/05	356.781	Moteur vapeur avec cylindre double effet et distribution par soupapes.	
V	55	28/08/05	357.308	Cycle de condensation et de récupération de toute la chaleur utilisable de l'échappement.	Léon Serpollet
V	56	5/12/05	360.117	Automobile vapeur	Léon Serpollet
V	57	5/02/06	363.007	Système de chauffage des générateurs vapeur, au moyen des combustibles liquides	Léon Serpollet
V	58	31/03/06	CA 6.132		Léon Serpollet

Étapes

- Plaques planes.. 1879
- Tubes minces en U 1886
- Spirale épaisse.. 1888
- Soupape / distributeur (+ tricycle).. 1889
- Barre droite / croissant.. 1892
- Tubes torsadés minces.. 1897
- Moteur équicourant.. 1898
- Alimentation proportionnelle 1898
- Suralimentation air 1899
- Moteur à soupapes.. 1899
- Générateur gril 1900
- Moteur à soupapes obliques.. 1900
- Appareil démarreur... 1903
- Moteur double effet.. 1905
- Le petit-cheval
- le brûleur à produits lourds... 1906

Autour des Serpollet

On peut tourner autour des voitures Serpollet pour en saisir quelque détail.

On peut voir tourner autour de ces mêmes voitures la concurrence de l'époque.

On peut aussi tourner autour des frères Serpollet,
dont Léon le cadet d'Henri fut le plus connu.

En somme, il me paraît intéressant de tourner autour de leur œuvre,
tout en essayant d'en toucher le cœur.

Remerciements

Les données qui m'ont permis de tourner autour des Serpollet proviennent en grande partie des lettres de Léon à son frère Henri, s'étalant sur plus de trente ans — certains auteurs ont parlé de six cents lettres — et conservées par la descendance d'Henri. Les lettres d'Henri à Léon, ou ce qu'il en reste, ont été l'objet du serment de s'interdire de les communiquer à des fins de publication. Au risque de laisser dans l'ombre quelques aspects intéressants de mon évocation, j'ai tenu à respecter ce serment et je n'ai pas cherché à le transgresser. De la même façon, lire une correspondance enflammée, chargée d'enthousiasme ou de déception, plus de cent ans après, reste déjà pour moi une grave indiscrétion et — en particulier — je me suis interdit de lire les rares lettres qu'Henri écrivit à sa femme, de paris, entre 1881 et 1882.

Remerciements à Madame Camus, arrière-petite-fille d'Henri
Serpollet, qui m'a permis de compulser ces lettres.

Bibliographie

— *Les frères Serpollet*, Guy Dürrenmatt, La Mirandole, Pascale Dondey éditeur, Images et Traditions 1997.

— *La machine locomotive en France, des origines au milieu du XIXe siècle*, Jacques Payen avec la collaboration de Bernard Escudie et Jean-Marc Combe, Édition C.N.R.S. PUF de Lyon 1988.

— *Vapeur sur le Rhône*, Bernard Escudie et Jean-Marc Combe avec la collaboration de Jacques Payen. Édition C.N.R.S. PUF de Lyon 1991.

— *Les frères Serpollet, précurseurs de l'automobile*, Louis Mallez.

— *Traité des véhicules automobiles,* L. Lockert, Bibliothèque technique et scientifique du Touring Club de France 1996.

— *La machine locomotive*, E. Sauvage et A. Chapelon[1], Édition du Layet 1979.

— *Histoire et technique de la vapeur vive*, J-C. Porterie, Éditions Picador 1984.

— *Mit Sicherheit Richtung Zuleunft die TÜV*, Geschithe verlag TÜV - Rheinland 1996.

— *Chaleur et désordre — Le deuxième principe de la thermodynamique*, R.W. Atkins, Édition pour la science - Belin 1999.

— *Manuel du conducteur de voitures Serpollet,* L. Clouët des Pesruches, Éditions Dunod 1902.

— *Ancêtres et vétérans — l'automobile des origines à 1914*, Éditions Atlas 1979.

— *Carnot et la machine à vapeur*, Jean-Pierre Maury, PUF 1986 - Philosophies.

— *Notions sur les machines à vapeur*, Pierre Lorrain, Éditions Eyrolles 1947.

— *Les locomotives à vapeur*, J. Borge et N. Viasnoff, Éditions Balland 1976.

— *Les locomotives à vapeur*, C. Hamilton Ellis, Hatier 1984.

— *Steam vapeur*, Dampf - Porterie, Éditions Techniques et Scientifiques Françaises 1975.

— *Manuel du Modéliste Vaporiste*, J-C. Porterie, Éditions techniques et scientifiques françaises 1976.

— *Developpement of automobiles steam engines*, Robert Lyon 1937.

— *History of steam road vehicles*, C St C.B. Davison, Ed H.M. Stationery office - London 1959.

[1] Réédition Decoopman 2012

— *Experimental Flash Steam*, J.H. BENSON, A.A. RAYMAN, Map technical publication 1973.
— *Réflexion sur la puissance motrice du feu*, SADI-CARNOT, Édition Jacques Gabay 1990.
— *Nouveau manuel complet de la construction et du montage des automobiles*, Manuel RORET, Léonce LAGET Paris 1906.
— *Motocycles of 1899 - American Machinist Memories*, Linsay publication 1999.
— *La conquête de la vitesse*, Édouard BONNAFFE, Imprimerie Soudée et Colin 1899.
— *Préhistoire et histoire de la thermodynamique classique* (Une histoire de chaleur) n° 45, Robert LACQUERREUX. Société française d'histoire des Sciences et des Techniques - décembre 1996.
— *La thermodynamique appliquée à la machine à vapeur*, L. LALANDE et H. NOALHAT, Geisler éditions - Paris 1911.
— *Steam Cars*, Lord MONTAGU and Anthony BUD, Cassel London - 1770 - 1970.
— *Doble steam Cars, Buses, Lorries and Railcars*, J.N. WALTON, Printed by Horne and Son, Whitby, York 1975.
— *Histoire de la locomotion terrestre*, texte et documentation de BAUDRY de SAUNIER, Charles DOLLFUS, Edgard de GEOFFROY, L'Illustration - Paris 1942.
— *Thermodynamics and Gas Dynamics of the Stirling Cycle machine*, Allan J. ORGAN, Cambridge University Press 1992.
— *Sparks and Flames*, Crawford MacKeand, Tyndar Press 1997.
— *The modern steam car and its background* Thomas S. Derr. Edition Floyd Cramer. 1932-1952.

Revues

— *La France automobile* 1901 - 1902
— *La Locomotion* n° 52 à 72
— Science et Vie décembre 1919 - janvier 1920 : *La circulation d'eau dans les tubes des chaudières* - Commandant A. Poidlouë
— Bulletin du Steam Automobile Club of America - *The Model Engineer* - USA
— Magazine des tramways à vapeur et des secondaires - *Les tramways du Lot et Garonne* n° 47 - 1988
— *L'escarbille* n° 54
— *Art et Mémoire* n° 5 - Aix-les-bains - décembre 1995
— *Gazoline*, janvier 2000
— *Camden*
— La lettre de la fondation de l'automobile - Maurice Berliet
— *Chroniques culoziennes* - cahier du 11 juin 2000 - "petit histoire d'une grande invention ... entre deux services militaires.

Table des matières

- V - Quatrième départ

- VI - Cinquième et dernier départ

Sciences & Techniques

www.decoopman.com

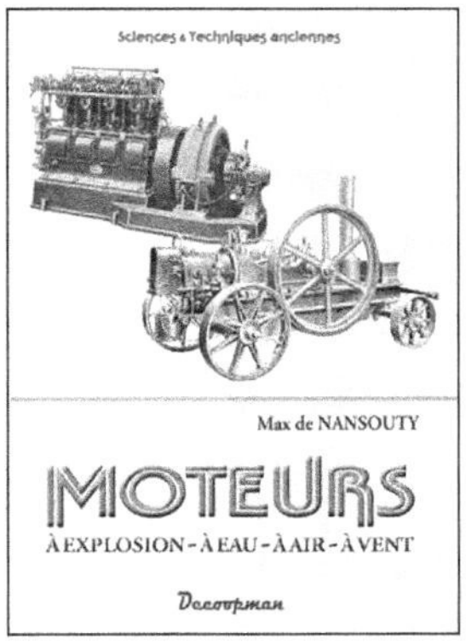

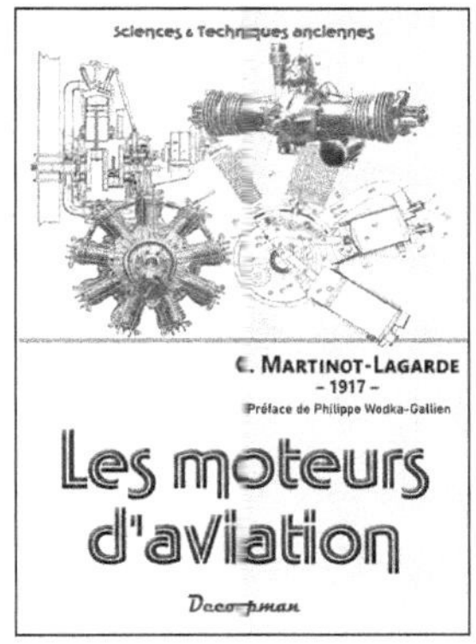

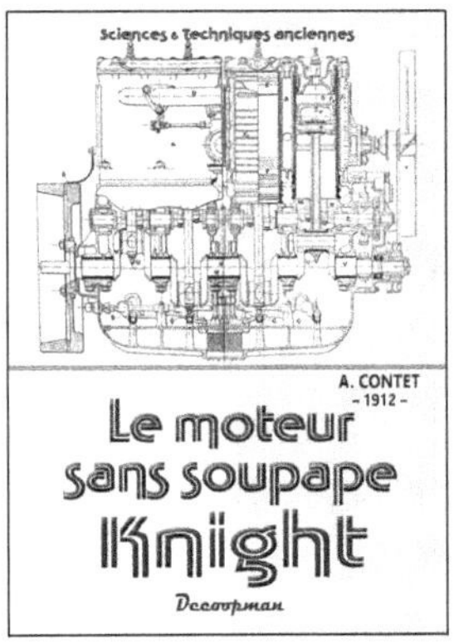

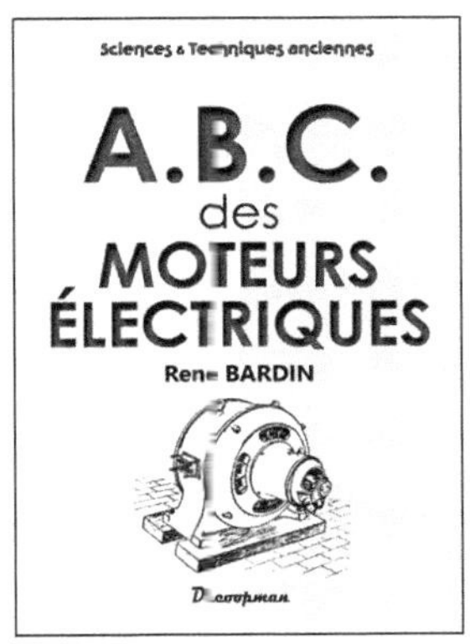

Éditions Decoopman - Ferrières - 30440 Saint-Laurent-le-Minier

Tel: +33 (0) 4.67.73.90.95 - web: www.decoopman.com - e.mail: livres@decoopman.com

Sciences & Techniques

www.decoopman.com

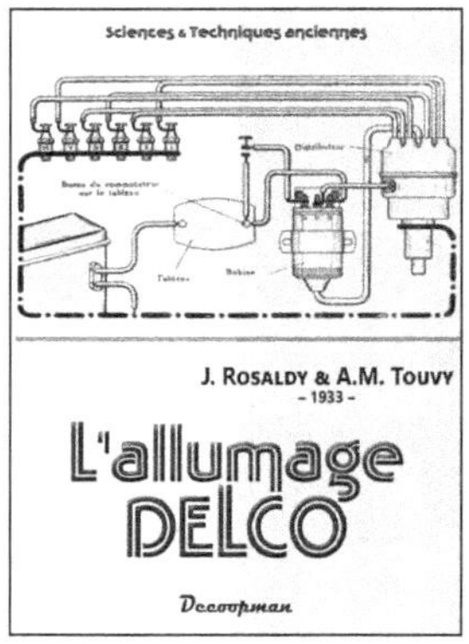

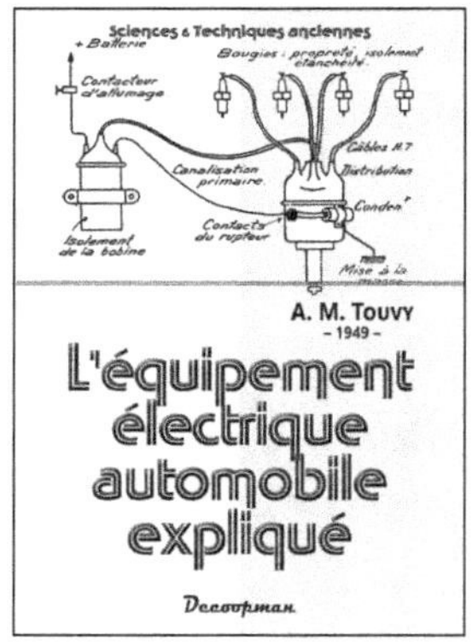

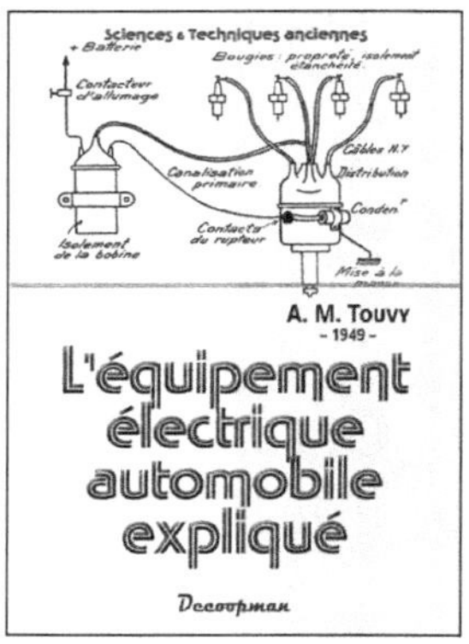

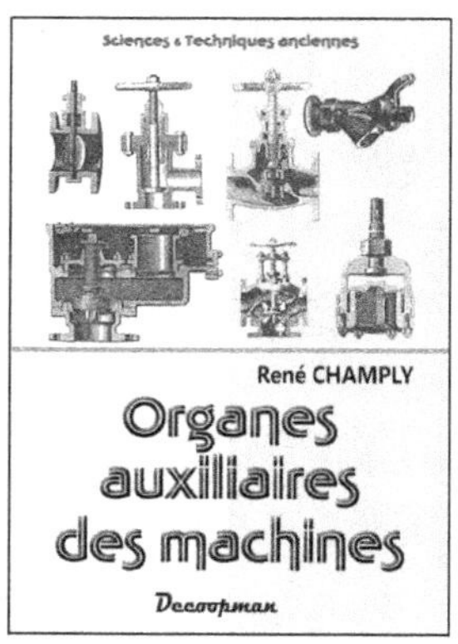

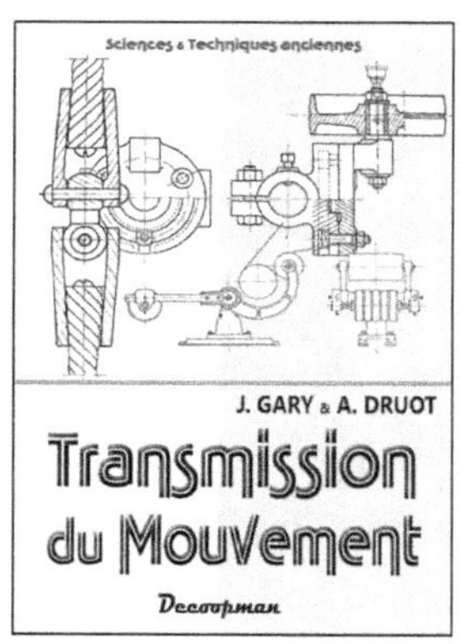

Éditions Decoopman - Ferrières - 30440 Saint-Laurent-le-Minier
Tel: +33 (0) 4.67.73.90.95 - web: www.decoopman.com - e.mail: livres@decoopman.com

Imprimé en France
Lightning Source - 78310 Maurepas

www.ingramcontent.com/pod-product-compliance
Lightning Source LLC
LaVergne TN
LVHW082036051026
849532LV00011B/3378